本著作获成都大学人文社会科学出版资助基金资助

范崇高　译注

《明心宝鉴》译注

四川大学出版社
SICHUAN UNIVERSITY PRESS

图书在版编目（CIP）数据

《明心宝鉴》译注 / 范崇高译注 . — 成都 ： 四川
大学出版社，2022.12（2024.3 重印）
ISBN 978-7-5690-5899-4

Ⅰ．①明… Ⅱ．①范… Ⅲ．①人生哲学－中国－明代
②《明心宝鉴》－译文③《明心宝鉴》－注释 Ⅳ.
① B825

中国版本图书馆 CIP 数据核字（2022）第 255297 号

书　　名：《明心宝鉴》译注
　　　　　《Mingxin Baojian》Yizhu
译　　注：范崇高

选题策划：徐　凯
责任编辑：徐　凯
责任校对：毛张琳
装帧设计：墨创文化
责任印制：王　炜

出版发行：四川大学出版社有限责任公司
　　　　　地址：成都市一环路南一段 24 号（610065）
　　　　　电话：（028）85408311（发行部）、85400276（总编室）
　　　　　电子邮箱：scupress@vip.163.com
　　　　　网址：https://press.scu.edu.cn
印前制作：四川胜翔数码印务设计有限公司
印刷装订：四川省平轩印务有限公司

成品尺寸：170mm×240mm
印　　张：17
字　　数：277 千字

扫码获取数字资源

版　　次：2023 年 4 月 第 1 版
印　　次：2024 年 3 月 第 2 次印刷
定　　价：78.00 元

四川大学出版社
微信公众号

本社图书如有印装质量问题，请联系发行部调换

前　言

在明清时期的劝善书中，我们熟知的有《增广贤文》《菜根谭》等，但还有一本劝善书，自编成以来，盛行于乡间，流传到海外，在国内外产生过广泛而深远的影响，而今天却少有人知道它，这本书就是《明心宝鉴》。

《明心宝鉴》大约成书于明代初期的洪武二十六年（1393），辑录者是杭州人范立本，可惜范氏的生平我们今天已不得而知。《明心宝鉴》是一部以道德教育为主的儿童启蒙读物和成人劝善书，书名中的"宝鉴"就是宝镜，它可以使人发现不足，追求完善；"明心"从字面上看，有使内心明净的意思，也有使内心明慧的含义，书中的内容正好涵盖了这两个方面，也就是既要有弃恶扬善的德行，又要有应对世事的智慧。该书继承了官方编纂类书的传统，摘引经史百家的精粹语言，以《论语》《孟子》《荀子》等儒家经典和宋明理学家的言论为主，兼及佛、道等通俗书籍，按类别分为继善、天理、顺命、孝行、正己、安分、存心、戒性、幼学、训子、省心、立教、治政、治家、安义、遵礼、存信、言语、交友、妇行共二十篇，七百余段文字。内容主要涉及怎样加强品德修养，怎样达到内心清静，怎样处理人际关系，如劝诫人们相信天命，安守本分；善恶有报，多做善事；效忠君主，孝敬父母；宽宏大度，尽力忍让；遵守礼义，讲究诚信；说话谨慎，自甘笨拙，等等。同时，作者有感于"及今劝世，多劝修物外之善因，少劝为当行之善事"[①]，所以一方面希望人们着眼于世外，为得到好报而多修善因；另一方面希望人们立足于现实，善事要从身边的小事做起。此外，它又吸

---

① 　见范立本《明心宝鉴·序》。

收了民间编书的方式，所辑录的内容，不管是出自经典文献，还是来自通俗谚语，都注意选取运用了对偶、排比等修辞手法的语句，使得文采华丽，朗朗上口，便于诵读。

值得一提的是，《明心宝鉴》问世后，不仅在国内广泛流传，而且迅速流向朝鲜、韩国、日本、越南、菲律宾等周边国家，长期作为这些国家进行启蒙教育的文化读本和道德修养读本。更令人惊叹的是，早在1590年就由西班牙传教士高母羡（Juan Cobo，1546—1592）在菲律宾将其翻译成西班牙文，随后传入西班牙。该译本现藏于马德里国家图书馆，西班牙马德里大学还在2005年出版了该书的校订本。根据最新的研究，新发现的一份意大利传教士罗明坚（Michele Ruggieri，1543—1607）的《诸家名言汇编》手稿其实是《明心宝鉴》的拉丁语译本，比高母羡译本在欧洲本土出现的时间更早。① 毫无疑问，《明心宝鉴》是目前有据可考的第一部译介到西方的中国典籍。

《明心宝鉴》在国内盛行了一段时期后，受到当时不少学者的鄙视，认为其内容浅显，错讹较多。到明末清初，该书主要在民间流传，成为"村塾小儿所习"②，后来逐渐从人们的视野中消失。它重新进入大众视野，竟然是因为韩剧的热播。在韩国电视连续剧《大长今》中，长今与各地官衙的医女们接受培训时，经典课中首先学习的就是《明心宝鉴》。随后，华艺出版社于2007年出版了李朝全研究员的整理本《明心宝鉴》。李先生搜罗各种版本，详加比勘，对全书进行了标点和译注，为读者提供了一个较为完善的现代读本，出版后一度盛行全国，也为后来者进一步整理该书奠定了良好的基础。数年后，在另一部热播的韩剧《来自星星的你》中，出现了都敏俊把《明心宝鉴》当作首选书推荐给千颂伊，并用其中的话"教导"她的情节。2014年，东方出版社出版了该社编辑部注译的《明心宝鉴》，在《新刻音释明心宝鉴正文》的基础上增补了《重刊明心宝鉴》的一些条目，并根据《新镌校正明心宝鉴正文》对字词作了校正，在追溯引文源头和译注方面有不少创获。北京联合出版公司也于同年出版了《宝典馆》编辑部注译的《明心宝鉴》，

---

① 胡文婷，张西平. 蒙学经典《明心宝鉴》的拉丁语译本初探［M］. 中国翻译，2022（4）：38—44.
② 王夫之. 读四书大全说［M］. 北京：中华书局，1975：129.

以近百年来通行的民国刻本为底本，参照其他版本作了适当的删减添加，内容比华艺、东方两家出版社的版本简略。以上三家整理本对我们进一步的整理工作多有启发，在此特向编著者致谢！

下面将此次译注《明心宝鉴》所做的工作略述如下：

一、版本方面。本书以现存时代最早、内容完整、清晰度高的国家图书馆藏明嘉靖三十二年（1553）曹玄刊刻的《重刊明心宝鉴》（简称"重刊本"）为底本，以下版本（简称"诸本"）作为参校本：（1）哈佛大学藏明万历十三年（1585）内府刻本《御制重辑明心宝鉴》（简称"御制本"）；（2）哈佛大学藏明万历二十九年（1601）郑继华刊《新锲提头音释官板大字明心宝鉴正文》（简称"哈佛本"）；（3）国家图书馆藏明代约 1621—1644 年的《新刻音释明心宝鉴正文》（简称"新刻本"）；（4）北京大学图书馆藏明代王衡校、日本宽永八年（1631）刻本《新锲京板正讹音释提头大字明心宝鉴正文》（简称"北大本"）；（5）越南国家图书馆藏越南同庆三年（1888）重刊《明心宝鉴释义》（简称"越南本"）；（6）香港陈湘记书局发行的民国时期流传于民间而年代未详的《石印大字明心宝鉴释义》（简称"石印本"）。

二、内容方面。《御制重辑明心宝鉴》是明神宗因喜爱《明心宝鉴》而让大臣以原书为基础重新辑录订正而成的，与范本篇类相同，但内容有较多差异，两本可以参看。受华艺本的启发，此次译注除了范立本的《明心宝鉴》，我们把御制本中与范本相同的条目剔除，整理后作为"附录一"。在追溯引文源头和校勘、注释、今译时，本书对各家成说有一些不同意见，将部分不同看法整理为"附录二"，供学界进一步研究讨论，也为将来更加精准的《明心宝鉴》现代整理本提供借鉴。

三、校勘方面。对于底本内容，除了与参校本细致"对校"，本书还进行了较广泛的"他校"，即通过计算机和互联网对文献进行检索，找到引文的源头和相关材料，再一次比对，反复权衡异文，对影响句意理解的文字加以勘正。凡必要的文字改动都在注释中说明，以保证文本的真实可靠。

四、注释方面。本书在注释每一条引文时，除了订正引文的来源和文字错讹，还对涉及的人名、书名、特殊词句以及儒、释、道的一些重要概念作尽可能简明的注释。对与已有整理本看法不同的地方，先作简注，然后在"附录二"《〈明心宝鉴〉三本整理商榷》中进行申说，供研究者进一步探讨。有些译文可以直接得到对应解释的词义，虽与通常的词义有别，为避免重复，一般不再另作注释。

五、今译方面。本书在内容和形式两方面尽力保持原貌：一是使原意表达更加清晰，力图准确易晓；二是使译文句式大致齐整，力保原句节律。在此过程中笔者也改变了对古文今译的误解，深刻认识到真正译好古文的不易。希望本书的出版能让大多数读者顺畅阅读《明心宝鉴》。

《明心宝鉴》广泛吸收儒、释、道各家学说，几乎涵盖了明代以前中国古代有关修身养性、安身立命的精粹论述，完全可以把它看作一本了解中国古代文化的教科书。对于这样一部内容广博，思想精深，在辗转流传过程中又出现不少文本问题的奇书，笔者以微弱之力进行译注，不足之处在所难免，诚恳欢迎读者批评指正。同时，这样一部产生于封建时代、内容庞杂的书籍，必然存在良莠不齐、泥沙杂下的部分，需要我们批判地吸收，如过于强调认命，缺少积极进取精神；宣扬男尊女卑，鄙视妇女；等等，这类应该抛弃的糟粕言论，相信读者诸君自会明鉴。

目　录

《明心宝鉴》二卷

《明心宝鉴》序 ………………………………………………（ 3 ）

《明心宝鉴》上卷

继善篇第一 ……………………………………………………（ 5 ）

天理篇第二 ……………………………………………………（14）

顺命篇第三 ……………………………………………………（17）

孝行篇第四 ……………………………………………………（20）

正己篇第五 ……………………………………………………（24）

安分篇第六 ……………………………………………………（44）

存心篇第七 ……………………………………………………（47）

戒性篇第八 ……………………………………………………（58）

幼学篇第九 ……………………………………………………（61）

训子篇第十 ……………………………………………………（65）

《明心宝鉴》下卷

省心篇第十一 …………………………………………………（69）

立教篇第十二 …………………………………………………（103）

治政篇第十三 …………………………………………………（109）

治家篇第十四 …………………………………………………（114）

安义篇第十五 …………………………………………………（117）

遵礼篇第十六 ………………………………………………… (119)

存信篇第十七 ………………………………………………… (122)

言语篇第十八 ………………………………………………… (123)

交友篇第十九 ………………………………………………… (127)

妇行篇第二十 ………………………………………………… (131)

重刊《明心宝鉴》序 ………………………………………… (134)

附录一　《御制重辑明心宝鉴》二卷（节录）

《御制重辑明心宝鉴》上卷

继善篇第一 …………………………………………………… (139)

天理篇第二 …………………………………………………… (142)

顺命篇第三 …………………………………………………… (146)

孝行篇第四 …………………………………………………… (148)

正己篇第五 …………………………………………………… (151)

安分篇第六 …………………………………………………… (153)

存心篇第七 …………………………………………………… (158)

戒性篇第八 …………………………………………………… (163)

勤学篇第九 …………………………………………………… (168)

训子篇第十 …………………………………………………… (172)

《御制重辑明心宝鉴》下卷

省心篇第十一 ………………………………………………… (178)

立教篇第十二 ………………………………………………… (184)

治政篇第十三 ………………………………………………… (189)

治家篇第十四 ………………………………………………… (200)

安义篇第十五 ………………………………………………… (207)

遵礼篇第十六 ………………………………………………… (212)

存信篇第十七 ………………………………………………… (217)

言语篇第十八 ………………………………………………… (224)

交友篇第十九…………………………………………………（231）

妇行篇第二十…………………………………………………（236）

附录二　《明心宝鉴》三本整理商榷

《明心宝鉴》三本整理商榷 …………………………………（245）

后　记…………………………………………………………（260）

《明心宝鉴》二卷

《明心宝鉴》序

夫为人在世，生居中国，禀三才^①之德^②，为万物之灵，感天地覆载，日月照临，皇王水土，父母生身，圣贤垂教。而从教者，达道^③为先。非博学无以广知，不明心无以见性。虽有生而知之者，近世奇稀。昔夏禹王闻善言，犹然下拜，何况凡世人乎？

曩古圣贤，遗志经书，千言万语，只要教人为善。所以立仁义礼智信之法，分君子小人之品，别贤愚之阶，辨善恶之异。盖为经书嘉言善行甚多，所以今人览观习行者少。况今学者，不过学其文艺为先，未有先学德行为本。及今劝世，多劝修物外^④之善因^⑤，少劝为当行之善事。其昔贤文等书，亦乃于世流传。

今之好听善言，君子观^⑥以为奇，罔^⑦知古今之要语，是以使人迷惑其心。少欲闻圣贤日用常行之要道，以致不肯存心守分，强为乱作胡行。夫为善恶，祸福报应昭然。富贵贫贱、成败兴衰似梦，时刻须防不测，朝夕如履薄冰，常存一念中平^⑧，非横^⑨自然永息。存于其心，自然言行相顾，贯串无疑，所为焉从差误矣？

洪武二十六年岁次癸酉二月既望
武林后学范立本序

[注] ①三才：指天、地、人。②德：恩惠。③达道：明白道理。④物外：世俗之外。⑤善因：佛教指能获得善报的各种善事。⑥观：多。⑦罔（wǎng）：不。⑧中平：平常。⑨非横：无法预测的灾祸。

[译] 一个人能生活在世上，居住在中原大地，是因为接受了天、地、人赐予的恩惠，才成为世间最有灵性的生物。要感激天地的容纳，日月的照耀，皇上的水土滋养，父母的生养之恩，圣贤留下的教诲。而

接受教育，首先要领悟道理。如果不能广泛学习，就无法增长知识；如果不能去除杂念，就无法显现本性。虽然有一生下来就懂得知识道理的人，但近代已经非常稀罕。过去夏朝的君主大禹听到劝善的话，尚且还要给比自己地位低的人敬礼，更何况是世间的普通人呢？

古代圣贤留传下来的经书，千言万语只是要教导人行善。因此确立了仁、义、礼、智、信五种道德规范，区分君子、小人的层次，鉴别贤能、愚昧的等级，辨识善良、邪恶的差异。大概因为经书上有教育意义的美好言行很多，所以今天的人阅读并且学习实施的很少。何况现今的学习者，不过是把学习文章的写作技巧放在首位，而没有把先学习文章表现的道德品行作为根本。到现在劝诫世人，多是劝人修习人世外的好因缘，少有劝人去做本该做的好事情。那些从前的贤人文章之类的书，也还在世上流传着。

现在有人喜欢听劝善的话，君子大多觉得很奇怪，因为不知道从古到今有哪些重要的话，所以让人内心迷惑。很少有人想听圣贤们论述日常生活中说话做事的关键所在，以致不愿意专心安分守己，而是肆意胡作非为。行善或是作恶，祸福的报应是很明显的。富贵和贫贱、兴盛和衰败都如同梦境一般，时刻都要预防无法预料的变化，早晚都要像踩在水面的薄冰上一样，不如常常保留一份平和的心态，意外的灾祸自然永远不会有。心中怀有善念，说话做事自然而然地与之一致，自始至终地坚持，所作所为哪里会出现差错呢？

洪武二十六年农历癸酉年（1393）二月十六日

杭州后辈学者范立本作序

《明心宝鉴》上卷

继善篇第一[*]

【1—1】子曰^①："为善者，天报之以福；为不善者，天报之以祸。"

［注］①引文见《荀子·宥坐》，是孔子的学生子路说的。

［译］子路曾说："行善的人，老天会赐给他幸福；作恶的人，老天会降给他灾祸。"

【1—2】《尚书》^①云："作善降之百祥，作不善降之百殃。"

［注］①《尚书》：我国第一部上古历史文献汇编，记述了尧舜到夏商周两千余年的历史，是儒家基本经典之一。

［译］《尚书》说："做善事的人，老天带给他各种吉祥；做坏事的人，老天带给他各种祸殃。"

【1—3】徐神翁^①曰："积善逢善，积恶逢恶。仔细思量，天地不错^②。"

［注］①徐神翁：北宋道士徐守信，相传能预知吉凶祸福，被称为神翁，后代有人把他列为"八仙"之一。②不错：明察，明白。

［译］徐神翁说："积善的人总是遇到善，积恶的人总是遇到恶。仔细想来，天地明明白白。"

---

* 原书每篇篇名后标注有具体的条目数，但有不少与正文的实际条目数有细微出入，此处删去。整理者对明确可考的个别条目作了分合调整，文中一般不再说明。

【1—4】善有善报，恶有恶报。若还不报，时辰未到。

[译] 善有善报，恶有恶报。如果还没遭到报应，只是因为时辰未到。

【1—5】《尚书》云："作善自福生，作恶自灾生。福在积善，祸在积恶。"

[译]《尚书》说："做善事的人自然得福，做坏事的人自然得祸。得福在于善事做得多，得祸在于坏事做得多。"

【1—6】平生积善天加善，若是愚顽受祸殃。善恶到头终有报，高飞远走也难藏。

[译] 平常行善的人，老天也给他好处，如果愚昧顽固，只会遭受灾祸。善恶最终都会有报应，即使远走高飞也无法躲避。

【1—7】行藏①虚实自家知，祸福因由更问谁？善恶到头终有报，只争②来早共③来迟。闲中点检④平生事，静里思量日所为，常把一心行正道，自然天地不相亏。

[注] ①行藏：底细，来历。②争：相差。③共：与。④点检：清点。

[译] 自己的底细怎样自己最清楚，得到祸福的原因还用去问谁呢？善恶最终都会有报应，只有早来和晚到的差别。空闲时清点一下平常做的事情，静下心来时考虑一下每天的言行。总是一心一意走正道，天地自然不会亏待你。

【1—8】《易》①云："积善之家必有余庆，积不善之家必有余殃。"

[注] ①《易》：即《周易》，相传为周文王姬昌所著。分为《经》《传》两部分，主要记载通过八卦形式推测自然和社会的变化，是儒家基本经典之一。

[译]《周易》说："积善的家庭必定大吉大利，积恶的家庭必定祸患无穷。"

【1—9】汉昭烈①将终，敕②后主③曰："勿以恶小而为之，勿以善小而不为。"

[注] ①汉昭烈：三国时蜀国的开国君主刘备，谥号昭烈帝。②敕：汉代指尊长告诫后辈或下属。③后主：三国时蜀国的末代君主刘禅，刘备的儿子，小名"阿斗"。

［译］刘备将要去世的时候，告诫儿子刘禅说："不要认为坏事很小就可以去做，不要认为好事太小就没必要去做。"

【1—10】庄子①曰："一日不念善，诸恶自皆起。"

［注］①庄子：姓庄名周，字聃，战国时期著名的思想家、哲学家、文学家，道家学派的主要代表人物，有著作《庄子》传于世。此处引文古书中未见是庄子所说。

［译］庄子说："一天不想着行善，各种邪念自然都会冒出来。"

【1—11】西山真先生①曰："择善固执，惟日孜孜。"

［注］①西山真先生：南宋著名理学家真德秀，号西山，世称西山先生，是朱熹之后理学的正宗传人。

［译］西山真先生说："选择善事并坚持去做，每天都要不断努力。"

【1—12】耳听善言，不堕三恶。①

［注］①三恶：即三恶道，佛教指地狱道、饿鬼道、畜生道，凡是做了坏事、说了坏话、起了坏心的人受生的三个去处。

［译］耳中能听进劝善的话，死后就不会堕入三恶道中。

【1—13】人有善愿，天必从之。

［译］人如果有向善的愿望，老天一定会成全他。

【1—14】《晋国语》①云："从善如登，从恶如崩。"

［注］①《晋国语》：当指晋代韦昭的注释本《国语》。引文见《国语·周语下》。

［译］《晋国语》说："行善如同登山那样艰难，作恶如同山崩那样容易。"

【1—15】太公①曰："善事须贪，恶事莫乐。"

［注］①太公：古代父亲、祖父、曾祖父都可以称作"太公"。本书引用太公之语应是民间流传的长辈对晚辈训导的话。这两句见敦煌唐人写本《太公家教》。

［译］太公说："善事务必争着去做，恶事不能甘愿去做。"

【1—16】颜子①曰："善以自益，恶以自损。故君子务其益以防损，非以求名，且以远辱。"

［注］①颜子：孔子最得意的学生颜回，勤俭好学，德行出众。

［译］颜回说："行善可以使自身完善，作恶就会使自身受损。所以

君子努力完善自己以便防止品行受损，不是想以此获取名声，而是要以此远离羞辱。"

【1—17】太公曰："见善如渴，闻恶如聋。"

[译] 太公说："见到善行要急切去做，听说恶事要装聋不听。"

【1—18】为善最乐，道理①最大。

[注] ①道理：天道和伦理，即自然和社会共同的准则。

[译] 行善最快乐，天理最为大。

【1—19】马援①曰："终身为善，善犹不足；一日行恶，恶自有余。"

[注] ①马援：东汉著名军事家。

[译] 马援说："一生行善，善事也还不够；一天作恶，恶事已经多余。"

【1—20】颜子曰："君子见毫厘之善，不可掩①之；有纤毫之恶②，不可为之。"

[注] ①掩：遮蔽。②有纤毫之恶：哈佛本、新刻本、越南本都作"行有纤之恶"，可从。

[译] 颜回说："君子遇见微小的善事也不能忽略不做，行为有丝毫的邪恶也不能实施。"

【1—21】《易》曰："出其言善，则千里应之；出言不善，则千里外违。"

[译]《周易》说："如果说出的话是合道义的，那么千里之外的人也会响应；如果说出的话不合道义，那么千里之外的人也会反对。"

【1—22】但存心里正，不用问前程。但能依本分，前程不用问。

[译] 只要心中没有邪念，就不用去管前途怎样。只要能遵守做人的本分，前途怎样就用不着管。

【1—23】若要有前程，莫做没前程。

[译] 如果想要有前途，就不要去做没有前途的事。

【1—24】司马温公①家训②："积金以遗子孙，子孙未必能尽守；积书以遗子孙，子孙未必能尽读；不如积阴德③于冥冥之中，以为子孙常久之计也。"

[注] ①司马温公：指北宋政治家、史学家、文学家司马光，曾被

封为温国公，曾编写过家训《家范》。②家训：家庭中对子孙在立身处世、持家为学等方面的教诲。③阴德：不被人知道的善行。

［译］司马温公在家训中说："积聚金钱来留给子孙，子孙未必能完全守住；收藏书籍来留给子孙，子孙未必会去读完；不如在暗中多做善事，以此替子孙作长远打算。"

【1－25】心好命又好，发达荣华早。心好命不好，一生也温饱。命好心不好，前程恐难保。心命都不好，穷苦只到老。

［译］心好命也好的人，早年就会飞黄腾达，享受富贵。心好命不好的人，一辈子也能解决温饱。命好心不好的人，功名职位怕是难以保住。心和命都不好的人，坎坷受穷一直到老。

【1－26】《景行录》①云："以忠孝遗子孙者昌，以知术遗子孙者亡。以谦接物者强，以善自卫者良。"

［注］①《景行录》：元代史弼编的一本收录格言的书。

［译］《景行录》说："把忠孝之道传给子孙后代的会兴旺，把心计权术传给子孙后代的会衰败。用谦和的态度待人接物的会强盛，用行善来保护自己的会吉祥。"

【1－27】恩义广施，为人何处不相逢？仇冤莫结，路逢狭处难回避。

［译］要广泛施与恩惠，做人哪里会不再见面呢？不要去结下仇恨，狭路相逢时将难以逃避。

【1－28】庄子曰："于我善者，我亦善之；于我恶者，我亦善之。我既于人无恶，人能于我有恶哉？"

［译］庄子说："对我友善的人，我也善待他；对我不友善的人，我也善待他。我既然对别人没有恶意，别人会对我有恶意吗？"

【1－29】老子①曰："善人，不善人之师；不善人，善人之资。"

［注］①老子：姓李名耳，字聃，春秋末期人。伟大的思想家、哲学家，道家学派的创始人。有著作《道德经》传于世，又称《老子》。

［译］老子说："善人是恶人的榜样，恶人是善人的镜子。"

【1－30】老子曰："柔胜刚，弱胜强。故舌柔能存，齿刚则折也。"

［译］老子说："柔软能胜过坚硬，弱小能胜过强大。所以舌头柔软却保持完好，牙齿坚硬却容易折断。"

【1-31】太公曰："仁慈者寿，凶暴者亡。"

[译] 太公说："仁慈的人长寿，凶暴的人短命。"

【1-32】太公曰："懦必寿昌，勇必夭亡。"

[译] 太公说："性格柔软的人必定长寿兴旺，胆大好胜的人必定寿命不长。"

【1-33】老子曰："君子为善若水，拥①之可以在山，激②之可以过颡③，能方能圆，委屈随形。故君子能柔而不弱，能强而不刚，如水之性也。天下柔弱莫过于水，是以柔弱胜刚强。"

[注] ①拥：聚集。原作"涌"，据诸本改。②激：水势受阻遏后腾涌。原作"汲"，据诸本改。③颡（sǎng）：额头。

[译] 老子说："君子行善犹如水一样，汇集起来可以爬上山，激荡起来可以越过人头顶，能方能圆，委屈自己，适应外界。因此君子能够柔顺而不弱小，能够强劲而不好强，就像水的特性一样。天下没有什么东西比水更柔弱，因此柔弱能胜过刚强。"

【1-34】《书》云："为善不同，同归于理；为政不同，同归于治。"

[译]《尚书》说："做的善事不一样，但同样都要符合道义；做的政事不一样，但同样都要带来太平。"

【1-35】恶必须远，善必须近。

[译] 恶行一定要远离，善举一定要亲近。

【1-36】《景行录》云："为子孙作富贵计者，十败其九；为人行善方便①者，其后受惠。"

[注] ①善方便：佛教用语，通称为"方便"。指利用智慧，以灵活的方式因人说法、施教，使人悟出佛法的真义。

[译]《景行录》说："替子孙富贵作打算的人，十有八九会失败；给人提供种种方便的人，后代都会得到好处。"

【1-37】与人方便，自己方便。

[译] 给人提供方便，自己也得到方便。

【1-38】千经万典，孝义为先；天上人间，方便第一。

[译] 无数典籍，都把行孝重义放在首位；天上人间，都把给人方便列为第一。

【1-39】《太上感应篇》①曰："祸福无门②，惟③人自招。善恶之报，

如影随形。所以人心起于善，善虽未为，而吉神已随之；人心起于恶，恶虽未为，而凶神已随之。其有曾行恶事，后自改悔，久久必获吉庆，所谓转祸为福也。"

[注] ①《太上感应篇》：作者不详，属于道教的劝善书。②无门：不是注定的命运。③惟：原作"为"，据诸本及《太上感应篇》改。

[译]《太上感应篇》说："祸和福不是命中注定的，都是人自己招引来的。善恶的报应，如同影子紧跟形体。所以人一旦发了善心，善事虽然还没成，掌管吉祥的神已跟随而来；人一旦有了邪念，坏事虽然还没做，带来不吉的神已跟随而来。如果有曾经做过坏事，后来又自己改悔的人，长时间之后一定会获得吉祥，这就是所说的转祸为福。"

【1—40】 东岳圣帝①垂训："天地无私，神明暗察。不为享祭②而降福，不为失礼而降祸。凡人有势不可倚尽，有福不可用尽，贫困不可欺尽③。此三者乃天地循环，周而复始。故一日行善，福虽未至，祸难自远；一日行恶，祸虽未至，福自远矣。行善之人，如春园之草，不见其长，日有所增；行恶之人，如磨刀之石，不见其损，日有所亏。损人安己，切宜戒之！"

[注] ①东岳圣帝：道教供奉的泰山神，是冥界的最高主宰。②享祭：祭祀。③欺尽：原作"尽欺"，据诸本改。

[译] 东岳圣帝告诫世人："天地没有私心，神灵在暗中审察。不会因为你的祭祀而降福，也不会因为你的失礼而降祸。但凡人有了权势不要利用够，有了福气不要享受完，对贫困者不要肆意欺负。这三种情况在天地间不断循环，反复轮回。所以，有一天在行善，福虽然没得到，灾祸却自然隔远了；有一天在作恶，祸虽然没遇到，福气却自然隔远了。行善的人，如春天园子里的草，看不见它们增长，但每天都在增高；作恶的人，就像磨刀石，看不见它们损耗，但每天都在磨损。损人利己，千万要杜绝啊！"

【1—41】 一毫之善，与人方便；一毫之恶，劝人莫作。衣食随缘，自然快乐。算甚么命？问甚么卜①？欺人是祸，饶人是福。天眼昭昭，报应甚速。谛②听吾言，神钦鬼伏。

[注] ①卜：用各种形式预测吉凶。②谛：仔细。

[译] 丝毫的善事，也要给予人便利；丝毫的恶事，都要劝人别去

做。吃穿随遇而安，自然就会快乐。去算什么命呢？去问什么卦呢？欺负人就是灾祸，原谅人就是福气。天神的眼睛看得清清楚楚，报应极其迅速。好好听我的话，鬼神都会敬服。

【1—42】康节邵先生①戒子孙曰："上品之人，不教而善；中品之人，教而后善；下品之人，教亦不善。不教而善，非圣而何？教而后善，非贤而何？教亦不善，非愚而何？是知善也者，吉之谓也；不善也者，凶之谓也。吉也者，目不观非礼之色，耳不听非礼之声，口不道非礼之言，足不践非礼之地。人非善不交，物非义不取。亲贤如就芝兰，避恶似畏蛇蝎。或曰：不谓之吉人，则吾不信也。凶也者，语言诡谲②，动止阴险，好利饰非，贪淫乐祸，嫉③良善如仇隙，犯刑宪如饮食③，小则殒身灭性，大则覆宗绝嗣④。或曰：不谓之凶人，则吾不信也。传⑤有之曰：'吉人为善，惟日不足；凶人为不善，亦惟日不足。'汝等欲为吉人乎？欲为凶人乎？"

［注］①康节邵先生：北宋哲学家邵雍，谥号为康节。是理学的奠基者之一。②诡谲（jué）：狡诈。③食：原作"毒"，据诸本及宋朱熹撰、明陈选注《御定小学集注》卷五改。④覆宗绝嗣：毁灭宗族，断绝后代。⑤传：泛指古代典籍。引文见于《尚书·泰誓中》。

［译］邵雍告诫子孙说："上等的人，不经过教育自然会行善；中等的人，受教育后才会行善；下等的人，即使教育他也不会行善。不经过教育自然会行善的，不是圣人又是什么？受教育后才会行善的，不是贤人又是什么？即使教育他也不会行善的，不是愚人又是什么？由此可见，善，说的就是吉；不善，说的就是凶。吉，就是眼睛不看不合礼的美色，耳朵不听不合礼的声乐，口中不说不合礼的言语，两脚不踩不合礼的地方。不善良的人不结交，不合法的东西不去拿。亲近贤人犹如奔向芝草兰花，躲避邪恶就像惧怕蛇和蝎子。有人说，不把这样的人称为吉人，那我是不相信的。凶，就是语言狡诈多变，举止笑里藏刀，追逐名利，文过饰非，贪财好色，幸灾乐祸，憎恨贤人如同对待冤家，违反刑法如同家常便饭。轻则自己丧命，重则毁灭家族。有人说，不把这样的人称为凶人，那我是不相信的。《尚书》中有这样的话：'善良的人行善，只觉得日子不够用；邪恶的人作恶，同样觉得日子不够用。'你们想做善良的人呢，还是想做邪恶的人呢？"

【1-43】《楚书》①曰："楚国无以为宝，惟善以为宝。"

［注］①《楚书》：春秋楚昭王时的史书。引文见《礼记·大学》引《楚书》。

［译］《楚书》说："楚国没有可作为宝物的东西，只有善可以作为宝物。"

【1-44】子①曰："见善如不及，见不善如探汤②。"

［注］①子：即孔子。姓孔名丘，字仲尼，春秋末期人。伟大的思想家、教育家、政治家，儒家学派的创始人。②汤：热水。

［译］孔子说："见到品德好的人，就像赛跑时一样担心赶不上；见到品德差的人，就像手伸进开水一样赶快避开。"

【1-45】子曰："见贤思齐焉，见不贤而内自省也。"

［译］孔子说："看到有德行的人，就想向他看齐；看到没有德行的人，就在内心反省自己有没有类似的缺点。"

天理篇第二

【2-1】孟子①曰："顺天者存，逆天者亡。"

[注] ①孟子：名轲，战国时期著名的哲学家、思想家，是孔子之后儒家最重要的代表人物。

[译] 孟子说："顺从天道的就生存，违背天道的就灭亡。"

【2-2】《近思录》①云："循天理②，则不求利而自无不利；徇③人欲，则求利未得而害已随之。"

[注] ①《近思录》：由南宋朱熹和吕祖谦编选，辑录了北宋著名理学家周敦颐、程颐、程颢、张载等的言论，对理学思想的传播起过重要作用。②天理：本指自然的道理。后世儒学心学认为天理是人的良知，存在于人的心中，没有私心物欲的遮蔽。③徇（xùn）：顺从。

[译]《近思录》说："遵循天理，那么不去追逐利益，自己却无处不得利；依从人的欲望，那么追求利益得不到，反而祸患已跟随而至。"

【2-3】诸葛武侯①曰："谋事在人，成事在天。"

[注] ①诸葛武侯：三国时蜀汉的丞相诸葛亮，字孔明，谥号"忠武侯"。他是中国古代忠臣和智者的杰出代表。

[译] 诸葛亮说："事情的谋划取决于人的主观努力，事情的成败取决于天意。"

【2-4】人愿如此如此，天理未然未然。

[译] 人的欲望总是这样这样，天理却不会让你这样这样。

【2-5】康节邵先生曰："天听寂无音，苍苍何处寻？非高亦非远，都只在人心。"

[译] 邵雍说："上天的听闻寂静无声，漫无边际哪里去寻找？不是在高处也不是在远处，都只在人们的内心里。"

【2—6】人心生一念，天地悉皆知。善恶若无报，乾坤必有私。

［译］人的内心冒出一个念头，天地全都会知道。善恶如果没有报应，天地一定是有了私心。

【2—7】玄帝①垂训："人间私语，天闻若雷；暗室亏心，神目②如电。"

［注］①玄帝：又称玄天上帝、真武大帝，是道教供奉的北方之神。②目：看。

［译］玄帝告诫世人："人间说的悄悄话，上天听见就像天空中的雷声一样响亮；没人看见的地方做了亏心事，天神看得就像暗夜中的闪电一样清楚。"

【2—8】《忠孝略》云："欺人必自欺其心，欺其心必自欺其天。心其可欺乎？"

［译］《忠孝略》说："欺骗他人，必定会欺骗自己的良心，欺骗自己的良心，必定会欺骗老天。良心难道是可以欺骗的吗？"

【2—9】人可欺，天不可欺；人可瞒，天不可瞒。

［译］人可以欺骗，老天却不能欺骗；人可以欺瞒，老天却不能欺瞒。

【2—10】世人要瞒人，分明把心欺。欺心即欺天，莫道天不知。天在屋檐头，须有听得时。你道不听得，古今放过谁？

［译］世上的人想要欺瞒别人，明显要把自己的良心欺骗。欺骗良心就是欺骗老天，不要以为老天一无所知。老天就在屋檐前，肯定有听见的时候。你以为老天听不见，从古到今他放过了谁？

【2—11】湛湛青天不可欺，未曾举意早先知。劝君莫作亏心事，古往今来放过谁？

［译］明净的青天不能欺骗，你还没动念头它已先知道。劝你不要做亏心事，从古到今谁又能逃过呢？

【2—12】人善人欺天不欺，人恶人怕天不怕。

［译］善良的人别人会欺负他，但老天不会欺负他；险恶的人别人会害怕他，但老天不会害怕他。

【2—13】人心恶，天不错。

［译］有人存心险恶，老天不会放过。

【2—14】皇天不负道心人，皇天不负孝心人，皇天不负好心人，皇天不负善心人。

[译] 老天不辜负修行的人，老天不辜负孝顺的人，老天不辜负好心的人，老天不辜负善良的人。

【2—15】《益智书》云："恶罐若满①，天必戮②之。"

[注] ①恶罐若满："罐"当作"贯"，指穿钱的绳子。如果罪恶像钱一样多得来穿满一根绳子。②戮：惩罚。

[译]《益智书》说："罪恶如果积满，老天必定惩罚。"

【2—16】庄子曰："若人作不善得显名者，人不害，天必诛之。"

[译] 庄子说："如果有人做了坏事却获得显耀的名声，别人不加祸于他，老天也会惩罚他。"

【2—17】种瓜得瓜，种豆得豆。天网恢恢，疏而不漏。

[译] 种瓜就收获瓜，种豆就收获豆。天道之网非常宽广，看起来稀疏，却不会有错漏。

【2—18】深耕浅种，尚有天灾；利己损人，岂无报应？

[译] 深挖地浅下种这样的精耕细作尚且遭受天灾；为了一己私利而去损害别人，难道就不会有报应吗？

【2—19】子曰："不然！获罪于天，无所祷也。"

[译] 孔子说："不对！得罪了老天爷，祈祷也没有用。"

顺命篇第三

【3－1】 子夏①曰："死生有命，富贵在天。"

［注］①子夏：孔子的弟子卜商，字子夏。

［译］子夏说："该死该活都是命中安排，是富是贵都由上天主宰。"

【3－2】 孟子曰："行或使之，止或尼①之，行止非人所能也。"

［注］①尼：阻止。

［译］孟子说："能做某件事情是有一种力量在驱使他，不能做某件事情是有一种力量在阻止他，能不能做一件事情都不是人的力量能够控制的。"

【3－3】 一饮一啄，事皆前定。

［译］一个人该喝什么，该吃什么，都是命中预定好了的。

【3－4】 万事分已定，浮生空自忙。

［译］一切事情都已经由上天确定，人只是在虚幻短暂的人生里白白地忙碌。

【3－5】 万事不由人计较，一生都是命安排。

［译］所有的事情都不由人来作主，人生的一切全是命运来安排。

【3－6】《景行录》云："凡不可着力处，便是命也。"

［译］《景行录》说："凡是人不能使上力的地方，就该由命运来决定了。"

【3－7】 会①不如命，智不如福。

［注］①会：通"慧"。御制本、越南本作"慧"。

［译］智慧比不过命运，聪明比不上福气。

【3－8】《景行录》云："祸不可以幸免，福不可以再求。"

［译］《景行录》说："灾祸不能侥幸免除，福运不能接连获得。"

【3—9】《素书》①云："见嫌而不可以苟免，见利而不可以苟求。"

[注] ①《素书》：旧题秦黄石公著，是一本阐述治国修身、用兵之道的语录体书。

[译]《素书》说："恪守职责，明知会有嫌疑却不轻易逃避；遵守道义，见到有利可图却不随便获取。"

【3—10】福至不可苟求，祸至不可苟免。

[译] 福运到来不能随便求得，灾祸到来不能轻易避免。

【3—11】《曲礼》①曰："临财毋苟得，临难毋苟免。"

[注] ①《曲礼》：《礼记》中的一篇，主要记载一些具体细小的礼仪规范。

[译]《礼记·曲礼》说："见到钱财不要随便贪图，遇到危难不要轻易逃避。"

【3—12】子曰："知命之人，见利不动，临死不怨。"

[译] 孔子说："懂得命运的人，见到利益不会动心，面临死亡没有怨恨。"

【3—13】得一日过一日，得一时过一时。

[译] 能有一天就过好一天，能有一时就过好一时。

【3—14】紧行慢行，前程只有许多①路。

[注] ①许多：这么多，这里强调数量少。

[译] 不管你走得快还是走得慢，前面都只有这么多点路程。

【3—15】时来风送滕王阁①，运去雷轰荐福碑②。

[注] ①时来风送滕王阁：相传唐代王勃去南海看父亲，在长江中逆行时遇到风浪，幸得水神以风相助，使他赶到滕王阁赴宴会，写下了脍炙人口的《滕王阁序》。②运去雷轰荐福碑：相传范仲淹做鄱阳郡守时，遇到一个字写得不错的穷书生，范仲淹买来墨纸笔，让他去临摹欧阳询书写的荐福寺碑，卖字为生。不料当天晚上，一个大雷就将荐福寺碑给轰烂了。

[译] 时运来时会有大风送你赶到滕王阁，时运不佳会有大雷击碎你的"荐福碑"。

【3—16】《列子》①曰："痴聋瘖痖②家豪富，智慧聪明却受贫。年月日时该载③定，算来由命不由人。"

〔注〕①《列子》：今本《列子》无此数句，疑有误。②瘖痖（yīn yǎ）：瘖，哑巴；痖，同"哑"。③该载：注定的命运。

〔译〕《列子》说："痴呆聋哑的人却富有，聪明有才的人却受穷。人出生的年、月、日、时全是上天决定的，想来还是命中注定而由不得人。"

孝行篇第四

【4—1】《诗》^①云："父兮生我，母兮鞠^②我。哀哀父母，生我劬劳^③。欲报深恩，昊天^④罔极^⑤。"

［注］①《诗》：我国第一部诗歌总集，作者不可考。收集了周朝初年到春秋中期的诗歌305篇，大多为民歌。因汉代被列为儒家经典，又称为《诗经》。②鞠：抚育。③劬（qú）劳：劳累。④昊（hào）天：广阔的天。⑤罔（wǎng）极：没有穷尽。罔，无。

［译］《诗经》说："父母生养了我，抚育了我。可怜我的父母呀，把我养大是多么辛劳！想要报答父母的养育大恩，但这像天一样广远无边的恩情是报答不完的啊！"

【4—2】子曰："身体发肤，受之父母，不敢毁伤，孝之始也；立身行道，扬名于后世，以显父母，孝之终也。"

［译］孔子说："人的整个身体，都是从父母那里继承来的，不敢轻易毁损，这是孝的起点；立足于社会，实践自己的主张，使自己的名声在后代传扬，以便为父母争光，这是孝的终点。"

【4—3】孝子之事亲也，居则致其敬，养则致其乐，病则致其忧，丧则致其哀，祭则致其严。

［译］孝子对待父母，居家时要表示恭敬，赡养时要表示乐意，生病时要表示担忧，去世后要表示悲痛，祭祀时要表示庄重。

【4—4】子曰："故不爱其亲而爱他人者，谓之悖德；不敬其亲而敬他人者，谓之悖礼。"

［译］孔子说："所以一个人不敬爱自己的父母却去喜爱别人，这叫作违背道德；不孝敬自己的父母却去孝敬别人，这叫作违背礼法。"

【4—5】子曰："君子之事亲孝，故忠可移于君；事兄弟^①，故顺可

移于长；居家理，故治可移于官。"

［注］①弟：通"悌"，敬爱兄长。

［译］孔子说："君子对待父母很孝敬，所以他的忠诚可以转移到对待君主上；对待兄长很敬重，所以他的顺从可以转移到对待长辈上；居家过日子井井有条，所以他的管理能力可以转移到处理政事上。"

【4—6】《曲礼》曰："凡为人子者，出必告，反必面。所游必有常①，所习必有业。恒言不称老，年长一倍则父事之，十年以长则兄事之，五年以长则肩随②之。"

［注］①常：原作"方"，据诸本及《礼记·曲礼上》改。②肩随：并排走而稍退。

［译］《礼记·曲礼》说："凡是做儿子的，外出时一定要告知父母，回家后一定要当面禀报。游学的地方一定要固定，学习的东西一定是正业。平常说话不自称'老'字，年龄比自己大一倍的就像对待父亲一样，大十岁的就像对待兄长一样，大五岁的可以和他并排行走而稍靠后。"

【4—7】子曰："父母在，不远游，游必有方。"

［译］孔子说："父母还在世，就不要出远门。如果要出远门，必须要有确定的去向。"

【4—8】子曰："父母之年不可不知也。一则以喜，一则以惧。"

［译］孔子说："父母的年纪不能不知道。一方面因他们的长寿而高兴，一方面又因他们的衰老而恐惧。"

【4—9】子曰："父在，观其志；父没，观其行。三年无改于父之道，可谓孝矣。"

［译］孔子说："对一个做儿子的人，父亲在世的时候，要观察他的志向；父亲去世后，要考察他的行为。如果多年以后都没有改变他父亲为人处世的方法，那就可以算是尽到孝了。"

【4—10】伊川先生①曰："人无父母，生日当倍悲痛，更安忍②置酒张乐以为乐？若具庆③者可矣。"

［注］①伊川先生：指北宋理学家、教育家程颐，因曾居住在伊水流经的伊川地区，人称"伊川先生"。和胞兄程颢都是理学的奠基者，世称"二程""程子"。②忍：原无，据诸本补。③具庆：父母都在世。

［译］伊川先生说："一个人父母不在了，每当自己过生日时应该倍感悲痛，又怎么忍心摆设酒席、吹奏乐曲来获取快乐呢？如果父母都在世的话就可以。"

【4—11】太公曰："孝于亲，子亦孝之。身既不孝，子何孝焉？"

［译］太公说："对父母孝敬的人，自己的儿女也孝敬他。自身已经不孝顺了，那儿女怎么会孝顺呢？"

【4—12】孝顺还生孝顺子，忤逆还生忤逆儿。不信但看檐头水，点点滴滴不差移。

［译］孝顺的人会生下孝顺的儿女，不孝的人会生下不孝的后代。不信的话只要看看屋檐前的雨水，一点一滴都落在原处没有偏差。

【4—13】孟子①曰："天下无不是底②父母。"

［注］①孟子：御制本作"罗仲素"，其余诸本作"罗先生"，当作"罗先生"。宋蔡模《孟子集疏》卷六曾引用罗仲素此语。此处误记。罗先生，指宋代著名理学家罗从彦，字仲素，祖籍豫章，人称"豫章先生"。②底：同"的"。

［译］罗先生说："天下没有不对的父母。"

【4—14】养子方知父母恩，立身方知人辛苦。

［译］养育了儿女才知道父母的恩情，置身于社会才知道做人的艰辛。

【4—15】孟子曰："不孝有三，无后为大。"

［译］孟子说："不孝有三种情况，不能传宗接代是最大的不孝。"

【4—16】养子防老，积谷防饥。

［译］养育儿子是为了预防老无依靠，储备粮食是为了预防饥荒。

【4—17】曾子①曰："父母爱之，喜而不忘；父母恶之，惧而无怨；父母有②过，谏而不逆。"

［注］①曾子：孔子的弟子曾参，字子舆，以孝著称。②有：原无，据诸本及《礼记·祭义》补。

［译］曾子说："父母疼爱你，要心存喜悦永世铭记；父母厌恶你，要心存畏惧而无怨恨；父母有过错，要婉言相劝却不违背。"

【4—18】子曰："五刑①之属三千，而罪莫大于不孝。"

［注］①五刑：指墨（脸面上刺字并染上黑色）、劓（yì，割去鼻

子）、刖（fèi，挖去膝盖骨）、宫（阉割男子生殖器或将妇女禁闭宫中为奴）、大辟（死刑）五种刑罚。

［译］孔子说："五刑之类的刑罚条文有三千种，但所有的罪过没有比不孝顺更大的了。"

【4－19】曾子曰："孝慈①者，百行之先，莫过于孝。孝至于天，则风雨顺时②；孝至于地，则万物化盛；孝至于人，则众福来臻。"

［注］①孝慈：孝敬父母、长辈，对晚辈、下属慈爱。②时：原无，据诸本补。

［译］曾子说："关于孝慈之道，能居于各种品行首位的只有孝顺了。孝道感动上天，就会风调雨顺；孝道感动大地，万物变得繁盛；人若有了孝道，万福一齐来到。"

正己篇第五

【5—1】性理书①云："见人之善而寻己之善，见人之恶而寻己之恶，如此方是有益。"

［注］①性理书：指宋明以来道学家们的著作。引文见《朱子语类》卷二十七。

［译］性理书中说："看到别人的善行就审视自己的善行，看到别人的恶行就检讨自己的恶行，这样才对自己有好处。"

【5—2】《景行录》云："不自重者取辱，不自畏者招祸。不自满者受益，不自是者博闻。"

［译］《景行录》说："不尊重自己的人会招来羞辱，不害怕自己（内心没有约束）的人会招来灾祸。不自我满足的人会获得好处，不自以为是的人会见闻广博。"

【5—3】子曰："君子不重则不威，学则不固。主忠信。"

［译］孔子说："君子不严肃沉稳就没有威严，学东西也不会牢固。要把忠诚和讲信用作为做人的根本。"

【5—4】《景行录》云："大丈夫当容人，无为人所容。"

［译］《景行录》说："大丈夫应当包容别人，而不要让别人来包容自己。"

【5—5】《景行录》云："人资禀要刚，刚则有立。"

［译］《景行录》说："人的天性要刚毅，只有刚毅才能有所作为。"

【5—6】《素书》云："释①己以教人者逆，正己以化人者顺。"

［注］①释：原作"枉"，据诸本及《素书·安义章》改。

［译］《素书》说："舍弃自我修养来教育别人会事与愿违，端正自己言行来教育别人会如愿以偿。"

【5—7】苏武^①曰："不可以己之所能而责人之所不能,不可以己之所长而责人之所短。"

[注] ①苏武:西汉人,汉武帝时出使匈奴,被扣留十九年,坚持不肯屈服。

[译] 苏武说:"不能拿自己能够做到的事情来苛求别人做不到的事情,不能拿自己擅长的方面来苛求别人不擅长的方面。"

【5—6】太公曰："勿以贵己而贱人,勿以自大而灭小,勿以精勇而轻敌。"

[译] 太公说:"不要因为想抬高自己而贬低别人,不要因为想自己强大而灭绝弱者,不要因为自己精悍勇猛而轻视敌人。"

【5—9】鲁共王^①曰："以德胜人则强,以财胜人则凶,以力胜人则亡。"

[注] ①鲁共王:当作"鲁恭",东汉时官员,为政重视道德教化。

[译] 鲁恭说:"靠德行胜过别人的会强大,靠钱财胜过别人的会危险,靠武力胜过别人的会灭亡。"

【5—10】荀子^①曰："以善先人者谓之教,以善和人者谓之顺。以不善先人者谓之谄,以不善和人者谓之谀。"

[注] ①荀子:战国末期著名的思想家荀况,对儒家思想有所发展。

[译] 荀子说:"用好的言行来引导别人叫作教导,用好的言行来附和别人叫作顺应;用不好的言行来引导别人叫作谄媚,用不好的言行来附和别人叫作奉承。"

【5—11】孟子曰："以力服人者,非心服也;以德服人者,中心悦而诚服也。"

[译] 孟子说:"依靠武力制服别人的,别人不是从心里服气;依靠道德征服别人的,别人会由衷地高兴并真心地服气。"

【5—12】太公曰："见人善事,即须记之;见人恶事,即须掩之。"

[译] 太公说:"看到别人做的好事,就该记住;看到别人做的坏事,就该掩饰。"

【5—13】孔子曰："匿人之善,斯^①谓蔽贤;扬人之恶,斯为小人。言人之善,若己有之;言人之恶,若己受之。"

[注] ①斯:这。原作"所",据《孔子家语·辩政》改。

［译］孔子说："掩盖别人的善行，这就叫埋没贤人；传播别人的恶行，这就叫小人。提到别人的善行，要像是自己做的一样愉悦；说到别人的恶行，要像是自己受害一样痛恨。"

【5—14】马援曰："闻人过失，如闻父母之名，耳可得闻，口不可得言也。"

［译］马援说："听到别人的过失，要像听到自己父母的名字一样，耳朵可以听，口中却不能说。"

【5—15】孟子曰："言人之不善，当如后患何？"

［译］孟子说："谈论别人的短处，该对产生的后果怎么办呢？"

【5—16】康节邵先生曰："闻人之谤未尝怒，闻人之誉未尝喜，闻人言人之恶未尝和，闻人言人之善则就而和之，又从而喜之。故其诗①曰：'乐见善人，乐闻善事，乐道善言，乐行善意。闻人之恶，如负芒刺②；闻人之善，如佩兰蕙③。'"

［注］①其诗：邵雍自己写的《安乐吟》诗。②芒刺：长在草木茎、叶、果壳上的小刺。③兰蕙（huì）：兰和蕙是两种香草名。

［译］邵雍说："听到别人的毁谤不曾发怒，听到别人的称誉不曾喜悦，听到谈论别人的恶行不曾附和，听到谈论别人的善行就靠近去应和，又跟着高兴。所以我在《安乐吟》诗中写道：'很高兴见到好人，很高兴听到好事，很高兴说出好话，很高兴表达好意。听到别人的恶行，就像小刺扎在背上一样难受；听到别人的善行，就像佩戴香草一样舒心。'"

【5—17】诗云①："心无妄思，足无妄走。人无妄交，物无妄受。"

［注］①诗云：见邵雍《瓮牖（yǒu）吟》诗。

［译］邵雍诗中说："心里不要胡思乱想，腿脚不要任意乱走。朋友不要随便结交，财物不要随意接受。"

【5—18】《近思录》①云："迁善当如风之速，改过当如雷之促。"

［注］①《近思录》：引文见宋黎靖德编《朱子语类》卷七二，不见于《近思录》。

［译］朱熹说："向善应该像刮风一样急速，改错应该像打雷一样急促。"

【5—19】子贡①曰："君子之过也，如日月之食焉。过也，人皆见

之；更也，人皆仰之。"

［注］①子贡：孔子的得意弟子端木赐，字子贡。

［译］子贡说："君子犯了错误，就像日食和月食一样光明短暂被遮掩。犯错时，大家都看到了；改正后，大家都敬重他。"

【5—20】知过必改，得能莫忘。

［译］知道自己的过错一定要改正，已经获得的专长不要放弃。

【5—21】子曰："过而不改，是谓过矣。"

［译］孔子说："有了过错却不改正，这就叫作真正的过错了。"

【5—22】《直言诀》曰："闻过不改，是谓过矣①。愚者若驽马，驽马②自受鞭策，愚人终受毁捶，而不渐③其驾也。"

［注］①是谓过矣：原无，据哈佛本、新刻本、北大本补。②驽马：原无，据越南本补。③渐：加剧，加快。

［译］《直言诀》说："听到别人指出自己的过错却不改正，这就是真正的过错了。愚笨的人就像跑不快的马，跑不快的马自然要挨鞭子打，愚笨的人终归也要被辱骂殴打，挨了鞭打还是不能使马车加快。"

【5—23】道吾恶者是吾师，道吾好者是吾贼。

［译］指出我过错的是我老师，只说我优点的是害我的人。

【5—24】子曰："三人行，必有我师焉。择其善者而从之，其不善者而改之。"

［译］孔子说："三个人同行，其中必定有我的老师。我选择他们好的方面向他们学习，比照他们不好的方面自我改正。"

【5—25】《景行录》云："寡言择交，可以无悔吝，可以无忧辱。"

［译］《景行录》说："保持沉默少说话，有选择地结交朋友，就可以没有悔恨，就可以免去烦恼和耻辱。"

【5—26】太公曰："勤是无价之宝，慎是护身之符①。"

［注］①符：道士画的驱使鬼神或治病延年的神秘符号。

［译］太公说："勤奋是无法估价的宝物，谨慎是保护自身的灵符。"

【5—27】《景行录》云："寡言则省谤，寡欲则保身。"

［译］《景行录》说："说话少就能减少非议，欲望少就能保全自身。"

【5—28】太公曰："多言不益其体，百艺不忘其身①。"

[注] ①不忘其身：自身不要忘记。这里指尽量学到手。

[译] 太公说："话多无益于自己的身体，各种技艺要尽量学到手。"

【5—29】《景行录》云："保生者寡欲，保身者避名。寡欲易，无名难。"

[译]《景行录》说："想延年益寿的人应当清心寡欲，想平安无祸的人应当躲避名誉。清心寡欲容易，不要名誉很难。"

【5—30】《景行录》云："务名者，杀其身；多财者，杀其后。"

[译]《景行录》说："追逐名声的人，会毁掉自己；钱财太多的人，会毁掉后代。"

【5—31】老子曰："欲多伤神，财多累身。"

[译] 老子说："欲望多了会损耗精神，钱财多了会连累自身。"

【5—32】胡文定公①曰："人须是一切世味②淡薄方好，不要有富贵相。"

[注] ①胡文定公：宋代经学家胡安国，谥号为"文定"。②世味：人世间的各种经历和感受。这里指获取功名富贵等世俗的欲望。

[译] 胡文定公说："人应该是一切世俗的欲望淡薄一些才好，不要有富贵的样子。"

【5—33】李端伯①《师说》②："人于外物③奉身者，事事要好。只有自家一个身与心，却不要好。苟得外物好时④，却不知道自家身与心已自先不好了也。"

[注] ①李端伯：即北宋时程颐、程颢的弟子李吁，字端伯。②《师说》：李端伯记录二程话语而编成的文字。③外物：原作"物外"，据御制本、新刻本、本段下文以及朱熹《河南程氏遗书》卷一改。④时：原作"时节"，据《河南程氏遗书》卷一删"节"字。

[译] 李端伯《师说》说："人对于外在的供养身体的东西，样样都追求好的，只有自己的身体和心灵，却不想好。如果等到身外之物样样都好的时候，却不知道自己的身体和心灵已经先就不好了。"

【5—34】《吕氏童蒙训》①曰："攻其恶，无攻人之恶。盖自攻其恶，日夜且自②点检，丝毫不尽则慊③于心矣，岂有工夫点检他人邪？"

[注] ①《吕氏童蒙训》：又称《童蒙训》，宋吕本中著，是一本侧重伦理道德教化的语录体启蒙读物。②且自：只管。③慊（qiàn）：

不满。

[译]《吕氏童蒙训》说："要反省自己的错误，不要去指责别人的过失。大致说来，反省自己的错误，白天黑夜只管检查自己，哪怕只有丝毫的遗憾都会心里不满足，哪里还有时间去品评别人呢？"

【5－35】子曰："君子有三戒：少之时，血气未定，戒之在色；及其壮也，血气方刚，戒之在斗；及其老也，血气既衰①，戒之在得。"

[注]①衰：原作"哀"，据新刻本及《论语·季氏》改。

[译]孔子说："君子在三个方面要存有戒心：少年时候，血气还没定型，要戒贪图女色；等到壮年，精力正当旺盛，要戒与人争斗；到了老年，元气已经衰弱，要戒贪得无厌。"

【5－36】孙真人①《养生铭》："怒甚偏②伤气，思多太损神。神疲心易役，气弱病相萦。勿使悲欢极，当令饮食匀。再三防夜醉，第一戒晨嗔③。"

[注]①孙真人：唐代著名道士、医药学家孙思邈，被后世尊称为"药王"。②偏：很。③嗔（chēn）：生气，发怒。

[译]孙思邈《养生铭》说："怒火太盛很伤元气，思虑过多很耗精神。精神疲惫内心容易失控，元气太弱疾病就会缠身。不要让悲喜过度，应该使饮食平衡。千万防止晚上醉酒，首先戒除早晨生气。"

【5－37】《景行录》云："节食养胃，清心养神。口腹不节，致疾之因；念虑不正，杀身之本。"

[译]《景行录》说："节制饮食可以养胃，清心寡欲可以养神。食欲不节制，这是得病的原因；心术不端正，这是丧命的根源。"

【5－38】子曰："君子食无求饱，居无求安。"

[译]孔子说："君子不要追求饮食太饱足，不要追求居住太舒适。"

【5－39】《脉诀》①曰："知②者能调五脏和。"

[注]①《脉诀》：六朝时高阳生托名晋太医令王叔和编写的阐述脉理的医书。②知：同"智"。

[译]《脉诀》说："有智慧的人能把五脏调理得很和谐。"

【5－40】吃食少添盐醋，不是去处休去。要人知，重勤学；怕人知，后①莫作。

[注]①后：私底下，即"人前人后"的"后"。

［译］饮食少加盐和醋，不该去的地方不要去。想要让人知道，就要注重勤奋学习；害怕别人知道，私下就不要做亏心事。

【5—41】若欲不知，除非莫为。

［译］如果想要别人不知道，除非自己不去做亏心事。

【5—42】老子曰："欲人不知，莫若无为；欲人不言，莫若无言。"

［译］老子说："想要别人不知道，不如自己不去做亏心事；想要别人不议论，不如自己不去说违心话。"

【5—43】《景行录》云："食淡精神爽，心清梦寐安。"

［译］《景行录》说："饮食清淡就精神爽朗，心境淡泊就睡梦安稳。"

【5—44】老子曰："人能常清净，天地悉皆归。"

［译］老子说："人如果能经常保持清心寡欲，天地全都会顺从他。"

【5—45】道高龙虎伏，德重鬼神钦。

［译］道德高尚的人龙虎都会顺从，品行高洁的人鬼神都会敬重。

【5—46】苏黄门①曰："衣冠佩玉可以化强暴，深居简出可以却猛兽，定心寡欲可以服鬼神。"

［注］①苏黄门：指北宋散文家苏辙。宋哲宗时他曾担任门下侍郎，这一官职秦汉时称为黄门侍郎。

［译］苏辙说："衣冠整齐佩戴玉饰可以感化暴行，待在家中极少出门可以躲开猛兽，心神安宁少有欲望可以降伏鬼神。"

【5—47】荀子曰："积土成山，风雨兴焉；积水成渊，蛟①龙生焉；积善成德，而神明自得，圣心循②焉。"

［注］①蛟：古代传说中的一种龙，居于深渊，能发洪水。②循：通行本《荀子》作"备"，具备。

［译］荀子说："堆积土石成为高山，风雨会从那里兴起；汇聚水流成为深渊，蛟龙会在那里出现；积累善行成为高尚品德，自然会明智如神，由此具备圣人的思想境界。"

【5—48】性理书云："修身之要：言忠信，行笃敬，惩忿窒欲，迁善改过。"

［译］性理书中说："修身养性的关键是：言语忠诚可靠，行为厚道恭敬，克制愤怒，抑制欲望，积极向善，改正错误。"

【5—49】《景行录》云："凡修身为学，不在文字言语中，只平日待人接物便是。取非其有谓之盗，欲非其有谓之贼。"

［译］《景行录》说："凡是修身和治学，不在于书面和口头上，只在平时的待人接物中就能体现。拿走不属于自己的东西称为盗，贪图不属于自己的东西称为贼。"

【5—50】太公曰："修身莫若敬，避强莫若慎。"

［译］太公说："要修身养性，没有什么比得上恭敬；要躲避强暴，没有什么比得上谨慎。"

【5—51】《景行录》云："定心应物，虽不读书，可以为有德君子。"

［译］《景行录》说："内心平和顺应事物，即使不读书，也可以做有道德的君子。"

【5—52】《礼记》①曰："君子奸声乱色不留聪明，淫乐匿②礼不接心术，惰慢邪辟之气不设于身体。使耳、目、鼻、口、心知③百体，皆由顺正以行其义。"

［注］①《礼记》：由西汉戴圣编定，主要记述了先秦的各种礼仪规范，是儒家的经典著作之一。②匿：通"慝"，邪恶不正。③知：同"智"。原作"术"，据新刻本及《礼记·乐记》改。

［译］《礼记》说："君子对于邪恶的声音和杂乱的颜色，耳目不会有所驻留；对于淫荡的音乐和不正规的礼节，内心不会有所接触；懒惰懈怠、邪恶不正的习气，身上不会有所沾染。使耳、眼、鼻、口、心等身体的各个部位，都通过正直合理的途径来履行公道。"

【5—53】《景行录》云："古人修身以避名，今人饰己以要誉。所以古人临大节而不夺①，今人见小利而易守。君子人②则无古今，无治无乱，出则忠，入则孝，用则智，舍则愚。"

［注］①夺：丧失。②君子人：即君子。

［译］《景行录》说："古代人修身养性来躲避名声，现代人粉饰自己来沽名钓誉。所以古代人面临生死危难也不改变节操，现代人见到微小利益就会改变操守。君子不管在古代还是现代，不管在太平盛世还是纷乱年代，在外会忠于君主，回家会孝敬父母，被任用就发挥才智，被冷落就假装糊涂。"

【5—54】老子曰："万般求生，不如修身；千般求生，不如禁口。"

［译］老子说："千方百计谋求生路，不如修身养性；想方设法谋求生路，不如闭口不语。"

【5－55】太公曰："身须择行，口须择言。"

［译］太公说："身体要对行为加以选择，该做才做；嘴巴要对言语加以选择，该说才说。"

【5－56】《直言诀》曰："治家治身者，犹如构屋者先固基址。立身者先要①其德行，成家者先安其产业。治家者须葺②其房屋，屋舍修可以庇人物，立身可以养神命③，全家可以安长幼，治国可以保君子。若基址不实，屋必崩坏；心行若虚，身体危辱，家必丧亡；百姓离乱，国必倾坠，君臣何保？家若丧亡，长幼何托？身若危辱，神命何安？摧崩房屋，人物何庇？成败如斯，孰可察也？"

［注］①要：约束。②葺（qì）：修理。③神命：新刻本作"神明"，即精神。下一例同。

［译］《直言诀》说："管理家庭和修身养性，就像建造房屋，必须先使地基牢固。要生存，先得规范自己的品行，要成家，先得置办自己的家业。管理家庭要修理自己的房屋，房舍修理好了可以保护人和财物不遭风雨，能够生存就可以养好精神，保全家庭可以让老少平安，治理好国家可以保护君子。如果地基不牢固，房屋一定会破裂垮塌。品性如果虚伪，身体就会有危险和屈辱，家庭必然会破败。百姓遭受战乱而流离失所，国家必然崩溃，君主大臣又怎么保全？家庭如果破败，一家老少又怎么安身？自身如果有了危险屈辱，精神又怎么能够安宁？房屋倒塌毁坏，人和财物又怎么能够保全？兴衰成败就像这样，谁能够明察呢？"

【5－57】《警身录》云："圣世获生，始觉寸阴胜尺璧，岂不去邪从正，惜身重命？如人未历于事，当明根叶①之异，祸福之殊。根叶者，贤良笃行信为本，正直刚毅枝叶也。父母己身②性为本，妻子财物枝叶也。一家之内粮为本，不及③之物枝叶也。免辱免刑仁为本，倚财靠力枝叶也。疾病欲痊药为本，信卜俟医④枝叶也。万事无过实为本，恐惧装饰枝叶也。恩亲贤良敬为本⑤，私好之人枝叶也。衣食饱暖业为本，浮荡之财枝叶也。为官治讼法为本，恣意以断⑥枝叶也。是故有根无叶，可以待时；有叶无根，甘雨所不能活也。若务本业，勤谨俭用，随

时知足，孝养父母，诚于静闲⑦，守分安身，远恶近善，知过必改，善调五脏⑧，以避寒暑，不必问命，此真福也。"

[注] ①根叶：原作"根业"，下文都在以根叶为喻，据新刻本改。②己身：自身。原作"以身"，据新刻本改。③不及：新刻本作"不急"，义长。④侯医：新刻本作"巫医"，义长。⑤恐惧装饰枝叶也。恩亲贤良敬为本：原无，据新刻本补。⑥以断：当据新刻本作"拟断"，指量刑判罪。⑦静闲：清静闲适。原作"静闻"，据新刻本改。⑧五脏：心、肝、脾、肺、肾五种器官，这里泛指各种内脏。

[译]《警身录》说："生在贤明君主统治的时代，才感觉一寸光阴比直径一尺的璧玉还珍贵，难道不该舍去邪恶、追求正道，爱惜身体、珍重生命？如像人还没有经历世事，就该明白根和叶的不同，祸和福的差异。所谓根和叶，要做到德才兼备、品行纯朴，诚信是根本，为人正直、刚强坚毅是枝叶。对于父母和自己，性命是根本，妻子、儿女、财物是枝叶。在一家之中，粮食是根本，不急用的东西是枝叶。要免于耻辱与刑罚，仁爱是根本，依靠钱财和势力是枝叶。疾病要痊愈，服药是根本，迷信占卜算卦和驱除鬼祟是枝叶。做任何事没有过失，踏实是根本，惶恐不安、善于装点是枝叶。对待有恩的人和有才德的人，尊敬是根本，其余偏爱的人是枝叶。要能吃饱穿暖，固定的家业是根本，不固定的收入是枝叶。做官判案，法律是根本，随意量刑定罪是枝叶。所以有根却没有叶，还可以等待时机；有叶但没有根，适时的雨水也养不活。如果努力干好本行本业，勤劳谨慎，省吃俭用，随时知道满足，孝敬奉养父母，真心过清静悠闲的生活，安分守己，远离邪恶，亲近善良，知道过错就一定改正，善于调理各种内脏，以避免寒暑邪气，那么不用去测算命运了，这就是真正的福气。"

【5－58】《景行录》云："祸莫大于从己之欲，恶莫甚于言人之非。"

[译]《景行录》说："没有什么灾祸比放纵自己的欲望更大，没有什么恶行比谈论别人的过错更甚。"

【5－59】子曰："君子欲讷①于言而敏于行。"

[注] ①讷（nè）：语言迟钝。这里指说话小心谨慎。

[译] 孔子说："君子应当说话小心谨慎，做事勤奋敏捷。"

【5－60】苏武曰："一言之益，重于千金；一行之亏，毒如蛇蝎。"

［译］苏武说："一句话语带来的好处，可以比千金还要贵重；一个举动带来的损害，可以像蛇和蝎子一样恶毒。"

【5－61】《近思录》云："惩忿如救火，窒欲如防水。"

［译］《近思录》说："克制愤怒要像扑救火灾一样及时，压制欲望要像预防决口一样坚固。"

【5－62】《夷坚志》①云："避色如避仇，避风②如避箭。莫吃空心③茶，少食中夜饭。"

［注］①《夷坚志》：宋代洪迈编著的专门讲述神奇怪异故事的小说。这四句话最早见于南宋胡仔《苕溪渔隐丛话前集》卷五四《宋朝杂记》上引用宋初一位名人所作的《座右铭》，不见于今本《夷坚志》。②风：这里指邪风，中医指能够伤人致病的风。③空心：空着肚子。

［译］《夷坚志》说："躲避美色要像躲避仇人一样，躲避邪风要像躲避飞箭一样。不要在空腹时喝茶，少在半夜里吃饭。"

【5－63】利不苟贪终祸少，事能常忍得身安。频浴身安频欲病，学道无忧学盗忧。

［译］好处不随便贪图，灾祸终究会少；凡事经常能忍受，身体就会平安。经常洗澡身体健康，放纵欲望容易生病；追求道义不会有忧虑，贪婪学盗就让人担心了。

【5－64】太公曰①："贪心害己，利口②伤身。"

［注］①太公曰：引文原与上条合为一条，现据新刻本分为两条，加上"太公曰"三字。引文见敦煌唐人写本《太公家教》。②利口：说话快捷尖刻。

［译］太公说："心太贪婪会伤害自己，口舌锋利也会伤害自己。"

【5－65】《景行录》云："声色者，败德之具；思虑者，残生之本。"

［译］《景行录》说："靡靡之音和女色，是败坏品行的东西；殚思极虑，是摧残生命的根源。"

【5－66】荀子曰："无用之辩，不急之察，弃而勿治。若夫君臣之义，父子之亲，夫妇之别，则日切磋而不舍①也。"

［注］①舍：原作"知"，据诸本及《荀子·天论》改。

［译］荀子说："没有用的辩论，不急需的考察，可以抛开不管。至于君臣之间的道义，父子之间的亲情，夫妇之间的差异，那是应该天天

切磋而不能丢掉的。"

【5—67】子曰："众好之，必察焉；众恶之，必察焉。"

[译]孔子说："大家都喜欢他，一定要再考察一下；大家都厌恶他，也一定要再考察一下。"

【5—68】太甲①曰："天作孽，犹可违；自作孽，不可活②。"此之谓也。

[注] ①太甲：商朝第四位君主，商汤王之孙。②活：通"逭(huàn)"，逃避、免除。

[译]太甲说："上天降下的灾祸，还可以躲避；自己种下的灾祸，不可能逃脱。"说的就是这个意思。

【5—69】《景行录》云："闻善言则拜，告有过则喜，有圣贤气象。"

[译]《景行录》说："听到有益的话就下拜行礼，被告知有过错就内心欣喜，这样的人有圣贤的气度。"

【5—70】子路①闻过则喜，禹②闻善言则拜。

[注] ①子路：孔子的弟子仲由，字子路。为人刚直，好勇尚武。②禹：又称"大禹""夏禹"等，夏朝的开国君王，以善于治理洪水著称。

[译]子路听到别人指出自己的过失就高兴，大禹听到对自己有益的话就下拜。

【5—71】节孝徐先生①训学者曰："诸君欲为君子，而使劳己之力，费己之财，如此而不为君子，犹可也。不劳己之力，不费己之财，诸君何不为君子？乡人贱之，父母恶之，如此而不为君子，犹可也。父母欲之，乡人荣之，诸君何不为君子？"

[注] ①节孝徐先生：北宋学官徐积，以孝行著称，谥号"节孝处士"。

[译]徐积训诫学生说："你们想做君子，但要让你们耗损自己的精力，花费自己的钱财，这样你们就不去做君子了，那还可以理解。如果不用耗损自己的精力，不必花费自己的钱财，你们为什么不做君子呢？乡亲们小看你，父母讨厌你，这样你们就不去做君子了，那还可以理解。父母寄予希望，乡亲们以此为荣，你们为什么不做君子呢？"

【5—72】《论语》①曰："夫子②时然后言，人不厌其言；乐然后笑，

人不厌其笑；义然后取，人不厌其取。"

[注] ①《论语》：由孔子的弟子和再传弟子编成，是记录孔子及其弟子言行的语录体著作，成书于战国前期。它集中体现了孔子在政治、伦理道德、教育等方面的思想，是儒家最重要的经典。②夫子：指春秋时卫国的大夫公叔发。

[译]《论语》说："夫子看准时机才发言，别人就不讨厌他的话；感到快乐才喜笑，别人就不厌恶他的笑；合乎道义才获取，别人就不反感他的取。"

【5—73】酒中不语真君子，财上分明大丈夫。

[译] 喝酒时不乱说话的人是真君子，钱财上分得清楚的人是大丈夫。

【5—74】《大学》①云："富润②屋，德润身。"

[注] ①《大学》：儒家经典《礼记》中的一篇，主要总结了先秦儒家的道德修养理论，尤其强调自我道德修养和治国平天下的密切关系。②润：修饰，充实。

[译]《大学》说："财富可以使居室华丽，道德可以使自身完美。"

【5—75】宁可正而不足，不可邪而有余。

[译] 宁可为人正直而受穷，也不能为非作歹而富裕。

【5—76】《景行录》云："为人要忠厚，若刻悛①太甚，不肖之子应之矣。"

[注] ①刻悛（quān）：疑为"刻峻"之误，苛刻、严厉。

[译]《景行录》说："做人要诚实厚道，如果刻薄严酷太过分，没有出息的子女就是报应了。"

【5—77】德胜才为君子，才胜德为小人。

[译] 德行多于才干就是君子，才干超过德行就是小人。

【5—78】子曰："良药苦口而利于病，忠言逆耳而利于行。"

[译] 孔子说："效果好的药虽然味道苦，却对治好疾病有利；中肯的话虽然不好听，却对端正行为有益。"

【5—79】作福①不如避罪，避祸不如省②非。

[注] ①作福：做善事来获取福气。②省：免除、去掉。

[译] 行善求福不如防止恶行，躲避祸患不如少惹是非。

【5—80】万事从宽，其福自厚。

［译］所有的事都能从宽对待，自己的福分也自然会增加。

【5—81】成人不自在，自在不成人。

［译］要成才就不能放任自流，若放任自流就不能成才。

【5—82】子贡曰："君子有三恕①：有君而不能事，有人而求其使，非恕也；有亲不能报，有子而求其孝，非恕也；有兄不能敬，有弟而求其听令，非恕也。士明于此三恕，则可以端身矣。"

［注］①恕：儒家的道德规范之一，指推己及人，将心比心。

［译］子贡说："君子要遵循三种恕道：对君主不能很好地侍奉，有了下属却希望驱使他们，这不是恕道；对父母不能很好地报答，有子女却要求他们孝顺，这不是恕道；对兄长不能很好地敬重，有弟弟却要求他听从安排，这不是恕道。读书人明白了这三种推己及人的道理，就可以使自身品行正直了。"

【5—83】老子曰："自见者不明，自足者不彰，自伐者无功，自务者不长。"

［译］老子说："眼里只有自己的人不会看得分明，自我满足的人不会名声显扬，自我夸耀的人反而不能成功，一心只为自己的人好景不长。"

【5—84】刘会曰："积谷帛者，不忧饥寒；持道德者，不畏凶邪。"

［译］刘会说："储备了粮食布帛的人，不担心饥饿寒冷；累积了道行品德的人，不害怕奸凶邪恶。"

【5—85】太公曰："欲量他人，先须自量。伤人之语，还是自伤。含血喷人，先污其口。"

［译］太公说："要想评判他人，首先必须衡量一下自己。说伤害别人的话语，最终反过来伤害了自己。含血来喷人，先就弄脏了自己的嘴。"

【5—86】老子曰："大辩若讷，大巧若拙。澄心清净，可以安神。谗口多言，自亡其身。"

［译］老子说："最善辩的人似乎显得语言迟钝，最灵巧的人似乎显得行动笨拙。内心清澈纯净，可以让精神安宁。多说别人坏话，就会自己毁灭自己。"

【5—87】太公曰："贫而杂①懒，富而杂力。"

［注］①杂：聚集。

［译］太公说："贫穷的人身上聚集了各种惰性，富足的人身上聚集了各种努力。"

【5—88】孔子曰："食不语，寝不言。"

［译］孔子说："吃东西时不说话，躺卧着时不吱声。"

【5—89】《论语》曰："寝不尸，居不容。"

［译］《论语》说："睡觉时不要像死尸一样直挺着，平时在家不必讲究修饰打扮。"

【5—90】荀子曰："良农不为水旱不耕，良贾不为折阅①不市，君子不为贫穷怠乎道体②。"

［注］①折阅：降价销售。②道体：今本《荀子·修身》"体"在下一句，此处误连在一起。

［译］荀子说："好的农民不会因为遭到水灾旱灾就不种田地，好的商人不会因为物价大跌就不做买卖，君子不会因为贫困就放松道德修养。"

【5—91】孟子曰："饮食之人，则人贱之矣，为其小以失大也。"

［译］孟子说："只知道吃喝的人，大家会鄙视他，因为他只顾自己小小的肉体而丢弃了大的德行。"

【5—92】凡戏无益，惟勤有功。

［译］凡是嬉戏都没好处，只有勤奋才有作为。

【5—93】太公曰："瓜田不摄履，李下不整冠。"

［译］太公说："经过瓜田旁边不要弯腰整理鞋子，走过李子树下不要伸手整理帽子。"

【5—94】孟子曰："爱人不亲，反其仁；治人不治，反其智；礼人不答，反其敬。"

［译］孟子说："你爱别人但别人不亲近你，就该反省自己的仁爱够不够；你管理别人但没有管理好，就该反省自己的才智够不够；你礼貌待人但得不到相应的回敬，就该反省自己的敬意够不够。"

【5—95】《景行录》云："自满者败，自矜者愚，自贼者忍。"

［译］《景行录》说："自我满足的人会失败，自我夸耀的人很愚蠢，

自我残害的人心肠硬。"

【5－96】太公曰："家中有^①恶，外已知闻；身有德行，人自称传。"

[注] ①有：原无，据哈佛本、新刻本、北大本、越南本及敦煌唐人写本《太公家教》补。

[译] 太公说："家里出了丑事，外人早就会知道；自身品行端正，别人自然会颂扬。"

【5－97】人非贤莫交，物非义莫取；忿非善莫举，事非是莫说。谨则无忧，忍则无辱；静则常安，俭则常足。

[译] 不是贤人不要结交，不义之财不要去拿；不要发并非善意的怒火，不要说并不正确的事情。做事谨慎就没有忧虑，学会忍耐就不会受辱；清心寡欲就常常安宁，省吃俭用就常常富足。

【5－98】《曲礼》曰："傲不可长，欲不可纵，志不可满，乐不可极。"

[译]《礼记·曲礼》说："傲气不能滋长，欲望不能放纵，意愿不能全满足，享乐不能到极点。"

【5－99】《素书》云："行足以为仪表，知足以决嫌疑，信可以守约，廉可以分财。"

[译]《素书》说："行为足可以成为楷模，才智足可以决断疑惑，诚信可以坚守约定，公正可以分割财产。"

【5－100】《景行录》云："心可逸，形不可不^①劳；道可乐，身不可[不]忧。形不劳，则怠惰易蔽^②；身不忧，则荒淫不定。故逸生于劳而常体^③，乐生于忧而无厌。逸乐者，忧劳其不^④可忘乎？"

[注] ①不：原无，据哈佛本、新刻本、北大本、越南本补。下文"身不可不忧"的"不"同此。②蔽：通"弊"，疲劳。③体：哈佛本、新刻本、北大本、越南本作"休"。④不：据哈佛本、新刻本、北大本、越南本、石印本，当删。

[译]《景行录》说："心境可以追求安逸，但身体不能不劳作；道义可以使人快乐，但身心不能不忧虑。身体没有辛劳，就会懒惰而易于疲乏；身体没有忧患，就会纵情享乐而失去准则。所以安逸来自辛劳才会常常悠闲，快乐源于忧患才会没有穷尽。安逸快乐的时候，忧虑和劳

作难道可以忘记吗?"

【5-101】心无谄曲①,与霹雳同居。

[注] ①谄曲:曲意逢迎。

[译] 心里没有违反自己的本意去迎合别人,就是与大响雷处在一起也不怕。

【5-102】《景行录》云:"耳不闻人之非,目不视人之短,口不言人之过,庶几君子。"

[译]《景行录》说:"耳朵不听别人的不是,眼睛不看别人的不足,口中不说别人的缺点,就差不多算是君子了。"

【5-103】门内有君子,门外君子至;门内有小人,门外小人至。

[译] 屋里的人是君子,门外就会来君子;屋里的人是小人,门外就会来小人。

【5-104】太公曰:"一行有失,百行俱倾。"

[译] 太公说:"一种品行有失误,各种品行都立不起来了。"

【5-105】《素书》云:"短莫短于苟德①,孤莫孤于自恃。"

[注] ①德:通"得"。

[译]《素书》说:"最大的短处是不该得而获得,最大的孤独是太自信而傲慢。"

【5-106】老子曰:"鉴明者,尘埃不能污;神清者,嗜欲岂能胶矣?"

[译] 老子说:"镜子明亮的话,灰尘不会使它污浊;心神明净的话,又怎么会被贪欲所困呢?"

【5-107】《书》云:"不矜细行,终累大德。"

[译]《尚书》说:"不注重小节,最终会影响到大的操守。"

【5-108】子曰:"君子泰而不骄,小人骄而不泰。"

[译] 孔子说:"君子沉静坦然而不狂妄轻浮,小人狂妄轻浮而不沉静坦然。"

【5-109】荀子曰:"聪明圣智①,不以穷人②;齐给速通③,不争先人;刚毅勇敢,不以伤人。不知则问,不能则学,虽能必让④,然后为德。"

[注] ①圣智:睿智。②穷人:使人处境困窘。③齐给速通:原作

"济给远通"，据哈佛本、新刻本、北大本及《荀子·非十二子》改。齐给，迅捷。④让：原作"护"，据哈佛本、新刻本、北大本、越南本、石印本及《荀子·非十二子》改。

［译］荀子说："虽然聪明有才智，但不因此而使人难堪；虽然敏捷悟性高，但不在别人面前抢先逞能；虽然刚勇有毅力，但不因此而伤害别人。不懂的就问，不会的就学，即使自己能干也一定谦让，这样才能够成就德行。"

【5—110】《贤士传》曰："色不染无所秽，财不贪无所害，酒不贪无所触。不轻他自厚，不屈他自安，心平则无怨恶。"

［译］《贤士传》说："不近女色就没有能玷污自己的，不贪钱财就没有能危害自己的，不好酗酒就没有能使自己冒犯别人的。不贬低别人来抬高自己，不委屈别人来使自己心安，心态平和就不会有怨恨憎恶。"

【5—111】老子曰："圣人积德不积财，执道全身，执利被害。"

［译］老子说："圣人积累善行而不积累钱财，坚守道德能保全生命，固守利益会遭受灾祸。"

【5—112】蔡伯皆①曰："喜怒在心，言出于口，不可不慎也。"

［注］①蔡伯皆：即蔡伯喈，东汉文学家蔡邕，才女蔡文姬之父。

［译］蔡伯喈说："心中有了喜怒，言语从口说出，这个时候不能不慎重呀。"

【5—113】卫伯曰："宽惠博爱，敬①身之基；勤学修行②，立身之本。"

［注］①敬：原作"养"，据哈佛本、新刻本、北大本、越南本改。②勤学修行：原作"勤学者"，据越南本改。

［译］卫伯说："宽厚仁慈，广施爱心，这是敬重自身的基础；勤奋学习，完善德行，这是立身处世的根本。"

【5—114】子曰："身居富贵而能下人者，故何人而不与①富贵？身居人上而能爱敬者，何人而敢不②爱敬？身居权职所以严肃者，何人而敢不畏惧也？发言而古，动止合规，何人敢违命者也？"

［注］①与：许可。②敢不：原作"不敢"，据哈佛本、北大本改。下句"敢不"同。

［译］孔子说："身处富贵而能对人谦让的人，哪个人会不许他富贵

呢？地位高于别人却能爱护敬重别人的人，哪个人敢不喜爱敬重他呢？身居要职而庄重严谨的人，哪个人敢不敬畏他呢？说话遵循古礼，举止合乎规范，哪个人还敢违背他的命令呢？”

【5—115】《颜氏家训》①曰："借人典籍，皆须爱护，凡有缺坏，就为补治，此士大夫②百行之一也。"

［注］①《颜氏家训》：北齐思想家、教育家颜之推所写的一部系统的家庭教育著作，被称为"古今家训之祖"。②士大夫：泛指文人。

［译］《颜氏家训》说："借别人的书籍，都必须好好爱护，只要有缺失损坏的书页，就要给人家修补完好，这也是读书人应具备的各种品行之一呀。"

【5—116】宰予昼寝。子曰："朽木不可雕也，粪土之墙不可污①也。"

［注］污：同"杇（wū）"，涂饰墙壁。

［译］宰予在白天睡觉。孔子说："腐朽的木头无法雕刻，污秽的土墙无法装饰。"

【5—117】紫虚元君①《戒谕心文》："福生于清俭，德生于卑退。道生于安乐，命生于和畅。患生于多欲，祸生于多贪。过生于轻慢，罪生于不仁。戒眼莫视他非，戒口莫谈他短，戒心莫恣贪嗔，戒身莫随恶伴。无益之言莫妄说，不干己事莫妄为。默默默，无限神仙从此得；饶饶饶，千灾万祸一齐消。忍忍忍，债主冤家②从此尽；休休休，盖世功名不自由。尊君王，孝父母，敬尊长，奉有德，别贤愚，恕无识。物顺来时勿拒，物既去兮勿追。身未遇而勿望，事已往兮勿思。聪明多暗昧，算计失便宜。损人多自损，倚势祸相随。戒之在心，守之在志。为不节而亡家，因不廉而失位。劝君自警于③平生，可惧可惊而可畏。上临之以天神，下察之以地祇④。明有刑罚相继，暗有鬼神相随。惟⑤正可守，心不可欺。戒之！戒之！"

［注］①紫虚元君：又称"魏夫人""南岳夫人"，晋代女仙。②债主冤家：佛教指前世或今生与自己结怨欠债的人。③自警于：原作"自守乐"，据诸本改。④地祇（zhī）：当作"地祇（qí）"，地神。⑤惟：原作"性"，据诸本改。

［译］紫虚元君《戒谕心文》说："福气来源于清廉俭朴，道德形成

于谦卑退让。道行来自安宁快乐，好运来自和谐顺畅。祸患因为欲望太多而出现，灾祸因为贪得无厌而产生。过失来自轻视怠慢，罪恶源于不讲仁义。眼睛避开不看他人的过失，嘴巴守住不说他人的短处，戒备内心不放纵贪欲恼怒，防备自身不跟随邪恶之辈。没有用处的话不随便说，不关自己的事不随便做。沉默吧沉默吧，数不清的神仙从此而来；宽恕吧宽恕吧，数不清的灾祸统统消除。忍让吧忍让吧，与我有冤仇的人从此无影无踪；放下吧放下吧，获得天下第一的功业和名望不由自己作主。尊奉君主，孝顺父母，敬重位高年长的人，拥戴德高望重的人，识别有才无才的人，宽恕无知无识的之人。顺其自然而来的东西不要拒绝，已经失去的东西不要想去追回。自己没能发迹就不要有奢望，事情已经过去就不要去回想。看似聪明的人反而大多昏庸愚昧，精于算计的人反而失去很多好处。损人利己多是害了自己，仗势欺人灾祸紧随而来。心中要有戒备，志向坚定不移。因为行为失节会毁坏家庭，因为不守廉洁会失去地位。奉劝你在平时要自我戒备，天神、地祇、鬼神、王法对邪恶的严惩让人惊叹和畏惧！上有天神俯视，下有地神明察。明里有法律跟着你，暗中有鬼神陪着你。只能坚守正道，不可自欺欺人。千万当心！千万当心！"

【5—118】孟子曰："世俗所谓不孝者五：惰其四肢，不顾父母之养，一不孝也；博弈①好饮酒，不顾父母之养，二不孝也；好货财，私②妻子，不顾父母之养，三不孝也；从③耳目之欲，以为父母戮④，四不孝也；好勇斗狠，以危父母，五不孝也。"

［注］①博弈：原指下棋，后也指赌博。②私：偏爱，宠爱。③从：同"纵"，放纵。④戮：羞辱。

［译］孟子说："世间所说的不孝有五种情况：四肢懒惰，不管赡养父母，这是第一种；喜欢赌博酗酒，不管赡养父母，这是第二种；迷恋金钱财物，偏爱妻子儿女，不管赡养父母，这是第三种；放纵耳目享受声色，使父母感到羞辱，这是第四种；喜爱逞强斗殴，以至于连累父母，这是第五种。"

安分篇第六

【6—1】《景行录》云："知足可乐，多贪则忧。"

［译］《景行录》说："知道满足就能快乐，贪得无厌就会忧愁。"

【6—2】知足者贫贱亦乐，不知足富贵亦忧。

［译］知道满足的人即使穷困地位低也会自得其乐，不知道满足的人即使富裕地位高也会忧心忡忡。

【6—3】知足常足，终身不辱；知止常止，终身无耻。

［译］懂得知足就常常能感到满足，一辈子都不会招来羞辱；懂得适可而止就常常能有所节制，一辈子都不会招来羞耻。

【6—4】将上不足，比下有余。

［译］与超过自己的比会有差距，与不及自己的比绰绰有余。

【6—5】若比向下生，无有不足者。

［译］如果只与不及自己的相比，就没有不满足的了。

【6—6】《击壤诗》①云："安分身无辱，知机心自闲。虽居人世上，却是出人间。"

［注］①《击壤诗》：北宋邵雍的诗集，又名《伊川击壤集》。

［译］《击壤诗》说："能安分守己，自身不会受辱；能预知变化，内心自然闲适。虽然居住在人世间，却是超脱于世俗外。"

【6—7】《神童诗》①云："寿夭莫非命，穷通各有时。迷途空役役②，安分是便宜。"

［注］①《神童诗》：相传北宋汪洙九岁能诗，号称汪神童。《神童诗》就是以汪洙的部分诗为基础，再加上其他人的诗编成的，是中国古代的蒙学课本。②役役：辛劳不停的样子。

［译］《神童诗》说："长寿还是短命没有不是命中注定的，卑微还

是显达各有自己的机缘。在迷失的道路上疲于奔命只是一场空，只有安分守己才是最合时宜的事。"

【6—8】子曰："富与贵，是人之所欲也，不以其道得之，不处也；贫与贱，是人之所恶也，不以其道得①之，不去也。"

［注］①得：传世本《论语》也是如此。本该是表示与"得"相反意义的字，这里有误。

［译］孔子说："荣华富贵，这是人人想要得到的，如果不是通过正道获得，那就不去享有；贫穷低贱，这是人人都很厌恶的，如果不是通过正道摆脱，那就宁愿承受。"

【6—9】子曰："不义而富且贵，于我如浮云。"

［译］孔子说："用不仁义的手段得来的富贵，在我看来就像天空中的浮云那样轻飘飘的。"

【6—10】老子曰："知其荣，守其辱。"

［译］老子说："虽然深知什么是荣耀，却要安于屈辱的地位。"

【6—11】荀子曰："自知者不怨人，知命者不怨天。怨人者穷，怨天者亡①志。失之己，反之人，岂不亦迁②哉！荣辱之大分、安危利害之常体：先义而后利者荣，先利而后义者辱；荣者常通，辱者常穷③；通者常制人，穷者常制于人。是荣辱之大分也。"

［注］①亡：通"无"。②迁：哈佛本、新刻本、北大本、越南本同，《荀子·荣辱》作"迁"。迁，远。③穷：不得志。

［译］荀子说："有自知之明的人不会抱怨别人，了解自己命运的人不会抱怨上天。抱怨别人的人常常不会得志，抱怨上天的人常常不思进取。错误在自己身上，却反而归罪于别人，岂不是转移方向吗！荣耀和耻辱的大致区别、安危和利害的通常规则是：先考虑道义而后考虑私利的人光荣，先考虑私利而后考虑道义的人可耻；光荣的人常常命运通达，可耻的人常常命运不顺；命运通达的人常常统治别人，命运不顺的人常常被人统治。这就是荣耀和耻辱的大致区别。"

【6—12】命合食粗食，莫思重罗面①。

［注］①重罗面：用细罗筛筛过的面或是筛过两次的面。

［译］命中只该吃粗粮，就不要去想吃精细的面。

【6—13】量其所入，度其所出。

［译］先衡量自己的收入，然后再考虑自己的支出。

【6－14】子曰："君子固①穷，小人穷斯②滥③矣。"

［注］①固：坚持不变。②斯：就。③滥：没有节制。

［译］孔子说："君子在穷困时也能保持操守，小人穷困就会胡作非为。"

【6－15】省吃省用省求人。

［译］省吃俭用，以免求人。

【6－16】汪信民①常言："人常咬得菜根②，则百事可为。"

［注］①汪信民：北宋诗人汪革，字信民，江西诗派临川四才子之一。②菜根：蔬菜的根，代指简单粗糙的食物。

［译］汪信民常说："人只要经常能吃上菜根，那什么事都能做了。"

【6－17】《中庸》①云："素②富贵，行乎富贵；素贫贱，行乎贫贱；素夷狄③，行乎夷狄；素患难，行乎患难。"

［注］①《中庸》：原本是儒家经典《礼记》中的一篇，宋代学者将其与《大学》《论语》《孟子》合称为"四书"。②素：现在。③夷狄：古代称东方的民族为夷，北方的民族为狄，是带有轻蔑性的称谓。

［译］《中庸》说："现在富贵，就按富贵的地位行事；现在贫贱，就按贫贱的地位行事；现在身处夷狄的环境，就按夷狄的风俗行事；现在处于艰难境地，就按艰难的境地行事。"

【6－18】子曰："不在其位，不谋其政。"

［译］孔子说："不在那个职位上，就不去考虑那个职位负责的事情。"

存心篇第七

【7—1】《景行录》云："坐密室如通衢^①，驭寸心^②如六马，可免过。"

[注] ①通衢（qú）：四通八达的道路。②寸心：古代认为心的大小在方寸之间，所以把心称为"寸心"。

[译]《景行录》说："坐在隐秘的内室像走在四通八达的大街上一样眼界开阔，驾驭小小的心像驾驭六匹马拉的车一样小心谨慎，这样就可以避免过失。"

【7—2】《游定夫录》^①云："心要在腔子^②里。"

[注] ①《游定夫录》："定"原作"大"，据哈佛本、新刻本、北大本、越南本、石印本改。游定夫，指北宋理学家程颐、程颢的门人游酢，字定夫。《游定夫录》是他对二程话语的记录。②腔子：胸腔。

[译]《游定夫录》说："心要放在胸腔里。"

【7—3】《素书》云："务善策者无恶事，无远虑者有近忧。"

[译]《素书》说："凡事谋求好办法的人不会遇到坏事，没有长远打算的人不久就有忧患。"

【7—4】有客来相访，如何是治生。但存方寸地，留与子孙耕。

[译] 有客人来看望我，请教怎样经营家业。我说只管留下一颗善心，让子孙们好好去继承。

【7—5】《击壤诗》云："富贵如将智力求，仲尼年少合封侯。世人不解青天意，空使身心半夜愁。"

[译]《击壤诗》说："富贵如果能用智力去获得，那么孔子年轻时就该封侯了。世间的人不懂得上天的意志，白白地让自己半夜三更还在犯愁。"

【7—6】范忠宣公①诫子弟曰："人虽至愚，责人则明；虽有聪明，恕己则昏。尔曹但当以责人之心责己，恕己之心恕人，不患不到圣贤之地位也。"

[注] ①范忠宣公：北宋人，即范仲淹次子范纯仁，谥号为忠宣。

[译] 范纯仁告诫年轻晚辈说："人即使非常愚蠢，要求别人时也很严厉；即使聪明灵敏，宽容自己时也会糊涂。你们只该用过高要求别人的心来严格要求自己，用宽容自己的心来原谅别人，这样就不用担心达不到圣贤的境地了。"

【7—7】将心比心，便是佛心①。

[注] ①佛心：佛教认为是佛祖的大慈悲之心。

[译] 用自己的心去理解别人的心，这就是佛祖的慈悲之心。

【7—8】以己之心，度人之心。

[译] 要用自己的心思，设身处地去揣度别人的想法。

【7—9】《素书》云："博学切问，所以广知；高行微言，所以修身。"

[译]《素书》说："广泛学习恳切求教，以此来增加见识；行为高尚说话低调，以此来修身养性。"

【7—10】子曰："笃信好学，守死善道。"

[译] 孔子说："坚守诚信，勤奋好学，誓死维护道的完善。"

【7—11】聪明智慧，守之以愚；功被天下，守之以让；勇力振世，守之以怯；富有四海，守之以谦。

[译] 拥有聪明才智，要用愚笨来维持；功劳天下第一，要用礼让来维持；胆量和气力称雄世界，要用怯懦来维持；享有天下的一切财富，要用谦和来维持。

【7—12】子贡曰："贫而无谄，富而无骄。"

[译] 子贡说："虽然贫穷却不巴结讨好，虽然富裕却不傲慢自大。"

【7—13】子曰："贫而无怨难，富而无骄易。"

[译] 孔子说："贫穷却没有怨气非常难得，富裕却没有傲气容易做到。"

【7—14】邵康节问陈希夷①求持身之术。希夷曰："快意③事不可做，得便宜处不可再往。"

［注］①陈希夷：宋初著名的理学家陈抟，宋太宗时赐号希夷先生，后人称他为"陈抟老祖"。

［译］邵雍向陈抟求取立身处世的方法。陈抟回答："任性纵欲的事不可以做，得到好处的地方不要再去。"

【7－15】得意处，早回头。

［译］得意的时候，要早点醒悟。

【7－16】聪明本是阴骘①助，阴骘引入聪明路。不行阴骘使聪明，聪明返被聪明误。风水②人间不可无，全凭阴骘两相扶。富贵若从风水得，在生郭朴③也难图。

［注］①阴骘（zhì）：阴德，暗中做的善事。②风水：指房屋、坟地及其周边地脉、山水的方向等地理形势。③郭朴：即郭璞，东晋著名文学家和学者，喜好阴阳卜筮之术，被后人奉为术数大师。

［译］人的聪明原本是阴德的暗中相助，是阴德把人带进了聪明的路途。不在暗中多做善事而去耍小聪明，聪明反会被聪明坑害。风水在人间不能没有，但全靠阴德来相辅相成。富贵如果只是从风水中获得，即使郭璞在世也难以实现。

【7－17】古人形似兽，心有大圣德；今人表似人，兽心安可测？

［译］古代的人外形像野兽，内心却有至高无上的道德；现代的人外表像人类，但野兽般的心又怎么能推测？

【7－18】有心无相，相逐心生；有相无心，相从心灭。

［译］有善心而没有美貌，外表会随着善心而变美；有美貌而没有善心，外表会随着内心而变丑。

【7－19】三点如星象，横钩似月斜①。披毛②从此得，作佛也由他。

［注］①三点如星象，横钩似月斜：指"心"字，由三点和横钩组成。②披毛："披毛带角"的省略，指身上长毛、头上有角的兽类。佛教常用"披毛带角"指人死后堕入畜生道，变为禽兽。

［译］"心"字中的三点如同天上排列的星星，横钩像是西斜的弦月。就是这颗心，变为禽兽是由它，成就佛果也是由它。

【7－20】《大学》云："所谓诚其意者，毋自欺也。如恶恶臭，如好好色。"

［译］《大学》说："所谓让自己内心诚实，就是不要欺骗自己。要

像厌恶难闻的气味和喜欢美丽的容颜一样爱憎分明。"

【7—21】道经①云："用诚似愚，用默似讷，用柔似拙。"

［注］①道经：泛指道家或道教的经典。

［译］道经中说："表现诚实时显得愚钝，表现沉默时显得木讷，表现温和时显得笨拙。"

【7—22】人皆道我拙，我亦自道拙。有耳常如聋，有口不会说。你自逞豪杰，横竖有一跌。契①跌教君思，返不如我拙。

［注］①契：同"吃"，经受。

［译］人人都说我笨拙，我也说自己笨拙。虽有耳朵却常常装聋，虽有嘴巴却不会说话。你只管去显示自己是英雄豪杰，反正会有你跌跟头的时候。跌跟头后再让你好好想想，你反而不如我笨拙为好。

【7—23】百巧百成，不如一拙。

［译］各种取巧，各种成功，还不如安于笨拙。

【7—24】未来休指望，过去莫思量。

［译］将来的事不要太抱希望，过去的事不要太多回想。

【7—25】常将有日思无日，莫待无时思有时。

［译］要常常在拥有的时候预想失去时的情形，不要等到真的失去之后再来回味拥有之时。

【7—26】有钱常记无钱日，安乐常思病患时。

［译］有钱的时候常常回忆无钱的日子，健康快乐的日子常常回想生病的时候。

【7—27】《素书》云："薄施厚望者不报，贵而忘贱者不久。"

［译］《素书》说："给予别人很少却企望丰厚回报的人不会得逞，富贵以后就忘记过去贫贱的人不会长久富贵。"

【7—28】求人须求大丈夫，济人须济急时无。

［译］求人帮助要去求堂堂男子汉，接济别人要去接济急需时没有的人。

【7—29】施恩勿求报，与人勿追悔。

［译］给人好处不要指望回报，给人东西不要事后反悔。

【7—30】寸心不昧，万法皆明。

［译］只要不违背良心，所有的法律都是公正的。

【7—31】孙思邈曰："胆欲大而心欲小，智欲圆而行欲方。"

［译］孙思邈说："胆量要大但心里要谨慎，智力要能随机应变但行为要端正。"

【7—32】念念有如临敌日，心心常似过桥时。

［译］所有的念头集中，如同面对敌人的日子；所有的心思会聚，就像过独木桥的时候。

【7—33】《景行录》云："诚无悔，恕无怨，和无仇，忍无辱。"

［译］《景行录》说："诚实就不会有灾祸，宽容就不会有怨恨，和善就不会有仇敌，忍耐就不会有耻辱。"

【7—34】惧法朝朝乐，欺公日日忧。

［译］畏惧法律就会天天快乐，欺骗公众就会日日忧虑。

【7—35】小心天下去得，大胆寸步难移。

［译］小心谨慎可以走遍天下，胆大妄为就会寸步难行。

【7—36】子曰："思无邪。"

［译］孔子说："思想不要有邪念。"

【7—37】朱文公①曰："守口如瓶，防意②如城。"

［注］①朱文公：南宋著名思想家、哲学家、教育家朱熹，号晦庵，谥号为文，世称"朱文公""朱子"。理学之集大成者。②意：心思，指私欲。

［译］朱熹说："闭口不言就像塞紧瓶口一样，控制私欲就像守城防敌一样。"

【7—38】是非只为多开口，烦恼皆因强出头。

［译］惹出是非只因为说话太多，产生烦恼都因为硬出风头。

【7—39】《素书》云："有过不知者蔽，以言取怨者祸。"

［译］《素书》说："有过失却不知道的人糊涂，因言语而招来怨恨的人有祸。"

【7—40】《景行录》云："贪是逐物于外，欲是情动于中。"

［译］《景行录》说："贪心是在身外追逐财物，欲望是在内心动了感情。"

【7—41】君子爱财，取之有道。

［译］君子喜欢钱财，但要通过合法的途径来获得。

【7—42】君子忧道不忧贫，谋道不谋食。

[译] 君子担忧学不到道而不担忧贫困，用心求道而不用心追求衣食。

【7—43】子曰："君子坦荡荡，小人长戚戚。"

[译] 孔子说："君子总是心胸坦荡，小人常常忧愁恐惧。"

【7—44】量大福亦大，机深祸亦深。

[译] 气量大福气也大，城府深祸害也深。

【7—45】莫①为福首，莫作祸先。

[注] ①莫，原作"宁"，据哈佛本、新刻本、北大本、石印本改。

[译] 不要做最早得到福运的，也不要做最先遭受灾祸的。

【7—46】各人自扫门前雪，莫管他人屋上霜。

[译] 各人打扫自己家门口的雪，不要去管别人屋顶上的霜。

【7—47】早知今日，悔不当初。

[译] 早知道会有今天的后果，后悔当初就不该那样做。

【7—48】心不负人心，面无惭愧色。

[译] 心里没有对不起别人，脸上就不会有惭愧的神色。

【7—49】庄子曰："求财恨不多，财多害人己。"

[译] 庄子说："追逐钱财总后悔不够多，但钱财太多就会害别人也害自己。"

【7—50】但存夫子三分礼，不犯萧何六律条①。

[注] ①萧何六律条：这里泛指法律。萧何，西汉初年丞相，帮助汉高祖刘邦完善了法律制度。六律条，萧何制定汉律依据的六篇秦律，即《盗律》《贼律》《囚律》《捕律》《杂律》《具律》，以六律为基础增加《户律》《兴律》《厩》，合为九篇，成为《九章律》，即通常所说的汉律。

[译] 只要保留孔夫子提倡的一点礼教，就不会触犯任何法律条文。

【7—51】《说苑》①云："推贤举能，扬善掩恶。"

[注] ①《说苑》：西汉刘向撰，内容主要是分类编辑先秦至西汉的一些历史故事和传说。引文不见于《说苑》，而见于《后汉书·陈宠传》李贤注引刘向《新序》。

[译] 《新序》说："推举品德好的人，提拔有才能的人，褒扬善行，压制邪恶。"

【7－52】《景行录》云："休恨眼前田地窄，但退一步自然宽。"

［译］《景行录》说："不要怨恨眼前的处境狭窄，只要退后一步自然就宽敞了。"

【7－53】人无百岁人，枉作千年计。

［译］人类没有长命百岁的人，不要白白地去作活上千年的打算。

【7－54】儿孙自有儿孙福，莫与儿孙作马牛。

［译］儿孙们自然会有自己的福气，不要去为儿孙们当牛做马。

【7－55】世上无难事，都来①心不②专。

［注］①都来：都、统统。②不：原作"上"，据哈佛本、新刻本、北大本、越南本、石印本改。

［译］世间没有困难的事情，如果有，都是因为人心不专一的缘故。

【7－56】宁结千人意，莫结一人缘。

［译］宁愿与上千人心心相通，也不只和一个人结下缘分。

【7－57】《景行录》云："语人之短不曰直，济人之恶不曰义。"

［译］《景行录》说："谈论别人的短处不叫直爽，助长别人的邪恶不是义气。"

【7－58】忍难忍事，恕不明人。

［译］忍受那些不堪忍受的事，原谅那些不明事理的人。

【7－59】《景行录》云："规小节者，不能成①荣名；恶小耻者，不能立大功。"

［注］①成：原无，据诸本及《史记·鲁仲连传》补。

［译］《景行录》说："拘泥琐碎事情的人，无法获得显赫的名声；不能忍受微小耻辱的人，无法建立伟大的功勋。"

【7－60】无求胜布施①，谨守胜持斋②。

［注］①布施：将钱物施舍给别人。②持斋：佛教指遵行戒律不吃荤腥类的食物。

［译］不去贪图非分的东西胜过施舍钱财，谨慎安于自己的本分胜过遵守戒律。

【7－61】年轻莫劝闹，无钱莫请人。

［译］年轻资历浅就不要去劝架，不是有钱人就不要去请客。

【7－62】寇莱公①《六悔铭》："官行私曲失时悔，富不俭用贫时悔，

艺不少学过时悔，见事不学用时悔，醉后狂言醒时悔，安不将息病时悔。"

[注] ①寇莱公：北宋政治家、诗人寇准，曾受封为莱国公。

[译] 寇准《六悔铭》说："做官时徇情枉法，失足时就会后悔；富裕时不能节俭，贫穷时就会后悔；年少时没学技艺，年老时就会后悔；遇事时不去学习，用到时就会后悔；酒醉时胡言乱语，清醒时就会后悔；健康时不善保养，患病时就会后悔。"

【7—63】孙景初①安乐法：粗茶淡饭饱即休，补破遮寒暖即休，三平二满②过即休，不贪不妒老即休。

[注] ①孙景初：北宋时的太医孙居昉，字景初，自称为四休居士。②三平二满：生活平稳，日子过得去。

[译] 孙景初获得健康快乐的方法：粗茶淡饭吃饱就行，缝缝补补穿暖就行，平平稳稳能过就行，不贪不妒到老就行。

【7—64】《益智书》云："宁无事而家贫，莫有事而家富；宁无事而住茅屋，不有事而住金屋①；宁无病而食粗饭，莫有病而食良药。"

[注] ①屋：原作"玉"，据新刻本、越南本改。

[译]《益智书》说："宁可安宁而家庭贫穷，也不要常常出事而家庭富裕；宁可安宁而住在茅屋，也不要常常出事而住在豪宅；宁可没病而饮食粗糙，也不要有病而天天服用好药。"

【7—65】心安茅屋稳，性定菜羹香。世事静方见，人情淡始长。

[译] 内心坦然住在茅草盖的屋也安稳，性情淡定只吃蔬菜煮的羹也香甜。世事只有心静才能洞察，人情只有平淡才会长久。

【7—66】风波境界立身难，处世规模①要放宽。万事尽从忙里错，此心须向静中安。路当平处更行稳，人有常情耐久看。直到始终无悔吝，才生枝叶便多端②。

[注] ①规模：气魄。②多端：千方百计。

[译] 在动荡不定的境况中立身很难，为人处世的气度要放大。所有的事情都可能忙中出错，内心要在平静中才能安宁。走在平坦的路上才能更稳当，人有平常心才能长久保有真性情。如果想要自始至终都没有悔恨，刚有不好的苗头就要设法消除。

【7—67】无欲速，无见小利。欲速则不达，见小利则大事不成。

［译］不要只想图快，不要在意蝇头小利。性急图快反而达不到目的，贪求小利就做不成大事。

【7—68】子曰："巧言乱德，小不忍则乱大谋。"

［译］孔子说："花言巧语会败坏品德，小事不能忍住会破坏重大的计划。"

【7—69】《景行录》云："责人者不全交，自恕者不改过。"

［译］《景行录》说："苛求别人的人不能保住与人的交情，宽恕自己的人不会改正自己的过错。"

【7—70】有势不要当方①承，落得孩儿叫小名②。

［注］①当方：本地。②小名：幼小时起的非正式的名字。除父母、长辈等外，称人小名都是很大的不敬。

［译］有权有势不要让本地人奉承谄媚你，一旦失去权势就会落到儿童都叫你小名的地步。

【7—71】子曰："恭则远于患，敬则人爱之；忠则和于众，信则人任之。"

［译］孔子说："对人谦恭就能远离祸患，敬重别人就会被人喜爱；为人忠厚就能团结众人，诚实守信就会被人信赖。"

【7—72】子绝四：毋意，毋必，毋固，毋我。

［译］孔子杜绝四种毛病：不凭空猜想，不随便决断，不固执己见，不自以为是。

【7—73】子曰："君子成人之美，不成人之恶。小人反是。"

［译］孔子说："君子成全别人的好事，不帮助别人做坏事。小人却和这相反。"

【7—74】孟子曰："君子不怨天，不尤人。此一时也，彼一时也。"

［译］孟子说："君子不抱怨上天，不责怪别人。现在是一个时候，那时又是一个时候，情况有所不同。"

【7—75】子曰："君子有三畏：畏天命，畏大人①，畏圣人之言。小人不知天命而不畏也，狎②大人，侮圣人之言。"

［注］①大人：地位高贵者。②狎（xiá）：不尊重。

［译］孔子说："君子有三怕：怕命运的安排，怕地位高贵的人，怕圣人的言论。小人不懂得天命因此不知道敬畏，轻视地位高贵的人，轻

慢圣人的言论。"

【7—76】《景行录》云："夙兴夜寐所思忠孝者，人不知，天必知之。饱食暖衣怡然自卫者，身虽安，其如子孙何？"

[译]《景行录》说："起得早，睡得晚，整天想着尽忠和孝顺的人，别人不知道，上天一定会知道。吃得饱，穿得暖，舒适自在地卫护着自己的人，自身虽然平安，但又能把子孙后代怎么样呢？"

【7—77】《景行录》云："以爱妻子之心事亲，则曲尽其孝；以保富贵之策奉君，则无往不忠。以责人之心责己，则寡过；以恕己之心恕人，则全交。"

[译]《景行录》说："拿疼爱妻子儿女的心思赡养父母，就能完全尽到孝心；拿保全财产地位的方法侍奉君主，就能处处尽到忠心。用苛求别人的心来要求自己，就会少犯错误；用宽恕自己的心来宽容别人，就能保住交情。"

【7—78】《景行录》云："尔谋不臧①，悔之何及？尔见不长，教之何益？利心专则背道，私意确则灭公。"

[注]①不臧（zāng）：不善。

[译]《景行录》说："你的谋划不好，后悔哪里来得及？你的见识太短，教诲又有什么用？利欲心太强就会违背道义，私心太重就会破坏公正。"

【7—79】会做快活人，凡事莫生事。会做快活人，省事莫惹事。会做快活人，大事化小事。会做快活人，小事化没事。

[译]会做一个快乐的人，做所有的事都不要没事找事。会做一个快乐的人，尽量减少麻烦不要惹是生非。会做一个快乐的人，遇到大事就化解为小事。会做一个快乐的人，遇到小事能化作没事。

【7—80】孔子观周，入①后稷②之庙，有金人焉，缄③其口，而铭其背曰："古之慎言人也。戒之哉！无多言，多言多败；无多事，多事多患。安乐必戒，无所行悔。勿谓何伤，其祸将长；勿谓何害，其祸将大；勿谓不闻，神将伺④人。焰焰⑤不灭，炎炎若何；涓涓不壅，终为江河。绵绵不绝，或成网罗；毫末不札⑥，将寻⑦斧柯⑧。诚能慎之，福之根也；曰谓何伤，祸之门也！故强梁⑨者不得其死，好胜者必遇其敌。君子知天下⑩之不可上者，故下之；知众人之不可先也，故后之。

温恭慎德，使人慕之。江海虽左^⑪，长于百川，以其卑也。天道无亲，而能下人。戒之哉！"

[注] ①入：原作"公"，据哈佛本、新刻本、北大本、越南本、石印本及《孔子家语·观周》改。②后稷（jì）：周族的始祖，曾在尧舜时代做过农官，教民耕种。③缄（jiān）：封闭。④伺：监视。原作"纪"，据北大本及《孔子家语·观周》改。⑤焰焰：火苗刚起的样子。⑥札：拔除。⑦寻：用。⑧斧柯（kē）：斧柄。此处代指斧头。⑨强梁：强劲勇猛。⑩下：原无，据哈佛本、新刻本、北大本、越南本、石印本及《孔子家语·观周》补。⑪左：下。原作"宽"，据哈佛本、新刻本、北大本、越南本、石印本及《孔子家语·观周》改。

[译] 孔子考察周地，进入后稷的庙内，看到有个铜人，口被封住，而背上的铭文说："这是古代说话谨慎的人。一定要当心啊！不要多说话，说多了过失就会多；不要多惹事，事多了祸患就会多。安宁快乐时也必须警惕，不要做后悔的事情。不要以为这有什么伤害，它的祸害将会长久；不要以为这有什么损害，它的祸害将会很大；不要以为不会有人听见，神将在暗中监视着你。小小火苗不熄灭，终将变成大火；涓涓细流不堵塞，终将汇成江河。细微的绳线连续不断，能够编成大的罗网；刚萌生的嫩芽不去拔除，将会长成要用斧头才能砍下的枝条。如果能慎重对待，这就是幸福的根源；说这有什么伤害呢，这是灾祸的大门！所以强劲勇猛的人不能正常死亡，争强好胜的人必会遇上劲敌。君子知道不能凌驾世间万物因而甘居其下，知道不能抢在众人前面所以落在其后。温和谦恭，谨慎养德，让人敬慕。江海虽然处在卑下的地方，却成为所有水流中最大的，就是因为它的低下。天道公正，没有偏心，但是要做到甘居人下。一定要以此为戒啊！"

【7-81】生事事生，省事事省。

[译] 如果没事找事，就会遭遇烦扰不断的事；如果少管闲事，就会省去无关紧要的事。

【7-82】柔弱，护身之本；刚强，惹祸之因。

[译] 柔弱是保护自身的根本，强硬是招致灾祸的根源。

戒性篇第八

【8—1】《景行录》云："人性如水。水一倾则不可复，性一纵则不可反。制水者必以堤防，制性者必以礼法。"

［译］《景行录》说："人的性情如同水。水一倒出去就不能收回来，性情一放纵就不能改过来。要控制水的话，必须依靠堤坝河岸；要控制性情的话，必须依靠礼仪法律。"

【8—2】忍一时之气，免百日之忧。

［译］控制住一时的气恼，可以免除长久的忧患。

【8—3】得忍且忍，得戒且戒。不忍不戒，小事成大。

［译］能忍就忍，能戒就戒。不能忍不能戒，小事会酿成大事。

【8—4】一切诸烦恼，皆从不忍生。临机①与对镜，妙在先见明。佛语在无诤②，儒书贵无争。好条快活路，世上少人行。

［注］①临机：面对变化的各种形势。②无诤：又叫"无诤三昧"，佛教用语，指不与人争论什么，彼此去除烦恼，使心神平静。

［译］所有一切的烦恼，都是从不能忍耐产生的。面临变化的各种形势或是即将照镜子，都妙在有先见之明。佛教认为贵在"去除烦恼"，儒家典籍看重"与世无争"。多好的一条快乐道路，世上却少有人行走。

【8—5】忍是心之宝，不忍身之殃。舌柔长在口，齿折只为刚。思量这忍字，好个快活方。片时不能忍，烦恼日月长。

［译］忍耐是内心的珍宝，不能忍耐是身体的祸殃。舌头虽柔软却久留在口中，牙齿容易断只因为太坚硬。想想这个"忍"字，多么好的快活秘方。片刻都不能忍耐，烦恼就像日月一样长在。

【8—6】愚浊生嗔怒，皆因理不通。休添心上焰，只作耳边风。长短家家有，炎凉处处同。是非无实相①，究竟总成空。

［注］①实相：佛教用语，指宇宙万物本来的真实情况。

［译］愚昧的人动辄发怒，都是因为不明事理。不要添加心里的怒火，只把不快当作耳边风。是非曲直家家都有，人情冷暖处处相同。是非没有真相，终究都是虚幻。

【8—7】子张①欲行，辞于夫子："愿赐一言，为修身之美。"夫子曰："百行之本，忍之为上。"子张曰："何为忍之？"夫子曰："天子忍之国无害，诸侯忍之成其大，官吏忍之进其位，兄弟忍之家富贵，夫妻忍之终②其世，朋友忍之名不废，自身忍之无祸患。"子张曰："不忍何如？"夫子曰："天子不忍国空虚，诸侯不忍丧其躯，官吏不忍刑法诛，弟兄不忍各分居，夫妻不忍令子孤，朋友不忍情意疏，自身不忍患不除。"子张曰："善哉！善哉！非人不忍，不忍非人。"

［注］①子张：即孔子的弟子颛孙师，字子张。②终：原作"合"，据哈佛本、新刻本、北大本、越南本、石印本及明宗本《归元直指集》卷下改。

［译］子张将要离去，向孔子告辞说："希望赠给我一句话，作为修身的美德。"孔子回答："各种品行的根本，以忍耐为先。"子张问："什么是忍耐呢？"孔子回答："天子能忍耐国家就没有灾祸，诸侯能忍耐就能成就大业，官员能忍耐就能晋升职位，兄弟能忍耐家庭就能富足，夫妇能忍耐就能白头偕老，朋友能忍耐交情就不会中止，自己能忍耐就会没有祸患。"子张问："不能忍耐会怎么样呢？"孔子回答："天子不能忍耐会国家贫乏，诸侯不能忍耐会丧失生命，官吏不能忍耐会犯法被杀，兄弟不能忍耐会分家居住，夫妻不能忍耐会子女孤苦，朋友不能忍耐会交情疏远，自己不能忍耐会后患无穷。"子张说："好啊！好啊！不是人就不能忍耐，不能忍耐就不是人。"

【8—8】忍耐在。

［译］能忍耐就得以生存。

【8—9】《景行录》云："屈己者能处众，好胜者必遇敌。"

［译］《景行录》说："委屈自己的人能与众人和睦相处，争强好胜的人一定会遭遇对手。"

【8—10】张敬夫①曰："小勇者，血气之怒也；大勇者，义理②之怒也。小大之殊，不可不知。此则可以见性情之正而识天理人欲之分矣。"

［注］①张敬夫：南宋著名理学家和教育家张栻，字敬夫。②义理：合于一定伦理道德的行事准则。

［译］张敬夫说："小的勇敢，是感情冲动的怒气；大的勇敢，是维护义理的愤怒。大小勇敢的区别，不能不知道。懂得这一点，就可以发现秉性气质的邪正，识别道德伦理和本能欲望的差异。"

【8—11】恶人骂善人，善人总不对。善人若还骂，彼此无智慧。不对心清凉，骂者口热沸。正如人唾天，还从己身坠。我若被人骂，佯①聋不分说。譬如火烧空，不救自然灭。嗔火亦如是，有物遭他爇②，我心等虚空，听你翻唇舌。

［注］①佯（yáng）：假装。②爇（ruò）：烧。

［译］恶人骂好人，好人总是不回应。好人如果还了嘴，彼此都没有智慧。不回应心里自然清静，骂的人却口干舌燥。正像一个人朝天吐唾沫，最终还是落到自己身上。我如果被人骂，就装聋不去分辩。就如同大火烧得映红天空，不去抢救会自然熄灭。嗔怒之火也像这样，有东西被它烧着了，我的心境如同天空，任凭你怎样鼓捣唇舌。

【8—12】老君①曰："上士无争，下士好争。"

［注］①老君：即道家学派的创始人老子。道教尊奉老子为始祖，称为"太上老君"，简称"老君"。

［译］老子说："上等士人与世无争，下等士人争强好胜。"

【8—13】凡事留人情，后来好相见。

［译］什么事都要留个人情，以后才好再相见。

【8—14】或问晦庵曰："如何是命？"先生曰："性是也。凡性格不同，不近人情者，薄命之士也。"

［译］有人问朱熹："什么是命呢？"先生回答："天性就是命。凡是性格与众不同，不合乎人之常情的人，都是命运不好的人。"

幼学*篇第九

【9-1】子曰："博学而笃志，切问而近思，仁在其中矣。"

［译］孔子说："学问广博而志向坚定，恳切求教而多想当前的事情，仁德就在这里面了。"

【9-2】《礼记》曰："博学强识而让，敦善行而不怠，谓之君子。"

［译］《礼记》说："学识广博，记忆力强却很谦让，尽力做善事而不倦怠，这就叫作君子。"

【9-3】性理书云："为学之序：博学之，审问之，慎思之，明辩①之，笃行之。"

［注］①辩：通"辨"，分辨。

［译］性理书中说："从事学问的顺序是：广泛地学习，详细地询问，慎重地思考，明确地辨别，专一地实践。"

【9-4】庄子云："人之不学，若登天而无梯。学而智远，若披祥云而睹青天，如登高山而望四海。"

［译］庄子说："人不学习，就像想登天却没有阶梯一样。学习以后智识高远，如同披着吉祥的云彩去游览青天，又像登上高峰去眺望天下。"

【9-5】庄子曰："不登峻岭，不知天高；不履深崖，不知地厚。人不游于圣道，焉可谓贤？"

［译］庄子说："不登上高山，不知道天有多高；不亲临深的山崖，不知道地有多厚。人不学习圣人之道，怎么能够算得上有德有才？"

【9-6】《礼记》云："玉不琢，不成器；人不学，不知义。"

＊ 幼学：哈佛本、御制本、新刻本、北大本、越南本作"勤学"，石印本作"劝学"。

[译]《礼记》说："玉不经过雕琢，就不能成为玉器；人不通过学习，就不会懂得道理。"

【9—7】太公曰："人生不学，冥冥如夜行。"

[译]太公说："人一生不学习，就如同在晚上行走一样昏暗。"

【9—8】韩文公①曰："人不通古今，马牛而襟裾②。"

[注]①韩文公：唐代著名文学家、政治家韩愈。自称"郡望昌黎"，故又称"韩昌黎"，谥号为"文"。②襟裾（jū）：衣服的前后襟。也代指衣裳。

[译]韩愈说："人不能通晓古今，就像是牛马穿上了人的衣裳。"

【9—9】人不知学，譬如牛羊。

[译]人不懂得学习，就如同牛羊一样。

【9—10】朱文公曰："勿谓今日不学而有来日，勿谓今年不学而有来年。日月逝矣，岁不我延。鸣呼老矣，是谁之愆①？"

[注]①愆（qiān）：罪过。

[译]朱熹说："不要认为今天不学习还有明天，不要认为今年不学习还有明年。时光一去不复返，岁月不会为我延长。鸣呼！人一下子就老了，这是谁的过错呢？"

【9—11】朱文公曰："家若贫，不可因贫而废学；家若富，不可恃富而怠学。贫若勤学，可以立身；富若勤学，名乃光荣。惟见学者显达，不见学者无成。学者乃身之宝，学者乃世之珍。是故学者乃为君子，不学则为小人。后之学者，各宜勉之！"

[译]朱熹说："家庭如果贫穷，不能因此而放弃学习；家庭如果富裕，不能因此而放松学习。如果贫穷而能勤奋学习，就可以在世上立足；富裕而能勤奋学习，名声才会显耀。只看见学习的人名望显赫，没看见学习的人一事无成。学习是随身的宝物，学习是人间的珍宝。因此学习以后就成为君子，不学习就成为小人。后代学习的人，各自应当好好努力！"

【9—12】徽宗皇帝劝学："学也好，不学也好，学者如禾如稻，不学者如蒿如草。如禾如稻兮，国之精粮，世之大宝；如蒿如草兮，耕者憎嫌，锄者烦恼。他日面墙，悔之已老。"

[译]宋徽宗劝勉学习说："学习也可以，不学习也行，但学习的人

如同稻谷，不学习的人如同蒿草。如同稻谷，就是国家精细的粮食，世间宝贵的东西；如同蒿草，耕田的人憎恨嫌弃，锄草的人为之烦恼。有朝一日面壁静思，后悔时已经老了。"

【9—13】《直言诀》曰："造烛求明，读书求理。明以照暗室，理以照人心。"

[译]《直言诀》说："制造蜡烛是为了获得光明，读书学习是为了获得真理。光明用来照亮黑屋，真理用来照亮人心。"

【9—14】刘通曰："蚕质合丝，待缲①方出；人情怀知②，须学乃成。"

[注]①缲（sāo）：煮蚕茧抽出丝。②知：同"智"。原作"之"，据哈佛本、新刻本、北大本、越南本、石印本改。

[译]刘通说："蚕茧的质地适合做丝，但要煮过以后才能抽出；人在天性中都有智力，但要学习以后才能具备。"

【9—15】《曲礼》曰："独学无友，则孤陋寡闻。"

[译]《礼记·曲礼》说："独自学习没有朋友，就会学识浅薄，见闻不广。"

【9—16】书是随身之本，才是国家之珍。

[译]书籍是随身的本钱，人才是国家的珍宝。

【9—17】《论语》曰："学如不及，犹恐失之。"

[译]《论语》说："学习知识好像老赶不上一样，赶上了又担心丢掉所学的东西。"

【9—18】学到老，不会到老。

[译]学习一直到老，似乎有所不知一直到老。

【9—19】《论语》曰："好仁不好学，其蔽也贼①；好直不好学，其蔽也绞②；好信不好学，其蔽也荡；好勇不好学，其蔽也乱；好刚不好学，其蔽也狂。"③

[注]①贼：伤害。②绞：说话尖刻。原作"狡"，据新刻本、越南本、石印本及《论语·阳货》改。③《论语·阳货》原文为六句，这里仅存五句，且有文字窜乱。

[译]《论语》说："喜好仁义却不喜好学习，它的弊病是有损仁义；喜好直率却不喜好学习，它的弊病是说话尖刻；喜好诚实却不喜好学

习，它的弊病是根基不牢；喜好勇敢却不喜好学习，它的弊病是做事莽撞；喜好刚强却不喜好学习，它的弊病是胆大妄为。"

【9—20】 子曰："弟子①入则孝，出则弟②，谨而信，泛爱众而亲仁。行有余力，则以学文。"

［注］①弟子：这里指年幼的学童。②弟：通"悌"，指敬重比自己年龄大、地位高的人。

［译］孔子说："一个人在做子弟时，在家要孝顺父母，出外要敬重尊长，言行谨慎，要讲信用，博爱大众而亲近有仁德的人。这样做了还有多余的精力，就用来学习文化知识。"

【9—21】 诸葛武侯诫子弟曰："君子之行，静以修身，俭以养德。非澹泊①无以明志，非宁静无以致远。夫学须静也，才须学也。非学无以广才，非静无以成学。慆慢②则不能研精③，险躁则不能理性④。年与时驰，意与岁去，遂成枯落，悲叹穷庐⑤，将复何及也？"

［注］①澹泊：内心平静，不贪图名利。②慆（tāo）慢：怠慢，懒惰。③研精：尽心，专心。④理性：陶冶性情。⑤穷庐：贫贱的人居住的房屋。

［译］诸葛亮告诫子弟说："道德修养高的人所具有的品格，是要以宁静来提高自身的修养，用节俭来培养自己的品德。不能抛弃名利就无法明确志向，不能内心平静就无法达到远大的目标。学习必须心静，才能要靠学习。不学习无法增长才干，心不静无法完成学业。怠慢懒惰就无法专心致志，轻薄浮躁就无法陶冶性情。年龄和时间一起飞逝，志向与岁月一同消磨，终于枯败凋零，在破败的房屋里悲伤叹息，又怎么来得及呢？"

训子篇第十

【10—1】司马温公曰："养子不教父之过，训导不严师之惰①。师严父教两无外②，学问不成子之罪。暖衣饱食居人伦③，视我笑谈如土块。攀高不及下品流，稍遇贤才无语对。勉后生，力求诲。投明师，莫自昧。一朝云路④果然登，姓名亚等⑤呼先辈。室中若未结姻亲，自有佳人求匹配。勉旃⑥汝等各早修，莫待老来空自悔。"

［注］①惰：原作"隋"，据哈佛本、新刻本、北大本、越南本、石印本改。②无外：没有两样。③人伦：人类。④云路：上天之路。⑤亚等：并列，等同。⑥勉旃（zhān）：努力。多用在劝勉时。

［译］司马光说："养育孩子却不好好教育是父亲的过错，教诲引导学生不严格是由于老师懒惰。老师和父亲都严格管教，学业还不能完成就是孩子的过错。吃好穿好住在人间，却把我的谈笑看成土块。不能爬上高位就只能做下等人，遇到稍微有才德的人就无言应对。勉励后生晚辈，要努力听取教导的话，跟从贤明的老师学习，不要让自己蒙昧无知。果真有朝一日青云直上，名誉地位可与资深前辈相提并论，家中如果还没娶亲，自然会有貌美佳人上门求婚。努力吧，你们要各自早点学习，不要等到年老时才白白地后悔。"

【10—2】柳屯田①《劝学》："父母养其子而不教，是不爱其子也；虽教而不严，是亦不爱其子也。父母教而不学，是子不爱其身也；虽学而不勤，是亦不爱其身也。是故养子必教，教则必严。严则必勤，勤则必成。学则庶人②之子为公卿③，不学则公卿之子为庶人。"

［注］①柳屯田：北宋词人柳永，曾官至屯田员外郎，故世称柳屯田。②庶（shù）人：平民百姓。③公卿：本是官位很高的"三公九卿"的简称。也泛指高官。

　　［译］柳永《劝学文》说："父母养育自己的孩子却不好好教育，这不是真爱自己的孩子；虽然教育了却不严格要求，这也不是真爱自己的孩子。父母严格管教而孩子却不肯学习，这是孩子不爱惜自己；虽然学习了却不够勤奋，这也是不爱惜自己。因此养育孩子必须教育，教育必须严格。严格要求孩子就一定会勤奋，勤奋就一定会有所成就。学习了，那么平民的孩子会做上高官；不学习，那么高官的孩子会沦为平民。"

　　【10—3】白侍郎①《勉子文》："有田不耕仓廪虚，有书不教子孙愚。仓廪虚兮岁月乏，子孙愚兮礼义疏。若惟不耕与不教，是乃父兄之过欤！"

　　［注］①白侍郎：即唐代大诗人白居易，曾任刑部侍郎，故有此称。

　　［译］白居易《勉子文》说："有田却不耕种，粮仓就会空虚；有书却不教诲，子孙就会愚昧。粮仓空虚，日子过得穷困；子孙愚昧，礼义就被疏远。若是不耕田不教诲，那这都是做父亲和兄长的过错啊！"

　　【10—4】《景行录》云："宾客不来门户俗，诗书不教子孙愚。"

　　［译］《景行录》说："一户人家没有客人往来就很普通，子孙后代不能学点诗书就会愚昧。"

　　【10—5】庄子曰："事虽小，不作不成；子虽贤，不教不明。"

　　［译］庄子说："事情虽然很小，不去做就不会成功；孩子虽然优秀，不教育就不明事理。"

　　【10—6】《汉书》曰："黄金满盈，不如教子一经；赐子千金，不如教子一艺。"

　　［译］《汉书》说："家里拥有很多钱财，还不如教给孩子一种经书；送给孩子大笔财富，还不如教给孩子一样技艺。"

　　【10—7】至乐不如读书，至要莫如教子。

　　［译］最大的乐趣莫过于看书学习，最要紧的事情莫过于教育儿女。

　　【10—8】公孙丑①曰："君子之不教子，何也？"孟子曰："势不行也。教者必以正，以正不行，继之以怒，则反夷②矣。'夫子教我以正，夫子未出于正也。'则是父子相夷也。父子相夷，则恶矣。古者易子而教之，父子之间不责善③。责善则离，离则不祥莫大焉。"

　　［注］①公孙丑：战国时齐国人，孟子的弟子。②夷：伤害。③责

善：互相督促要求，希望对方的品格达到完美。

［译］公孙丑说："君子不亲自教育自己的子女，为什么呢？"孟子回答："因为情理上行不通。教育必然要用正确的道理，用正确的道理行不通，接着就容易发怒。一发怒，就反而伤感情了。（孩子会说：）'您拿正确的道理教育我，而自己的做法就不正确。'那这样父子间就互相伤感情了。父子之间伤了感情，就不好了。古时候相互交换子女进行教育，父子之间不督促向善。相互要求向善会使父子关系疏远，父子之间疏远，那就没有比这更不幸的了。"

【10—9】吕荣公①曰："内无贤父兄，外无严师友，而能有成者，鲜矣。"

［注］①吕荣公：荣，原作"荣"，据御制本改。吕荣公即北宋教育家吕希哲。

［译］吕荣公说："家里没有贤德的父亲和兄长，在外没有严厉的老师和朋友，这样还能有所成就的人，实在太少了。"

【10—10】太公曰："男子失教，长大顽愚；女子失教，长大粗疏。"

［译］太公说："男孩没接受教育，长大后会顽固愚昧；女孩没接受教育，长大就会粗枝大叶。"

【10—11】养男之法，莫听①诳②言；育女之法，莫教离③母。男年长大，莫闲④乐酒；女年长大，莫令游走。

［注］①听：允许。②诳（kuáng）：欺骗。③离：原作"诳"，据哈佛本、新刻本、北大本、石印本改。④闲：通"娴"，熟练掌握。

［译］养育儿子的方法，不要让他说谎欺骗；养育女儿的方法，不要让她离开母亲的教导。儿子长大后，不要让他沉迷音乐饮酒；女儿长大后，不要让她到处走动。

【10—12】严父出孝子，严母出巧女。

［译］严格的父亲培育出孝顺的儿子，严格的母亲培养出手巧的女儿。

【10—13】怜儿多与棒，憎儿多与食。

［译］疼爱儿女，就多给棍棒严格管教；若是憎恶儿女，就多给吃食放任娇惯。

【10—14】怜儿无功，憎儿得力。

［译］疼爱小孩不见成效，憎恶小孩效果明显。

【10-15】桑条从小郁^①，长大郁不屈。

［注］①郁：使弯曲。

［译］桑树枝条要从小牵引，长大以后就扭不动了。

【10-16】人皆爱珠玉，我爱子孙贤。

［译］人人都喜爱珍珠宝玉，我却只喜欢子孙有出息。

【10-17】《内则》^①曰："凡生子，择于诸母与可者，必求其宽裕^②慈惠^③，温良恭敬，慎而寡言者，使为子师。子能食食，教以右手；能言，男'唯'女'俞'；男鞶^④革，女鞶丝。六年，教之数与方名。七年，男女不同席^⑤，不共食。八年，出入门户及即席饮食，必后长者，始教之让。九年，教之数日^⑥。十年，出就外傅^⑦，居宿于外，学书计^⑧。"

［注］①《内则》：《礼记》中的篇名，记述家庭中父子、男女应遵循的礼仪规范。②宽裕：宽容。③慈惠：原无，据诸本及《礼记·内则》补。④鞶（pán）：佩带的小袋子。⑤席：垫座的席子。⑥日：指天干地支和农历每月初一、十五等。原作"目"，据哈佛本、新刻本、北大本及《礼记·内则》改。⑦傅：老师。⑧书计：古代教育小孩的两种科目，书指识字，计指算术。

［译］《礼记·内则》说："凡是养育孩子，要在国君的众妾和其他适合承担养育工作的妇女中选择保姆，一定要挑选性格宽容仁爱、温和善良、谦恭有礼、慎重少言的人，让她做孩子的老师。小孩到了能自己吃饭的时候，要教他使用右手；到了能说话的时候，要教他们答话，男孩回答'唯'，女孩回答'俞'；男孩用皮革做佩囊来表示打猎习武的事情，女孩用丝绢做佩囊来表示养蚕缫丝的事情。六岁以后，教他认识数字和辨别方位。七岁以后，男女不同坐一张席子，不同在一起吃饭。八岁以后，出门进门以及上桌子吃饭，一定要跟在长辈后面，开始教他们谦让的礼节。九岁以后，教他们懂得天干地支和朔日望日。十岁以后，出门拜师，住在外面，学习识字和算术。"

《明心宝鉴》下卷

省心篇第十一

【11—1】《资世通训》①："阴法迟而不漏，阳宪速而有逃。"

［注］①《资世通训》：明太祖朱元璋组织编写的一部训诫臣民的书。原作《资世通之训》，"之"字据哈佛本、新刻本、北大本、越南本、石印本删。

［译］《资世通训》说："阴间的法律执行得迟缓但不会有遗漏，人世的法律执行得快捷但常有人逃掉。"

【11—2】阳网疏而易漏，阴网密以难逃。

［译］人世的法网粗疏而常有遗漏，阴间的法网细密而难以逃脱。

【11—3】《景行录》云："宝货用之有尽，忠孝享之无穷。"

［译］《景行录》说："宝物总会有用完的时候，忠孝却可以享用无穷。"

【11—4】家和贫也好，不义富如何？但存一子孝，何用子孙多？

［译］家庭和顺，即使贫穷也幸福；不讲仁义，就是富裕又怎样？只要有一个孩子孝顺就够了，哪里一定要儿孙满堂呢？

【11—5】父不忧心因子孝，夫无烦恼为妻贤。言多语失皆因酒，义断亲疏只为财。

［译］父亲心里没有忧虑是因为儿女孝顺，丈夫心里没有烦恼是因

为妻子贤惠。说话太多言语不当都是因为喝酒，情义断绝亲人疏远只是为了钱财。

【11—6】《景行录》云："既取非常乐，须防不测忧。"

[译]《景行录》说："已经得到非同寻常的快乐，就要防备不可预料的忧患。"

【11—7】乐极悲生。

[译] 快乐到了极点，就会转而发生悲伤的事情。

【11—8】得宠思辱，居安虑危。

[译] 得到宠爱的时候，要想到可能遭受的羞辱；处在安定的环境，要考虑可能出现的危难。

【11—9】《景行录》云："荣轻辱浅，利重害深。"

[译]《景行录》说："荣誉少受辱就少，功利大害处就大。"

【11—10】《景行录》云："盛名必有重责，大功必有奇穷。"

[译]《景行录》说："名望很高，一定有重大责任；功绩很大，一定有困苦危难。"

【11—11】《景行录》云："甚爱必甚费，甚誉必甚毁。甚喜必甚忧，甚赃必甚亡。"

[译]《景行录》说："过分喜爱必然招致更多的损耗，过分赞扬必然招致严重的毁誉。过分欢喜必然招致更大的忧愁，过分贪赃必然招致极大的损失。"

【11—12】恩爱生烦恼，追随大丈夫。庭①前生瑞草，好事不如无。

[注]①庭：原作"亭"，据哈佛本、新刻本、北大本、越南本、石印本改。

[译] 恩爱会生出烦恼，大丈夫也会受此困扰。庭院前长出吉祥的草，这种好事还不如没有。

【11—13】子曰："不观高崖，何以知巅坠①之患？不临深渊，何以知没溺之患？不观巨海，何以知风波之患？"

[注]①巅坠：坠落。巅，通"颠"。

[译] 孔子说："不游览高山，怎么知道跌落的祸患？不走近深渊，怎么知道淹死的祸患？不观看大海，怎么知道风浪的祸患？"

【11—14】荀子曰："不登高山，不知天之高也；不临深溪，不知地

之厚也；不闻先王之遗言，不知学问之大也。"

［译］荀子说："不登上高山，不知道天的高度；不亲临深谷，不知道地的深度；不聆听前代君王的遗训，不知道学问的博大。"

【11—15】《素书》云："推古验今，所以不惑。"

［译］《素书》说："推论历史来检验现实，所以不会感到困惑。"

【11—16】过去事明如镜，未来事暗如漆。

［译］过去的事情明了如镜，将来的事情黑暗如漆。

【11—17】《景行录》云："明旦之事，薄暮不可必；薄暮之事，哺时①不可必。"

［注］①哺时：午后三点到五点。

［译］《景行录》说："明早要发生的事，傍晚时也不能预料其必然会怎样；傍晚要发生的事，下午三五点时也不能预料其必然会怎样。"

【11—18】天有不测阴晴，人有旦夕祸福。

［译］天上有不能预测的阴天和晴天，人会有忽然降临的祸福。

【11—19】未归三尺土①，难保百年身；既归三尺土，难保百年坟。

［注］①三尺土：坟墓。

［译］虽然身体还没入土，但难以保证能长命百岁；即使已经埋入土中，也难以保全坟墓会永存。

【11—20】巧厌多劳拙厌闲，善嫌懦弱恶嫌顽。富遭嫉妒贫遭辱，勤曰贪图俭曰悭①。触目②不分皆笑拙，见机而作又疑奸。思量那件当教做，为人难做做人难。写得纸尽笔头干，更写几句为人难！

［注］①悭（qiān）：吝啬。②触目：眼睛所看到的。

［译］手巧的人不愿他太辛劳，笨拙的人又厌恶他太清闲；善良的人嫌他太软弱，邪恶的人又嫌他太顽固。富裕会遭人嫉妒，贫穷又遭受羞辱；勤奋被看作贪婪，节俭又被看作吝啬。一切不加分辨都被讥笑笨拙，看准时机行事又被怀疑奸猾。想想哪件事是该让人做的呢，人很难做做人艰难。写到纸完墨汁干，再写上几句做人难！

【11—21】老子曰："上士闻道，谨①而行之；中士闻道，若存若亡；下士闻道，大②笑之不笑③。"

［注］①谨：通"勤"。②大：原作"待"，据新刻本及《老子》四十一章改。③不笑：据《老子》四十一章，当属下句。

[译] 老子说："上等士人听到'道'，努力地遵照实施；中等士人听到'道'，似懂非懂，将信将疑；下等士人听到'道'，大加嘲笑。"

【11—22】子曰："朝闻道，夕死可矣。"

[译] 孔子说："早晨听到真理，晚上就死去也是可以的。"

【11—23】《景行录》曰："木有所养，则根本固而枝叶茂，梁栋之材成；水有所养，则泉源沃而流派①长，灌溉之利博；人有所养，则志气大而识见明，忠义之士出。可不养哉！"

[注] ①流派：水的支流。

[译]《景行录》说："树木有了养分，就会根基牢固枝叶茂盛，做大梁的木材就能长成；江河有了补给，就会源头充沛支流长远，灌溉的地方就很广泛；人有了品德修养，就会志向远大见识明慧，忠臣义士就会出现。能不好好修身养性吗？"

【11—24】《直言诀》曰："镜以照面，智以照心。镜明则尘埃不生，智明则邪恶不生。人之无道也，如车无轮，不可驾也。人而无道，不可行也。"

[译]《直言诀》说："镜子用来照脸，智慧用来照心。镜子明亮就不会染上尘埃，智慧聪明就不会产生邪恶。人没有道德，就像车没有轮子，无法驾驭。人如果没有道德，那就会寸步难行。"

【11—25】《景行录》云："自信者，人亦信之，吴越①皆兄弟；自疑者，人亦疑之，身外皆敌国②。"

[注] ①吴越：春秋时吴越两国经常相互攻打，积怨很深，所以用来比喻仇敌。②敌国：指仇敌。

[译]《景行录》说："相信自己的人，别人也相信他，冤家仇敌都能结成兄弟；怀疑自己的人，别人也怀疑他，自身以外到处都是仇敌。"

【11—26】《左传》曰："意合则吴越相亲，意不合则骨肉为仇敌。"

[译]《左传》说："气味相投，即使是吴国和越国这样的冤家仇敌也能互相亲近；意气不合，即使是骨肉至亲也会成为敌人。"

【11—27】《素书》云："自疑不信人，自信不疑人。"

[译]《素书》说："怀疑自己的人不会相信别人，相信自己的人不会怀疑别人。"

【11—28】疑人莫用，用人莫疑。

［译］可疑的人就不要任用他，任用的人就不要怀疑他。

【11—29】语云："物极则反，乐极则忧。大合必离，势盛必衰。"

［译］俗话说："事物发展到极点就会走向反面，快乐超过了限度就会生出忧愁。结合太紧必定会分离，势力太大必定会衰落。"

【11—30】物极则反，否极泰来①。

［注］①否（pǐ）极泰来：逆境达到极点，就会向顺境转化。否、泰是《周易》中的卦名。否卦不顺利，泰卦顺利。

［译］事物发展到极点就会走向反面，霉运到了极点就会转向好运。

【11—31】《家语》①云："安不可忘危，治不可忘乱。"

［注］①《家语》：一般指《孔子家语》，是三国魏王肃收集并撰写而成，详细记录了孔子和其弟子的言行。但此处引文不见于今本《孔子家语》。

［译］《家语》说："国家太平时不能忘记危险，社会安定时不能忘记祸乱。"

【11—32】《书》云："致治于未乱，保邦家于未危，预防其患也。"

［译］《尚书》说："要在没有发生动乱时致力于太平，要在没有发生危险时保护好国家，这都是在预防危乱的祸患。"

【11—33】《讽谏》①云："水底鱼，天边鹞②，高可射兮低可钓。惟有人心咫尺间，咫尺人心不可料。"

［注］①《讽谏》：即《白氏讽谏》，是唐代白居易的诗集，编录其反映时事的《新乐府》诗五十首。②鹞（yào）：一种像鹰的凶猛的鸟。

［译］《讽谏》说："水底的游鱼，天边的鹞鹰，飞得再高也可以射下，游得再深也可以钓上。只有人心相距咫尺之间，但这相隔很近的人心却无法预料。"

【11—34】天可度而地可量，惟有人心不可量。

［译］苍天可以度量，大地可以丈量，只有人的心无法测量。

【11—35】画虎画皮难画骨，知人知面不知心。

［译］画老虎只能画出皮毛却难以画出它的骨骼，了解人只能了解表面却难以了解他的内心。

【11—36】对面共语，心隔千山。

［译］面对面一起说话，两颗心却相隔千重山。

【11—37】海枯终见底，人死不知心。

[译]海枯竭了终究能看到底，人死去了也不了解他的心。

【11—38】太公曰："凡人不可貌相，海水不可斗量。"

[译]太公说："一个人不能根据外表来衡量他，就像海水不能用斗来测量一样。"

【11—39】劝君莫结冤，冤深难解结。一日结成冤，千日解不彻。若将恩报冤，如汤去泼雪；若将冤报冤，如狼重见蝎。我见结冤人，尽被冤磨折。

[译]劝你不要结下冤仇，冤仇结深了难以解开。一旦与人结下冤仇，很长时间也解不尽。如果用恩惠去回报仇怨，那就像热水泼在雪上；如果用仇怨去回报仇怨，那就像豺狼再遇上毒蝎。我看到的结下冤仇的人，全都经受了冤仇的折磨。

【11—40】《景行录》云："结冤于人，谓之种祸；舍善不为，谓之自贼。"

[译]《景行录》说："与人结下冤仇，这叫作种下祸根；舍弃好事不做，这叫作坑害自己。"

【11—41】莫信直中直，堤防仁不仁。

[译]不要相信表面正直的人的正直，应当防备仁爱外表下的不仁爱。

【11—42】常防贼心，莫偷他物。

[译]常常有防备盗贼的想法，但不要去偷盗别人的东西。

【11—43】若听一面说，便是相离别。

[译]如果只听一面之词，就会造成误会而导致分离。

【11—44】礼义生于富足，盗贼起于饥寒。

[译]礼义因为生活富足而产生，盗贼因为挨饿受冻而出现。

【11—45】贫穷不与下贱，下贱自生；富贵不与骄奢，骄奢自至。

[译]贫穷没有附带着卑微低贱，但卑微低贱自然就出现了；富贵没有附带着骄横奢侈，但骄横奢侈自然就到来了。

【11—46】饱暖思淫欲，饥寒发盗心。

[译]吃饱穿暖了容易产生淫荡的念头，忍饥受冻时容易冒出偷盗的想法。

【11－47】长思贫难危困，自然不骄；每思疾病熬煎，并无愁闷。

［译］经常想想贫困危难的日子，自然不会骄横；每每想到疾病煎熬的时候，肯定没有忧愁。

【11－48】太公曰："法不加于君子，礼不责于小人①。"

［注］①礼不责于小人：原作"福不责于小人"，据哈佛本、新刻本、北大本、越南本、石印本改。

［译］太公说："刑罚不用在君子身上，礼义不用来要求小人。"

【11－49】桓范①曰："轩冕②以重君子，缧绁③以罚小人。"

［注］①桓范：三国魏大臣、文学家。作为谋士，被称为"智囊"。②轩冕：大夫以上官员的车乘和礼服。③缧绁（léixiè）：捆绑犯人的绳索。

［译］桓范说："轩车冕服是用来敬重君子的，绳索枷锁是用来处罚小人的。"

【11－50】《易》曰："礼防君子，律防小人。"

［译］《周易》说："礼义是用来约束君子的，法律是用来防范小人的。"

【11－51】《景行录》云："好食色货利者气必吝，好功名事业者气必骄。"

［译］《景行录》说："喜好饮食、女色、财物的人习性必定贪婪，喜好名誉、地位、事业的人习性必定骄横。"

【11－52】子曰："君子喻于义，小人喻于利。"

［译］孔子说："君子只知道大义，小人只知道小利。"

【11－53】《说苑》云："财者，君子之所轻；死者，小人之所畏。"

［译］《说苑》说："钱财，是君子所轻视的；死亡，是小人所害怕的。"

【11－54】苏武曰："贤人多财损其志，愚人多财益其过。"

［译］苏武说："贤德的人钱财太多就会丧失他的志向，愚笨的人钱财太多就会增加他的过错。"

【11－55】老子曰："多财失其守真，多学惑于所闻。"

［译］老子说："钱财多就很难保持本性，学得多会对见闻感到困惑。"

【11—56】人非尧①、舜②，焉能每事尽善。

［注］①尧：传说中的上古"五帝"之一，在位时洪水泛滥，最终不能完全治理而让位于舜。②舜：传说中的上古"五帝"之一，以孝著称。

［译］人又不是像尧和舜一样的圣贤，怎么能够每件事都做得完美？

【11—57】有若①曰："自生民以来，未有盛于孔子者也。"

［注］①有若：春秋时鲁国人，孔子的弟子，也称"有子"。

［译］有若说："自从有人类以来，没有比孔子更伟大的了。"

【11—58】人贫志短，福至心灵。

［译］人贫穷志向就小，福运到心就灵巧。

【11—59】不经一事，不长一智。

［译］不经历一件事情，就不能增长一分智慧。

【11—60】成则妙用，败则不能。

［译］成功了就是用得巧妙，失败了就是不会运用。

【11—61】是非终日有，不听自然无。

［译］是非整天都有，不去听自然就没有了。

【11—62】来说是非者，便是是非人。

［译］来说言语纠纷的人，就是搬弄是非的人。

【11—63】《击壤诗》云："平生不作皱眉事，世上应无切齿人。"

［译］《击壤诗》说："一生不做让人不快的事，世上就该没有对你咬牙切齿的人。"

【11—64】你害别人由自①可，别人害你你如何？

［注］①由自：由，通"犹"。犹自，还。

［译］如果你伤害别人还可以的话，别人伤害你那你又怎么样呢？

【11—65】嫩草怕霜霜怕日，恶人自有恶人磨。

［译］嫩草怕霜打，霜又怕太阳，恶人也自然会有恶人来收拾。

【11—66】有名岂在镌①顽石？路上行人口胜碑。

［注］①镌（juān）：雕刻。

［译］有名声难道只是刻在坚硬的石头上？路上行人的口口相传胜过立着的石碑。

【11—67】有麝①自然香，何必当风立？

［注］①麝（shè）：兽名，俗称香獐。雄麝能分泌麝香。这里指麝香。

［译］身上有麝香自然会散发出香气，何必一定要正对着风站立呢？

【11-68】自意得其势，无风可动摇。

［译］自以为已经拥有势力了，结果没有风都能动摇它。

【11-69】得道夸经纪，时熟可种田。

［译］得到天道帮助却夸耀经营得法，庄稼能按时成熟种田才能顺利。

【11-70】孟子云："得道者多助，失道者寡助。"

［译］孟子说："拥有道义的人得到的帮助多，失去道义的人得到的帮助少。"

【11-71】张无尽①曰："事不可做尽，势不可倚尽。言不可道尽，福不可享尽。"

［注］①张无尽：北宋宰相张商英，号"无尽居士"。

［译］张无尽说："事情不能做绝，势力不能仗尽。言语不能说绝，福运不能享尽。"

【11-72】有福莫享尽，福尽身贫穷。有势莫倚尽，势尽冤相逢。福宜常自惜，势宜常自恭。人间势与福，有始多无终。

［译］有福运不要享完，福运享完自己就该贫穷。有势力不要仗尽，势力仗尽仇人就该相逢。有福运应当时常珍惜，有势力应当时常谦恭。人世间的权势和福运，大多有好的开头却没有好的结果。

【11-73】太公曰："贫不可欺，富不可势。阴阳相推，周而复始。"

［译］太公说："贫穷的人不能欺侮，富贵的人不可仗势。阴阳推移互变，不断循环往复。"

【11-74】王参政①"四留铭"："留有余不尽之功，以还造化②；留有余不尽之禄，以还朝廷；留有余不尽之财，以还百姓；留有余不尽之福，以还子孙。"

［注］①王参政：即北宋杰出的政治家、文学家王安石，宋神宗时曾任参知政事。②造化：自然界的创造者。也指自然。

［译］王安石的"四留铭"说："留下完不成的功业，还给大自然；留下领不完的俸禄，还给朝廷；留下用不完的钱财，还给百姓；留下享

不完的福运，传给子孙后代。"

【11—75】《汉书》云："势交者近，势竭而亡；财交者密，财尽而疏；色交者亲，色衰义绝。"

［译］《汉书》说："靠势力来结交的人很亲近，但势力一旦失去，交情也就结束；靠钱财来结交的人很亲密，但财物一旦耗尽，关系马上疏远；靠姿色来结交的人很亲热，但容颜一旦衰减，恩义随之断绝。"

【11—76】子游①曰："事君数，斯辱矣；朋友数，斯疏矣。"

［注］①子游：孔子的弟子言偃，字子游。

［译］子游说："侍奉君主，反复进谏，那就会遭受羞辱；对待朋友，反复责备，那就会彼此疏远。"

【11—77】黄金千两未为贵，得人一语胜千金。

［译］千两黄金算不上贵重，得到别人一句金玉良言，那才珍贵。

【11—78】千金易得，好语难求。

［译］再多的钱财都容易得到，一句好话却很难听到。

【11—79】好言难得，恶语易施。

［译］好话很难听到，恶语容易出口。

【11—80】求人不如求己，能管不如能推。

［译］求别人不如求自己，会管事不如会推事。

【11—81】用心闲管是非多。

［译］用尽心思多管闲事，惹来的麻烦必定多。

【11—82】能者乃是拙之奴。

［译］能干的人就是笨拙人的奴仆。

【11—83】知事少时烦恼少，识人多处是非多。

［译］知道的事越少烦恼就越少，认识的人越多是非就越多。

【11—84】小船不堪①重载，深径不宜独行。

［注］①堪：原作"甚"，据哈佛本、新刻本、北大本、越南本改。

［译］小船载不了沉重的负荷，僻静的小路不适宜独自行走。

【11—85】踏实地，无烦恼。

［译］只要脚踏实地，心中就无烦恼。

【11—86】黄金未是贵，安乐值钱多。

［译］黄金算不上珍贵，平安快乐才更值钱。

【11－87】是病是苦，是安是乐。

［译］凡是疾病都有痛苦，凡是平安就会快乐。

【11－88】非财害己，恶语伤人。

［译］不义之财坑害自己，恶毒的话伤害别人。

【11－89】人为财死，鸟为食亡。

［译］人为钱财而死，鸟为食物而亡。

【11－90】《景行录》云："利可共而不可独，谋可寡而不可众。独利则败，众谋则泄。"

［译］《景行录》说："分配利益要共享而不能独占，谋划事情要人少而不能人多。独占利益就会失败，谋划的人多就会泄密。"

【11－91】机不密，祸先发。

［译］计谋不能保密，灾祸就会先发生。

【11－92】不孝怨父母，贫苦恨财主。

［译］不孝儿女只知埋怨父母亲，自己贫穷反去仇恨有钱人。

【11－93】贪多嚼不细，家贫愿①邻有。

［注］①愿：原作"怨"，据哈佛本、新刻本、北大本、越南本、石印本改。

［译］贪图多吃会咀嚼不够仔细，自家贫穷就希望邻居富有。

【11－94】在家不会邀宾客，出外方知少主人。

［译］在家里不会款待客人，外出时才知道接待你的主人太少。

【11－95】但愿有钱留客醉，胜如骑马傍人门。

［译］只希望有钱能留下客人一起醉酒，胜过骑着马到别人家做客。

【11－96】贫居闹市无相识，富住深山有远亲。

［译］人穷了，即使居住在闹市中也没有认识的人；人富了，即使居住在深山里也有亲戚远道而来。

【11－97】世情看冷暖，人面逐高低。

［译］世态人情可以从人态度的冷淡或热情看出来，人的脸色好坏随对方地位的高低而有不同。

【11－98】人义①尽从贫处断，世情偏向有钱家。

［注］①人义：人，通"仁"。仁就是仁爱，义就是正直。

［译］仁义都是从贫穷时候断绝的，世态人情都爱偏向有钱人家。

【11—99】吃尽千般人不知，衣衫褴褛①被人欺。

[注] ①褴褛（lánlǚ）：衣服破烂、不整洁。

[译] 吃尽无数苦头不会有人知晓，衣服穿得破旧就会被人欺侮。

【11—100】宁塞无底坑，难塞鼻下横。

[译] 宁愿去填塞无底洞，也不比堵塞鼻子下横着的那张嘴困难。

【11—101】马行步慢皆因瘦，人不风流只为贫。

[译] 马跑得慢都是因为长得太瘦，人不风流只是因为钱财太少。

【11—102】人情皆为窘中疏。

[译] 各种情谊都会因为穷困而日渐疏远。

【11—103】《乐记》云："豢①豕为酒，非以为祸也，而狱讼益繁，则酒之流②生祸也。是故先王因为酒礼，一献③之礼，宾主百拜，终日饮酒而不得醉焉。此先王所以避酒祸也。"

[注] ①豢（huàn）豕：原作"养犬"，据哈佛本、新刻本、北大本、越南本、石印本及《礼记·乐记》改。②流：没有节制。③一献：古代祭祀和宴饮时进酒一次为一献。

[译]《礼记·乐记》说："喂养猪、制作酒，不是让人吃了酒肉来制造祸端的，但纠纷诉讼却越来越多，那是饮酒过度惹的祸。所以前代君王特地制定饮酒的礼节。敬一次酒的礼节，客人和主人都要反复拜谢，整天饮酒也不会喝醉。这就是前代君王用来预防酒祸的方法。"

【11—104】《论语》云："惟酒无量，不及乱。"

[译]《论语》说："饮食时只有酒不限量，但不能喝到失控。"

【11—105】《史记》曰："郊①天礼庙，非酒不享②；君臣朋友，非酒不义；争斗相和，非酒不劝。故酒有成败，而不可泛饮之。"

[注] ①郊：祭祀天地。②享：供祭品祭祀祖先。泛指祭祀。

[译]《史记》说："拜祭上天，礼拜宗庙，没有酒不成祭祀；君臣朋友之间交往，没有酒难保情谊；争斗以后和好，没有酒不能融通感情。所以酒能成事也能坏事，不能随意滥饮。"

【11—106】子曰："敬鬼神而远之，可谓智矣。"

[译] 孔子说："尊敬鬼神却远离他们，可以算是明智了。"

【11—107】子曰："非其鬼而祭之，谄也。见义不为，无勇也。"

[译] 不该自己祭祀的鬼神却去拜祭，这是有意讨好。遇到该做的

义举却不敢去做，这是没有勇气。

【11－108】礼佛者，敬佛之德；念佛者，感佛之恩；看经者，明佛之理；坐禅①者，踏佛之境；得悟者，证②佛之道。

［注］①坐禅：佛教用语。指佛教徒静坐专注于思念佛法。②证：原作"正"，据哈佛本、北大本、越南本、石印本改。

［译］拜佛，是为了敬重佛的功德；念佛，是为了感念佛的恩德；诵读经书，是为了明白佛的道理；静坐参禅，是为了达到佛的境界；领悟佛理，是为了证明佛的教义。

【11－109】看经未为善，作福未为愿。莫若当权时，与人行方便。

［译］诵读经书算不上做善事，行善求福算不上给好处。不如在大权在握的时候，给人带来种种方便。

【11－110】济颠和尚①警世："看尽《弥陀经》②，念彻《大悲咒》③。种瓜还得瓜，种豆还得豆。经咒本慈悲，冤结如何救。照见本来心，做者还他受，自作还自受。"

［注］①济颠和尚：南宋高僧道济。他有扶危济贫、仗义疏财、扬善惩恶等美德，后人尊称为"济公活佛"。又因其穿着行为像是疯癫，人称"济癫和尚"。②《弥陀经》：佛教经典《阿弥陀经》，与《无量寿经》《观无量寿经》合称净土三经。③《大悲咒》：出自唐代印度僧人伽梵达摩所译《千手千眼观世音菩萨广大圆满无碍大悲心陀罗尼经》，全文八十四句，是佛教的观世音菩萨经咒之一。

［译］济颠和尚警告世人："看遍了《阿弥陀经》，念熟了《大悲咒》。种瓜还是收获瓜，种豆还是收获豆。经咒原本是大慈大悲的，结下冤家对头又怎么去解救？经咒能照见人的本心，作孽的人还得他自己遭殃，自己做了坏事还得自己倒霉。"

【11－111】子曰："志士仁人，无求生以害仁，有杀身以成仁。"

［译］孔子说："志向高远道德高尚的人，不会贪生怕死而有损自己的仁德，只会勇于牺牲来成全自己的仁德。"

【11－112】子曰："士志于道而耻恶衣恶食者，未足与议也。"

［译］有志于追求道义的读书人，却认为穿得不好、吃得不好可耻，这种人不值得同他讨论。

【11－113】荀子曰："公生明，偏生暗；端悫①生通，诈伪生塞；

诚信生神，夸设^②生惑。"

［注］①端悫（què）：正直诚朴。原作"端默"，据新刻本及《荀子·不苟》改。②夸设：夸张。

［译］荀子说："公正产生聪明，偏心产生愚昧；正直谨慎导致通畅，弄虚作假导致阻塞；诚实守信产生神奇，虚夸不实导致迷惑。"

【11－114】《书》云："侮慢^①人贤^②，反道败德，其小人之为也。"

［注］①侮慢：对人傲慢无礼。②人贤：人，通"仁"。品德好、有才能的人。

［译］《尚书》说："对仁人、贤人傲慢无礼，违反正义，败坏道德，这是小人的做法。"

【11－115】荀子云："士有妒友，则贤友不亲；君有妒臣，则贤人不至。"

［译］荀子说："士人有了妒贤嫉能的朋友，那么贤明的朋友不会来亲近他；君主有了妒贤嫉能的臣子，那么贤能的士人不会来归附他。"

【11－116】太公曰："治国不用佞臣，治家不用佞妇。好臣是一国之宝，好妇是一家之珍。"

［译］太公说："治理国家不任用奸邪的臣子，管理家庭不使用欺诈的妇人。好的臣子是国家稀有的人才，好的主妇是家庭难得的宝贝。"

【11－117】谗臣乱国，妒妇乱家。

［译］奸邪的臣子败坏国家，妒忌的妇人扰乱家庭。

【11－118】太公云："斜耕败于良田，谗言败于善人。"

［译］太公说："不正规的耕种方式在好田地上看不到，挑拨的坏话在好人那里行不通。"

【11－119】《汉书》云："曲突徙薪^①无恩泽，焦头烂额^②为上客。"

［注］①曲突徙薪：《汉书·霍光传》记载，有人看见一户人家烟囱很直，灶旁堆着许多柴，就劝主人改建弯曲的烟囱，把柴搬远点，以免着火。主人不听，不久果然发生了火灾，邻居一起救火，才把火扑灭。这家人于是杀牛备酒，感谢乡邻，把救火者奉为上宾，而冷落建议防火的人。突：烟囱。②焦头烂额：救火时烧焦了头发，烧伤了额头。

［译］《汉书》说："建议杜绝火灾的人没有得到好处，失火后救火灾的人却被奉为上宾。"

【11－120】整日梳妆合面①睡。

［注］①合面：脸面朝下。

［译］整天梳理打扮头发，睡觉时就只有俯卧着保持发型。

【11－121】画梁斗栱①犹未干，堂前不见痴心客。

［注］①斗栱，又叫"斗拱"，中国传统建筑中在立柱和横梁之间的承重结构。从柱顶上一层层加的探出成弓形的结构叫拱，拱与拱之间垫的方木块叫斗，合称斗拱。

［译］彩绘的屋梁、斗栱上的油漆还没干，厅堂前已看不到痴心等待的客人。

【11－122】三寸气①在千般用，一旦无常②万事休。

［注］①三寸气：等于说一口气，借指生命。②无常：人死去的委婉说法。

［译］只要还有一口气就能做各种事情，一旦死去所有的事都只能罢休。

【11－123】万物有无常①，万物莫逃乎数②。

［注］①无常：佛教认为世间一切现象，不论精神、物质，都只是时间性的存在，都处在发生、变异、消失的过程中，这就是"无常"。②数：宿命论认为人世的祸福皆由天命或某种不可知的力量决定，这就是"数"，也称为"定数"。

［译］万事万物变化无常，所有的东西都逃不脱命运的安排。

【11－124】万般祥瑞不如无。

［译］各种吉祥的征兆不能带来实惠还不如没有。

【11－125】天有万物于人，人无一物于天。

［译］上天赐予人类万事万物，人类却没有一样东西可回报上天。

【11－126】天不生无禄之人，地不长无名之草。

［译］上天不降生没有福禄的人，大地不生长没有名称的草。

【11－127】大富由天，小富由勤。

［译］大的富裕由上天决定，小的富裕由勤劳决定。

【11－128】诗①云："大富则骄，大贫则忧。忧则为盗，骄则为暴。"

［注］①诗：引文不见于诗句，而见于西汉董仲舒《春秋繁露·度

制》。

[译]《春秋繁露》说："大富的人会因富足而骄狂，太穷的人会因穷困而忧虑。忧虑就会去做盗贼，骄狂就会施暴虐。"

【11-129】莫道家未成，成家子未生；莫道家未破，破家子未大。

[译] 不要以为家业还没有成就，使家业兴旺的子女还没出世；不要以为家庭还没有破落，使家庭破落的子女还没长大。

【11-130】成家之儿，惜粪如金；败家之儿，用金如粪。

[译] 兴家的儿女，爱惜粪土犹如对待金子；败家的子女，挥霍金子犹如抛撒粪土。

【11-131】胡文定公曰："大抵人家须常要有不足处，若十分快意，堤防有不恰好①处。"

[注] ①不恰好：不好、不恰当。

[译] 胡安国说："大致上一个家庭要常常有点不满足的地方，如果太称心如意了，就要提防有不好的事情发生。"

【11-132】康节先生曰："仁者①难逢思有常，平居慎勿恃无伤。争先径路机关恶，近②后语言滋味长。爽口物多终作疾，快心事过必为殃。与其病后能求药，不若病前能自防。"

[注] ①仁者：佛教语，对人的尊称。②近：原作"过"，据哈佛本、新刻本、北大本、越南本及邵雍《伊川击壤集》卷六改。

[译] 邵雍说："很难遇到有人考虑人生的定数，平常千万不要自以为没有妨害。人人抢先走的路途上心机险恶，走在后头的人说的话才意味深长。大饱口福的东西吃多了终会酿成疾病，称心如意的事情过头了必会成为祸殃。与其生病以后能服药治疗，不如生病以前能自我预防。"

【11-133】饶人不是痴，过后得便宜。

[译] 饶恕别人不是傻子，过后就会得到好处。

【11-134】赶人不得赶上，捉贼不如赶贼。

[译] 追赶别人不要真的追上，捉拿盗贼不如把他赶走。

【11-135】梓潼帝君①垂训："妙药难医冤业②病，横财不富命穷人。亏心折尽平生福，行短天教一世贫。生事事生君莫怨，害人人害汝休嗔。天地自然皆有报，远在儿孙近在身。"

[注] ①梓潼帝君：道教所供奉的主宰人间功名、禄位的神。②冤

业：也作"冤孽"，佛教指起坏心、说坏话、干坏事等而遭到的报应。

[译] 梓潼帝君告诫世人："好药难以医治造冤孽而遭到报应的病，意外的非分钱财不会让命中注定的穷人富起来。违背良心会损失完一生的福气，行为卑鄙上天会让他一生贫穷。没事找事，麻烦事来了时你不要抱怨；陷害别人，别人害你时你不要责怪。一切事情天地自然会有报应，时间长些子孙会得报应，时间短点自己会得报应。"

【11－136】药医不死病，佛度有缘人。

[译] 药只能医不会死人的病，佛只济度有缘分的人。

【11－137】吴真人①曰："行短亏心只是贫，莫生巧计弄精神。得便宜处休欢喜，远在儿孙近在身。"

[注] ①吴真人：即北宋神医吴本，医治病人不论贵贱，后人尊称他为吴真人。

[译] 吴真人说："行为卑鄙违背良心上天终会让你贫穷，不要玩弄狡诈的计谋白费心机。得到好处的时候不要欢喜，时间长些会在子孙身上报应，时间短点会在自己身上报应。"

【11－138】十分惺惺①使五分，留取五分与儿孙。十分惺惺都使尽，后代儿孙不如人。

[注] ①惺惺：聪明。

[译] 有十分的聪明只使用其中的五分，留下另外五分传给子孙后代。如果十分的聪明都用完了，会落得子孙后代不如别人。

【11－139】越奸越狡越受贫，奸狡原来天不容。富贵若从奸狡得，世间呆汉吸西风。

[译] 越是奸猾狡诈就越贫穷，奸猾狡诈原本上天不会容忍。富贵如果靠奸猾狡诈就能获得，那世间没有心计的人就该喝西北风了。

【11－140】花落花开开又落，锦衣布衣更换着。豪家未必常富贵，贫家未必常寂寞。扶人未必上青霄，推人未必填沟壑。劝君凡事莫怨天，天意与人无厚薄。

[译] 花落花开开了又落，华丽衣服、粗布衣服轮换着穿。富豪人家未必能长久富贵，贫穷人家未必就常受冷落。扶持人未必就要扶上云霄，推落人未必就要填埋山谷。劝你什么事都不要埋怨上天，上天对人并没有亲疏。

【11－141】莫入州卫①与县衙，劝君勤谨作生涯。池塘积水须防旱，田地勤耕足养家。教子教孙并教艺②，栽桑栽柘③少栽花。闲是闲非俱休管，渴饮清泉闷煮茶。

[注] ①卫：明代几个州府联合设置的军事指挥机构。②教艺：教会种植。原作"教化"，据哈佛本、北大本、越南本、石印本改。③柘(zhè)：桑科树名。树叶可喂蚕，树汁可染黄色，材质密致坚韧，是贵重的木料。

[译] 不要进入州衙、县衙等官府衙门，奉劝你勤劳小心维持生活。池塘中蓄积水为了防备旱灾，土地上勤耕种要能养家糊口。教育子孙要多教给他们种植的技能，多种桑树柘树少种花。是非闲事不要去管，渴了喝点清澈的泉水，烦闷就去煮一杯茶。

【11－142】堪叹人心毒似蛇，谁知天眼转如车。去年妄取东邻物，今日还归北舍家。无义钱财汤泼雪，倘来①田地水推沙。若将狡谲为生计，恰似朝生暮落花。

[注] ①倘来：不该得而得到。

[译] 可叹人心像蛇一样毒，谁能知道天神的眼睛像车轮一样快地转动。去年乱拿东面邻居的东西，今天却要归还给北边的人家。不义之财就像被开水泼的白雪，非分的土地如同流水冲走的泥沙。如果把狡猾奸诈作为谋生的手段，恰好就像早上开放傍晚衰败的花。

【11－143】得失荣枯总是天，机关用尽也徒然。人心不足蛇吞象，世事到头螳捕蝉①。无药可医卿相寿，有钱难买子孙贤。家常守分随缘过，便是逍遥自在仙。

[注] ①螳捕蝉：即成语"螳螂捕蝉，黄雀在后"的意思，螳螂正想捉蝉，不知道黄雀在后面也正想吃它。比喻只顾眼前利益，不知道祸害就在后面。

[译] 得失兴衰都是命中注定，心机用尽也是白费。人的贪心难以满足，就像蛇想吞食大象一样；世事终究灾祸收场，就像螳螂想捕捉蝉一样。没有药可以延长高官的寿命，有钱也难买到子孙贤德。平常安分守己随缘过日子，那就是神仙逍遥自在的生活。

【11－144】宽性宽怀过几年，人死人生在眼前。随高随下随缘过，或长或短莫埋怨。自有自无休叹息，家贫家富总由天。平生衣禄随缘

度，一日清闲一日仙。

[译] 放宽情怀好好活几年，人的生死只是短暂的瞬间。不管地位高低只是随缘度过，无论寿命长短都不抱怨。自生自灭不要叹息，家庭贫富都是天意。一生的吃穿用度都随缘，清闲一天就是做一天神仙。

【11－145】花开不择贫家地，月照山河到处明。世间只有人心恶，凡事还须天养人。

[译] 花儿开放不拒绝穷人家的土地，月光照耀山河对每一处都一视同仁。世上只有人类居心险恶，凡事还得靠上天来熏陶教育。

【11－146】真宗皇帝①御制②："知危识险，终无罗网之门；举善荐贤，必有安身之路。施恩布德，乃世代之荣昌；怀妒报冤，与子孙之为患。损人利己，终无显达云仍③；害众成家，岂能久长富贵？改名异体，皆因巧计而生；祸起伤身，尽是不仁之召。"

[注] ①真宗皇帝：宋朝第三位皇帝赵恒。著有《御制集》三百卷，"书中自有黄金屋""书中自有颜如玉"即出自他的《劝学诗》。②御制：帝王所作的诗文、书画、乐曲等。③云仍：沿袭。

[译] 真宗皇帝说："事先认识到危险，最终没有落入法网的可能；推荐有才德的人，必定有容身的地方。广泛施予恩惠，会让子孙后代繁荣昌盛；心怀妒忌报复仇怨，这是给子孙留下后患。损害别人使自己得到好处，终究不会获得高的地位和声望；坑害众人让自己成就家业，怎么可能有长久的富贵？更换姓名改变外表，都是因为算计太多造成的；遭遇灾祸伤害身体，都是因为做人不讲仁义招来的。"

【11－147】仁宗皇帝①御制："乾坤宏大，日月照鉴，分明宇宙，宽洪天地，不容奸党。使心用倖②，果报只在今生；善布浅耕，获福休言后世。千般巧计，不如本分为人；万种强图，争似③随缘节俭？心行慈善，何须努力看经；意欲损人，空读如来④一藏⑤。"

[注] ①仁宗皇帝：宋朝第四位皇帝赵祯，著有《御制集》一百卷。②用倖：凭侥幸求取非分所得。③争似：怎似。④如来：佛的别称。⑤一藏：一部佛教典籍。

[译] 仁宗皇帝说："天地宏伟广大，日月明照万物，光明磊落的宇宙，宽洪大量的天地，不能容纳坏人团伙。费尽心机求取非分所得，遭受因果报应就在今生今世；致力善事稍作努力，获得福运不用等到来

世。各种各样的巧妙计谋，都不如本本分分地做人；各种各样的非分贪图，怎能比得上随缘节俭度日？心中保持仁慈善良，又何必努力去读佛经；一心想着坑害别人，即使念诵完一部佛典也是枉然。"

【11-148】神宗皇帝①御制："远非道之财，戒过度之酒。居必择邻，交必择友。嫉妒勿起于心，谗言勿宣于口。骨肉贫者莫疏，他人富者莫厚。克己以勤俭为先，爱众以谦和为首。常思已往之非，每念未来之咎。若依朕之斯言，治家国而可久。"

[注]①神宗皇帝：宋朝第六位皇帝赵顼。在位时致力变法，是宋朝有抱负的皇帝。

[译]神宗皇帝说："远离不义之财，戒除过度饮酒。居家一定要挑选邻居，交往一定要选择朋友。嫉妒之心不可有，挑拨的话不出口。贫穷的亲属不要疏远，富裕的外人不要优待。严于律己首先是做到勤劳节俭，博爱大众首要是做到谦逊平和。常常反思过去的错误，每每念及将来的过失。如果听从我上面的这些话，管理家庭、治理国家都能长久。"

【11-149】高宗皇帝①御制："一星之火，能烧万顷②之田；半句非言，误损平生之福。身披一缕，常思织女之劳；日食三餐，每念农夫之苦。苟贪③嫉妒，终无十载安康；积善存仁，必有荣华后裔。福缘善庆④，多因积行而生；入圣超凡，尽是真实而得。"

[注]①高宗皇帝：宋朝第十位皇帝、南宋开国皇帝赵构。擅长书法，有《草书洛神赋》等墨迹传世。②顷：同"顷"。百亩为一顷。③苟贪：贪求。④善庆：积累善行，多获福运。

[译]高宗皇帝说："一点点小火星，能够烧毁上万顷的田地；半句不恰当的话，不慎就毁掉一生积累的福运。身上穿着一丝一线，要常常想到织女的劳苦；每天吃着三顿饭食，要常常念及农民的艰辛。贪婪嫉妒，最终不会过上十年的平安日子；积累善行仁德，必会带来子孙后代的荣华富贵。福分吉祥，大多因为积累德行而来；超出凡人达到圣贤境界，都是真诚实在获得的。"

【11-150】老子送孔子，曰："吾闻富贵者送人以财，仁者送人以言。吾虽不能富贵于人，切①仁者号，今送子以言也。曰：'聪明深察，反近于死；博辩闲远②，而危其身。'"

[注]①切：同"窃"。②闲远：《孔子家语·观周》原作"闳达"，

较好。阔达，才识丰富，融会贯通。

[译] 老子送别孔子，说："我听说富贵的人拿钱财送人，仁爱的人用言语送人。我虽然不能比别人富贵，但盗取仁者的名称，今天用一句话送您吧：'聪明无比，明察秋毫，反而离死不远；善于雄辩，才识广博，反而危及自身。'"

【11-151】王良曰："欲知其君，先视其臣；欲识其人，先视其友；欲知其父，先视其子。君圣臣忠，父慈子孝。"

[译] 王良说："想了解一个君主，先看他的臣子；想了解一个人，先看他的朋友；想了解一个做父亲的，先看他的子女。君主圣明，臣子就忠诚；父亲慈爱，子女就孝顺。"

【11-152】家贫显孝子，世乱识忠臣。

[译] 家庭贫穷才能显现子女的孝顺，社会动荡才能识别臣子的忠诚。

【11-153】《家语》云："水至清则无鱼，人至察则无徒。"

[译]《孔子家语》说："水太清澈就养不活鱼，人太明察就交不到朋友。"

【11-154】子曰："三军可夺帅也，匹夫不可夺志也。"

[译] 孔子说："军队可以失去主帅，男子汉却不可以失去志气。"

【11-155】子曰："生而知之者，上也；学而知之者，次也；困而学之，又其次也；困而不学，民斯为下矣。"

[译] 孔子说："生下来就懂得道理的人，是上等人；通过学习才懂得道理的人，要次一等；遇到困惑的时候才去学习，又次一等；遇到困惑都还不去学习，这是最下等的人了。"

【11-156】子曰："君子有三思，而不可不思者也：少而不学，长无能也；老而不教，死无思也；有而不施，穷无与也。是故君子少思其长则务学，老思其死则务教，有思其穷则务施。"

[译] 孔子说："君子有三种想法，是不可以不考虑的：年轻时不学习，长大后就没有才能；年老时不教育后代，死后就没人想念了；富有时不施舍，穷困时就没人接济了。因此君子年轻时考虑到年长后就会勤奋学习，年老时考虑到死去后就会加紧教育，富有时考虑到贫困时就会尽力施舍。"

【11-157】《景行录》云："能自①爱者未必能成人，自欺者必罔人；能自俭者未必能周人，自忍者必害人。此无他，为善难，为恶易。"

[注] ①能自：原作"自能"，据哈佛本、新刻本、北大本、越南本及宋李邦献《省心杂言》改。

[译]《景行录》说："能够爱惜自己的人未必能成全别人，但欺骗自己的人必定会蒙骗别人；自己能够节俭的人未必能周济别人，但对自己狠心的人必定会伤害别人。这没有别的原因，只因为做好事艰难，做坏事容易。"

【11-158】《景行录》云："富贵者易于为善，其为恶也亦不难。"

[译]《景行录》说："富贵的人容易做好事，但他要做起坏事来也不难。"

【11-159】子曰："富而①可求也，虽执鞭之士②，吾亦为之。如不可求，从吾所好。"

[注] ①而：如果。②执鞭之士：手拿皮鞭维持秩序的市场守门人。

[译] 孔子说："富贵如果可以求得的话，即使是市场守门人这样的低贱差事，我也愿意去干。如果不能求得，那就干我喜欢的事吧。"

【11-160】千卷诗书难却易，一般衣饭易却难。

[译] 要读完千卷的诗书，看起来很难，实际上容易；要获得普通的衣食，看起来容易，实际上很难。

【11-161】天无绝人之禄。

[译] 老天不会断绝人的福运。

【11-162】一身还有一身愁。

[译] 各人有各人的忧愁。

【11-163】子曰："人无远虑，必有近忧。"

[译] 孔子说："一个人没有长远的考虑，一定会很快遇到忧患。"

【11-164】轻诺者信必寡，面誉者背必非。

[译] 轻易许诺的人诚信一定很少，当面恭维的人背后一定诋毁。

【11-165】许敬宗①曰："春雨如膏，行人恶其泥泞；秋月扬辉，盗者憎其照鉴。"

[注] ①许敬宗：唐朝宰相，因拥立武则天为后而官运亨通。

[译] 许敬宗说："春天的细雨如油一样滋养万物，行人却厌恶它造

成道路泥泞；秋天的明月发出光辉照亮大地，盗贼却厌恶它照得过于清楚。"

【11—166】《景行录》云："大丈夫见善明，故重名①节于泰山；用心刚，故轻死生如鸿毛。"

[注]①名：原无，据哈佛本、新刻本、北大本、越南本、石印本补。

[译]《景行录》说："大丈夫明辨善恶，所以把名节看得像泰山一样重；意志坚定，所以把生死看得像鸿毛一样轻。"

【11—167】《景行录》云："外事无小大，中愁无浅深，有断则生，无断则死。大丈夫以断为先。"

[译]《景行录》说："不论世间的事情是大是小，不管内心的愁闷是强是弱，有决断就能生存，无决断就会灭亡。大丈夫要把决断放在首位。"

【11—168】子曰："知而弗为，莫如不知；亲而弗信，莫如勿亲。乐而方至，乐而勿骄；患之所至，思而勿忧。"

[译]孔子说："懂得道理却不去实践，还不如不懂；亲近别人却不信任他，还不如不去亲近。快乐如果刚刚到来，享受快乐而别骄傲；灾难即将降临的时候，思考解决办法而别忧愁。"

【11—169】孟子曰："虽有智惠①，不如乘势；虽有镃基②，不如待时③。"

[注]①惠：通"慧"。②镃（zī）基：锄头。③时：适合从事农业生产的好时节。

[译]孟子说："即使有智慧，还得借助形势；即使有锄头，还得等待农时。"

【11—170】《吕氏乡约》①云："德业相劝，过失相规，礼俗相成，患难相恤。"

[注]①《吕氏乡约》：北宋学者吕大钧、吕大临等几兄弟在家乡陕西蓝田制定的乡里自治制度，是我国第一部成文的乡约。

[译]《吕氏乡约》说："德行和功业方面要相互劝勉，对于过错要相互告诫，礼仪制度和风俗习惯要相互遵守成全，患难时要相互救援帮助。"

【11—171】悯人之凶，乐人之善，济人之急，救人之危。

[译] 怜悯别人的不幸，分享别人的好事，周济别人的急需，拯救别人的危难。

【11—172】经目之事犹恐未真，背后之言岂足深信？

[译] 亲眼看到的事情还担心它不真实，背地里说的话哪里能深信不疑？

【11—173】人不知己过，牛不知力大。

[译] 人不知道自己的过失，牛不知道自己的力大。

【11—174】不恨自家蒲绳①短，只恨他家枯井深。

[注] ①蒲绳：蒲草编的绳子，常缠在轱辘上系桶从井中取水。

[译] 不怪罪自己的蒲草绳太短，却只埋怨别人家干枯的井太深。

【11—175】侥幸脱，无辜报。

[译] 非分企求也有脱离祸患的时候，清白无罪也有误遭恶报的时候。

【11—176】赃滥满天下，罪作福薄人。

[译] 贪赃枉法的人遍满天下，犯罪的只是福运差的人。

【11—177】人心似铁，官法如炉。

[译] 即便有人心如铁石，官府的法律也会像炉火一样将其溶化。

【11—178】太公曰："人心①难满，溪壑易盛。"

[注] ①心：原无，据哈佛本、新刻本、北大本、越南本、石印本补。

[译] 太公说："人心难以满足，山谷容易填满。"

【11—179】天若改常，不风即雨；人若改常，不病即死。

[译] 老天如果改变常态，不是刮风就是下雨；人如果改变常规，不是生病就是死亡。

【11—180】《状元诗》曰："国正天心顺，官清民自安。妻贤夫省事，子孝父心宽。"

[译]《状元诗》说："国事正常君主称心顺意，官吏廉洁百姓自然安乐。妻子贤惠丈夫麻烦事少，儿女孝敬父亲就能放心。"

【11—181】孟子曰："三代之得天下也以仁，其失天下也以不仁。国之所以废兴存亡者亦然。天子不仁，不保四海；诸侯不仁，不保社

稷；士大夫不仁，不保宗庙；庶人不仁，不保四体。今恶死亡而乐不仁，是犹恶醉而强酒。"

［译］孟子说："夏、商、周三代得到天下是由于仁爱；他们失去天下是由于不仁。国家衰败、兴盛、生存、灭亡的原因也是这样。天子不仁爱，就不能保住天下；诸侯不仁爱，就不能保住国家；士大夫不仁爱，就不能保住祖庙；老百姓不仁爱，就不能保住身体。现在有人害怕死亡，却又乐意干不仁爱的事，这就像害怕喝醉却偏要多喝酒一样。"

【11－182】子曰："始作俑①者，其无后乎？"

［注］①俑：用土、木制成的殉葬的人偶。

［译］孔子说："最初用土木偶像来陪葬的人，大概是没有后代吧？"

【11－183】子曰："木受绳则直，人①受谏则圣②。"

［注］①人：这里指人君。②圣：原作"盛"，据哈佛本、新刻本、北大本、越南本、石印本及《孔子家语·子路初见》改。

［译］孔子说："木头使用墨线就能变直，君主听从劝谏就会圣明。"

【11－184】佛经云："一切有为法①，如梦幻泡影，如露亦如电，应作如是观。"

［注］①一切有为法：佛教术语，指一切事物、物质、意识、精神以及所有现象的存在。

［译］佛经说："世间的一切，如同梦幻，如同泡影，如同朝露，如同闪电，应该抱这样的看法。"

【11－185】一派青山景物幽，前人田土后人收。后人收得莫欢喜，更有收人在后头。

［译］原野里成片的景物很是幽美，前人留下的田地后人来收获。后人得到后不要高兴太早，因为还有收取的人等在后头。

【11－186】苏东坡①云："无故而得千金，不有大福，必有大祸。"

［注］①苏东坡：即苏轼，北宋著名的文学家、书画家，字子瞻，号东坡居士。

［译］苏东坡说："无缘无故地得到一大笔钱，不是有大福，而是会有大祸临头。"

【11－187】《景行录》云："大筵宴不可屡集，金石文字不可轻为，皆祸之端。"

[译]《景行录》说："大的宴席不要常常去集会，金属和石头上不要轻易去刻字，这些都是灾祸的开端。"

【11—188】子曰："工欲善其事，必先利其器。"

[译]孔子说："工匠要想把自己的事情做好，一定先要把自己的工具磨快。"

【11—189】争似不来还不往，也无欢喜也无忧。

[译]不如与人从不交往，没有欢喜也没有忧愁。

【11—190】康节邵先生曰："有人来问卜①，如何是祸福？我亏人是祸，人亏我是福。"

[注] ①问卜：迷信的人用占卜算卦的方法解决疑惑。

[译]邵雍先生说："有人来占卜算卦，问什么是祸福？我亏欠别人就是祸，别人亏欠我就是福。"

【11—191】大厦千间，夜卧八尺；良田万顷，日食三升。

[译]拥有上千间大房子，夜里也只能睡一张床；拥有上万顷好田地，每天也只能吃三顿饭。

【11—192】不孝空烧千束纸，亏心枉爇万炉香。神明本是正真做，岂爱人间枉法赃？

[译]不孝顺的话，烧千捆纸也白费；内心有愧，焚万炉香也枉然。神灵本来都是实实在在做事，哪会喜爱人间违法的获取？

【11—193】渴时一滴如甘露，醉后添杯不如无。

[译]口渴时送一滴水都像甜美的露水，喝醉后再添酒还不如不加。

【11—194】酒不醉人人自醉，色不迷人人自迷。

[译]酒不会来醉人，人自己去找醉；美色不会来迷人，人自己去着迷。

【11—195】孟子云："为仁不富矣，为富不仁矣。"

[译]孟子说："要讲仁爱就不可能致富，要想致富就不能讲仁爱。"

【11—196】子曰："已矣乎！未见好德如好色者也。"

[译]孔子说："算了吧，没见过喜爱美德像喜爱美貌一样的人！"

【11—197】公心若比私心，何事不办？道念若同情念，成佛多时。

[译]考虑公事如果能像为自己打算一样，还有什么事办不成？修道的信念如果能像对情感的追求一样，那早就已经成佛了。

【11－198】老子曰："执着之者，不明道德。"

［译］老子说："固执而不能超脱的人，不明白修行的真谛。"

【11－199】过后方知前事错，老来方觉少时余。

［译］事情过后才知道先前做错了，人老后才发觉少年时时间宽裕。

【11－200】杨雄^①曰："君子修身，乐其道德；小人无度，乐闻其誉。修德日益，智虑日满。"

［注］①杨雄：即扬雄，也称"扬子"，西汉著名辞赋家、语言学家。

［译］扬雄说："君子修身养性，乐于积累德行；小人没有节制，喜欢追求声誉。修为德行会一天天进步，智慧也一天天增长。"

【11－201】子曰："君子高则卑而益谦，小人宠则倚势骄奢^①。小人见浅易盈，君子见深难溢。故屏风虽破，骨格犹存；君子虽贫，礼义常在。"

［注］①奢：原作"有"，据哈佛本、新刻本、北大本、越南本改。

［译］孔子说："君子地位高时会谦卑恭敬更加有礼，小人受宠后会依仗权势骄横奢侈。小人见识短浅却容易自满，君子见识高深却很难自满。因此屏风虽然破旧，但框架还在；君子虽然贫穷，但礼义常有。"

【11－202】《家语》云："国之将兴，实在谏臣；家之将荣，必有诤^①子。"

［注］①诤：原作"孝"，据哈佛本、新刻本、北大本、越南本、石印本改。

［译］《家语》说："国家将要兴盛，确实在于有敢于劝谏的臣子；家庭将要兴旺，必定因为有敢于进言的子女。"

【11－203】子曰："不知命，无以为君子也；不知礼，无以立也；不知言，无以知人也。"

［译］孔子说："不懂得天命，就无法成为君子；不懂得礼义，就无法立身处世；不懂得与人交谈，就无法了解别人。"

【11－204】《论语》云："有德者必有言，有言者不必有德。"

［译］《论语》说："有德行的人一定有值得称道的言论，有值得称道的言论的人不一定有德行。"

【11－205】濂溪先生^①曰："巧者言，拙者默；巧者劳，拙者逸；

巧者贼，拙者德；巧者凶，拙者吉。呜呼！天下拙，刑政彻②，上安下顺，风清弊绝。"

[注] ①濂溪先生：北宋著名理学家周敦颐，号濂溪，人称濂溪先生。是理学的奠基者之一。②彻：撤除。

[译] 周敦颐说："灵巧的人喜爱说话，笨拙的人沉默寡言；灵巧的人内心劳累，笨拙的人精神安闲；灵巧的人投机取巧，笨拙的人遵守规范；灵巧的人不祥，笨拙的人吉利。唉！天下人都笨拙，法律政令全都撤除，朝廷安心，百姓顺服，社会太平，坏事绝迹。"

【11－206】《说苑》云："山致其高，云雨兴焉；水致其深，蛟龙生焉；君子致其道，福禄存焉。"

[译]《说苑》说："山达到了一定的高度，云雨就从那里兴起；水达到一定的深度，蛟龙就从那里产生；君子积累自己的德行，福运和官禄才会获得。"

【11－207】《易》曰："德微而位尊，智小而谋大，无祸者鲜矣。"

[译]《周易》说："品德低劣而地位高贵，智力低下而谋划很大，这样的人却没有灾祸，实在是太少了。"

【11－208】荀子云："位尊则防危，任重则防废，擅宠则防辱。"

[译] 荀子说："地位高贵就要防止危险，肩负重任就要防止半途而废，独自得宠就要防止受辱。"

【11－209】子曰："夫人必自侮，然后人侮之；家必自毁①，而后人毁之；国必自伐②，而后人伐之。"

[注] ①毁：原作"侮"，据哈佛本、新刻本、北大本、越南本、石印本及《孟子·离娄上》改。下句"毁"同。②自伐：自己毁坏。

[译] 孟子说："人一定是先有自取侮辱的言行，然后别人才侮辱他；家庭一定是先自我破坏了，然后别人才来毁坏它；国家一定是先自己败坏了，然后别人才来讨伐它。"

【11－210】《说苑》云："官怠于宦①成，病加于少愈，祸生于懈惰，孝衰于妻子。察此四者，慎终如②始。"

[注] ①宦：原作"患"，据哈佛本、新刻本、北大本、越南本、石印本及《说苑·敬慎》改。②如：原作"而"，据哈佛本、新刻本、北大本、越南本、石印本及《说苑·敬慎》改。

［译］《说苑》说："做官的登上高位后就会懈怠，疾病往往在稍微痊愈时加重，灾祸因为松懈懒惰而出现，孝心由于妻子儿女而衰减。明察这四点，就能够做到自始至终都小心谨慎。"

【11—211】子曰："居上不宽，为礼不敬，临丧不哀，吾何以观之哉？"

［译］孔子说："处在高位不宽厚，执行礼仪时不恭敬，参加丧礼时不哀伤，我怎么能看得下去呢？"

【11—212】孟子曰："无君子，莫治野人；无野人，莫养君子。"

［译］孟子说："没有官吏就没人管理农夫，没有农夫就没人供养官吏。"

【11—213】《直言诀》曰："事君父者以忠孝，为君父者以慈爱。家与国无异，君与父相同。德显已①扬名，惟忠与孝，荣贵不招而自来，辱不逐而自去。"

［注］①已：通"以"。

［译］《直言诀》说："侍奉君主和父亲要用忠诚孝顺之心，做君主和父亲要有慈祥仁爱之心。家庭和国家相同，君主和父亲一样。要道德显著从而声名远扬，只有靠尽忠和孝顺，它能使荣华富贵不求取而自然来到，能使屈辱不驱赶而自己离去。"

【11—214】老子曰："六亲①不和不慈孝，国家昏乱无忠臣。"

［注］①六亲：一般指父、母、兄、弟、妻、子。

［译］老子说："六亲不和睦是因为父不慈爱子不孝顺，国家黑暗混乱是因为没有效忠君主的大臣。"

【11—215】《家语》云："慈父不爱不孝之子，明君不纳无益之臣。"

［译］《家语》说："慈爱的父亲不喜爱不孝顺的儿女，贤明的君主不收留没有用的臣子。"

【11—216】奴须用钱买，子须破腹生。

［译］奴仆需要自己用钱去买，孩子需要从自己肚子里生。

【11—217】着破是君衣，死了是君妻。

［译］衣服穿烂了还是你的衣服，妻子去世了还是你的妻子。

【11—218】莫笑他家贫，轮回①是公道；莫笑他人老，终须临到我。

[注] ①轮回：佛教认为一切有生命的东西，如不寻求"解脱"，就永远在"六道"（天道、人道、阿修罗道、畜生道、饿鬼道、地狱道）中生死相续，如同车轮旋转，不会停息，所以叫"轮回"，在哪条道上循环取决于活着时所做的善事和恶事的多少。

[译] 不要讥笑别人家贫穷，贫富循环往复是公道的；不要笑话别人年老，年老最终会轮到自己。

【11－219】是日以①过，命亦随减，如少水鱼，于斯何乐？

[注] ①以：通"已"。

[译] 这一天已经过去，生命也随之少了一天，就如同鱼在越来越少的水里，还有什么快乐可言？

【11－220】《景行录》云："器满则溢，人满则丧。"

[译] 《景行录》说："器物装满就会漫溢，人一自满就会失败。"

【11－221】羊羔虽美，众口难调。

[译] 小羊羔虽然是美食，但很难把各人不同的口味协调好。

【11－222】尺璧非宝，寸阴是竞。

[译] 直径一尺的玉璧也不是珍宝，珍贵的每寸光阴才应当努力争取。

【11－223】《汉书》云："金玉者，饥不可食，寒不可衣，自古以谷帛为贵也。"

[译] 《汉书》说："金银珠玉，饿了不能吃，冷了不能穿。自古以来都认为粮食布帛珍贵。"

【11－224】《益智书》云："金玉投淤泥，不能浊变其色；君子行浊地，不能染乱其心。故松柏可以奈①雪霜，明智可以涉艰危。"

[注] ①奈：通"耐"，受得住。

[译] 《益智书》说："黄金白玉即使扔到淤泥中，也不能污损它的颜色。君子置身于污浊的境地，也不能扰乱他的心。所以松柏能够经受住霜雪严寒，聪明智慧可以度过艰难险阻。"

【11－225】子曰："不仁者，不可以久处约①，不可以长处乐。"

[注] ①约：穷困，困窘。

[译] 孔子说："没有仁德的人，不会长久地处在贫困中，也不会长久地处在安乐中。"

【11-226】无求到处人情好，不饮从①他酒价高。

［注］①从：通"纵"，放纵，使不受约束。

［译］不求人到处人际关系好，不饮酒任随酒价涨多高。

【11-227】入山擒虎易，开口告人难。

［译］进山擒虎容易，开口求人艰难。

【11-228】孟子曰："天时不如地利，地利不如人和。"

［译］孟子说："有利的自然气候条件不如有利的地势，有利的地势不如人的齐心协力。"

【11-229】远水不救近渴，远亲不如近邻。

［译］远处的水难以解除眼前的口渴，远方的亲人不如近旁的邻居能及时给予帮助。

【11-230】太公曰："日月虽明，不照覆盆之地。刀剑虽快，不斩无罪之人。非灾①横祸，不入慎家之门。"

［注］①非灾：意外的灾祸。

［译］太公说："日月虽然明亮，不能照到倒扣盆子的地下。刀剑虽然锋利，不会斩杀没有犯罪的人。意外的灾祸，不会进入谨慎人家的门。"

【11-231】赞叹福生，作念祸生，烦恼病生。

［译］赞美称赏带来福气，居心不良带来灾祸，烦恼忧愁带来疾病。

【11-232】国清才子贵，家富小儿骄①。

［注］①骄：通"娇"，宠爱。

［译］国家安定人才就被重视，家庭富裕小孩就被娇惯。

【11-233】得福不知，祸来便觉。

［译］福气降临时不容易感受，灾祸来到时马上就察觉。

【11-234】太公曰："良田万顷，不如薄艺随身。"

［译］太公说："拥有上万顷肥沃的田地，还不如随身有一门小小的技艺。"

【11-235】《周礼》云："清贫常乐，浊富多忧。"

［译］《周礼》说："清白而贫困的人经常快乐，污浊而富贵的人常有忧愁。"

【11-236】房屋不在高堂，不漏便好。衣服不在绫锦，和暖便好。

饮食不在珍馐①，一饱便好。娶妻不在颜貌，贤德便好。养儿不在男女，孝顺便好。弟兄不在多少，和顺便好。亲眷不在新旧，往来便好。朋友不在酒食，扶持便好。邻里不在高低，和睦便好。官吏②不在大小，清正便好。

[注] ①珍馐：新奇名贵的食物。②吏：原无，据哈佛本、新刻本、北大本、越南本补。

[译] 房屋不在于厅堂高大，只要不漏雨就行。衣服不在于绫罗锦绣，只要穿着暖和就行。饮食不在于山珍海味，只要吃得饱就行。娶妻不在于容颜外表，只要贤惠善良就行。养育孩子不论是儿是女，只要孝顺就行。弟兄不在于人多人少，只要和善融洽就行。亲戚不管是新是旧，只要有来往就行。朋友不在于要一起喝酒吃饭，只要相互帮助就行。邻里不在于地位高低，只要和睦相处就行。官吏不在于职位大小，只要清正廉洁就行。

【11－237】道清和尚警世："善事须①好做，无心近不得。你若做好②事，别人分不得。经忏③积如山，无缘看④不得。悖逆⑤不孝顺，天地容不得。王法镇乾坤，犯了休不得。良田千万顷，死来用不得。灵前好供养，起来吃不得。钱财过壁堆，临危将不得。命运不相助，巧也强不得。儿孙虽满堂，死来替不得。"

[注] ①须：虽然。②好：原无，据哈佛本、新刻本、北大本、越南本、石印本补。③经忏：佛教经文。④看：原作"有"，据哈佛本、新刻本、北大本、越南本、石印本改。⑤悖（bèi）逆：叛逆不孝顺。

[译] 道清和尚警告世人："好事虽然好做，没有善心你接近不了。你如果做了好事，别人也分不了。佛典经文堆积如山，没有缘分你看不了。对父母不孝顺，天地都容不了。国法治理天下，触犯就饶不了。拥有无数好田，死后也用不了。亡灵前供养得好，却起不来吃不了。钱财堆得比墙高，要死的时候带不了。命运不帮助，聪明灵巧也强盛不了。儿孙虽然满堂，死时没人替得了。"

【11－238】欲修仙道，先修人道，人道不修，仙道远矣。

[译] 想要修炼成仙，先得修炼为人之道，为人之道都不能修炼，离修炼成仙就很远了。

【11－239】孝友朱先生①曰："终身让路，不枉百步；终身让畔②，

不失一段。"

［注］①孝友朱先生：唐代人朱仁轨，终生不仕，隐居养亲，死后有人私谥为"孝友先生"。②让畔：种田人在田界处让对方多占土地。

［译］朱仁轨说："一辈子给人让路，也委屈不了一百步；一辈子划田地界线时都让人一点，也损失不了一小块。"

【11-240】颜子曰："鸟穷则啄，兽穷则攫①，人穷则诈，马穷则佚②。"

［注］①攫（jué）：通"攫"，鸟兽以爪抓取。②佚：奔跑。原作"跌"，据《孔子家语·颜回》改。

［译］颜回说："鸟类窘迫时就会啄人，野兽窘迫时就会抓扑，人窘迫时就会欺诈，马窘迫时就会狂奔。"

【11-241】着意栽花栽不活，无心插柳柳成行。

［译］有意栽花花却栽不活，无心种柳柳树却排成行。

【11-242】《景行录》云："广积不如教子，避祸不如省非。"

［译］《景行录》说："大量积蓄不如教育好子女，躲避灾祸不如少惹是非。"

【11-243】病有工夫急有钱。

［译］人一旦生病，没时间的也有了时间；一旦等着急用，没钱的也会有了钱。

【11-244】得之易，失之易。

［译］轻易得到的东西，失去也容易。

【11-245】宁食开眉汤，不食皱眉羊。

［译］宁愿舒心地喝白开水，也不愿愁眉苦脸吃羊肉。

【11-246】桓范①曰："身穿一缕，忆织女之劳；若食一粒，思农夫之苦。学而不勤不知道，耕而不勤不得食。怠则亲者成疏②，敬则疏者成亲矣。"

［注］①桓范：三国时曹魏大臣，有文才，做谋士号称"智囊"。②怠则亲者成疏：原无，据越南本补。

［译］桓范说："身上穿了一根线，也要想到织女们的辛劳；口中吃了一粒饭，也要想到农夫们的艰苦。学习不勤奋就不懂得道理，耕田不勤劳就得不到粮食。怠慢会让亲近的人疏远，恭敬会使疏远的人亲近。"

【11—247】性理书云："接物之要：己所不欲，勿施于人；行有不得，反求诸身。"

［译］性理书中说："待人接物的关键是：自己不喜欢的，就不要强加给别人；行为达不到预期的效果，就该反过来检查自己。"

【11—248】酒色财气四堵墙，多少贤愚在内厢。若有世人跳得出，便是神仙不死方。

［译］酒、色、财、气是四堵高墙，有多少贤人或愚人都被困在里面。如果有世间人能从中跳出，那就是神仙长生不老的秘诀。

【11—249】人生智未生，智生人易老。心智一切生，不觉无常到。

［译］人生下来时智慧还没产生，智慧产生后人就容易衰老了。等到一切智慧都产生以后，不知不觉死神已来到。

立教篇第十二

【12—1】子曰："立身有义，而孝为本；丧纪^①有礼，而哀为本；战阵有烈^②，而勇为本；治政有理，而农为本；居国有道，而嗣为本；生财有时，而力为本。

［注］①丧纪：丧事。原作"丧祀"，据《孔子家语·六本》改。②烈：同"列"，行列。

［译］孔子说："立身处世有礼义，而孝顺是根本；办理丧事有礼制，而哀悼是根本；打仗布阵有阵法，而勇敢是根本；治理政事有规律，而农业是根本；统治国家有方法，而生育是根本；积累财富有机遇，而努力是根本。"

【12—2】《景行录》云："为政之要，曰公与清；成家之道，曰俭与勤。"

［译］《景行录》说："治理政事的关键是公正和清廉；创立家业的关键是节俭和勤劳。"

【12—3】读书，起家之本；循理，保家之本；勤俭，治家之本；和顺，齐家之本。

［译］读书学习是兴家的根本，遵循事理是保家的根本，勤俭节约是经营家业的根本，和睦融洽是治理家庭的根本。

【12—4】《景行录》云："勤者富之本，俭者富之源。"

［译］《景行录》说："勤劳是致富的根本，节俭是致富的源头。"

【12—5】《孔子三计图》云："一生之计在于勤，一年之计在于春，一日之计在于寅^①。幼而不学，老无所知；春若不耕，秋无所望；寅若不起，日无所办。"

［注］①寅：古代计时的十二时辰之一，即今北京时间凌晨三点至

五点。

[译]《孔子三计图》说："一生的关键在于勤奋，一年的关键在于春天，一天的关键在于凌晨。幼年时不勤奋学习，老了以后就没有知识；春天如果不下地耕种，秋天就没有收获的希望；凌晨如果不早早起床，一天就干不成什么事情。"

【12—6】性理书云："五教之目：父子有亲，君臣有义，夫妇有别，长幼有序，朋友有信。"

[译]性理书中说："五种伦理道德教育的条目是：父子之间要有亲情，君臣之间要有礼义，夫妻之间要有差别，老少之间要有次序，朋友之间要有诚信。"

【12—7】古灵陈先生①为仙居令，教其民曰："为吾民者，父义、母慈、兄友、弟恭、子孝。夫妇有恩，男女有别，子弟有学，乡闾②有礼。贫穷患难，亲戚相救；婚姻死丧，邻保③相助。毋惰农业，毋作盗贼，毋学赌博，毋好争讼。毋以恶凌善，毋以富欺贫。行者让路，耕者让畔，斑白④者不负戴于道路。则为礼义之俗矣。"

[注]①古灵陈先生：北宋理学家陈襄，因为是侯官县古灵村人，所以世称"古灵先生"。②乡闾：乡亲。③邻保：邻居。④斑白：头发黑白间杂，指年老。

[译]陈襄担任仙居县令，教诲全县老百姓说："凡是我县的百姓，应当做到父亲仁义、母亲慈爱、哥哥友善、弟弟恭敬、儿女孝顺。夫妻要重恩义，男女要有差别，子弟要能学习，乡邻要讲礼节。贫困患难的时候，亲属要互相救济；遇到婚礼丧事，邻里要相互帮助。不要忽略农活，不要做盗贼，不要学赌博，不要争强好胜打官司。不要依仗邪恶凌辱善良，不要依仗富裕欺侮贫困。行走的人要相互让路，耕田的人要相互让地界，头发花白的老人不在道路上劳作。这样，就形成讲究礼义的风俗了。"

【12—8】性理书云："教人者，养其善心而恶自消；治民者，导之以敬让而争自息。"

[译]性理书中说："教育学生时，要培养他们的向善之心，那些邪恶想法就自然消失了；治理百姓时，要引导他们恭敬谦让，这样争强好斗就自然停息了。"

【12—9】《礼》云："为君止于仁，为父止于慈，为子止于孝，为友止于信。若为斯礼，可以为政理乎。"

［译］《礼记》说："做君主的要坚持做到仁爱，做父亲的要坚持做到慈爱，做儿女的要坚持做到孝顺，做朋友的要坚持做到诚信。如果遵循这些规范，那就可以把政事治理好了。"

【12—10】王蠋①曰："忠臣不事二主，烈女不更二夫。"

［注］①王蠋（zhú）：战国时齐国退隐的大夫，相传曾以这里引用的两句话拒绝接受万户的封地。

［译］王蠋说："尽忠的臣子不会侍奉两个君主，贞烈的女子不会拥有两任丈夫。"

【12—11】忠子①曰："治官莫若平，临财莫若廉。"

［注］①忠子：疑为"文中子"之误。但引文见于《孔子家语·辩政》，是孔子在子贡将去做信阳宰时告诫他的话。

［译］孔子说："治理官吏再没有比公平更好的了，面对钱财再没有比廉洁更好的了。"

【12—12】《说苑》云："治国若弹琴，治家若执辔①也。"

［注］①辔（pèi）：控制马的缰绳。

［译］《说苑》说："治理国家要像手拨琴弦一样，管理家事要像手握缰绳一样。"

【12—13】孝当竭力，忠则尽命。

［译］孝敬应当竭尽全力，效忠应该不顾性命。

【12—14】女慕贞洁①，男效才良。

［注］①贞洁：过去指妇女在节操上没有污点。

［译］女子要仰慕节操纯洁的人，男人要效法德才兼备的人。

【12—15】张思叔①座右铭曰："凡语必忠信，凡行必笃敬。饮食必慎节，字画必楷正。容貌必端庄，衣冠必肃整。步履必安详，居处必正静。作事必谋始，出言必顾行。常德必固持，然诺必重应。见善如己出，见恶如己病。凡此十四者，我皆未深省。书此当座隅②，朝夕见为警。"

［注］①张思叔：北宋学者张绎，字思叔，程颐的弟子。②座隅（yú）：座位的旁边。

[译] 张绎座右铭说:"凡是说话一定要忠诚信实,凡是做事一定要厚道恭敬。饮食一定要注意节制,字画一定要工整端正。容貌一定要端庄素雅,穿着一定要庄重严肃。步子一定要从容沉稳,居家一定要心平气静。做事一定要预先谋划,说话一定要考虑实践。基本道德一定要坚持,应允承诺一定要兑现。看到善事就像自己所做,看到恶事就像自己得病。所有这十四条,我都还没有深刻地醒悟。写下来放在座位旁边,早晚看着引以为戒。"

【12—16】范益谦①座右铭曰:"一不言朝廷利害、边报、差除;二不言州县官吏长短得失;三不言众人所作过恶;四不言仕进官职,趋时附势;五不言财利多少,厌贫求富;六不言淫媟②戏慢,评论女色;七不言求索人物,干索③酒食。"又曰:"人附书信,不可开拆沉滞;与人并坐,不可窥人私书;凡入人家,不可看人文字;凡借人物,不可损坏不还;凡吃饮食,不可拣择去取;与人同处,不可自择便利;凡人富贵,不可叹羡诋毁。凡此数事,有犯之者,足以见用意之不肖,于存心修身大有所害,因书以自警。"

[注] ①范益谦:宋代学者范冲,字益谦,曾主持重修宋神宗、宋哲宗两朝实录。②淫媟(xiè):放荡猥亵。③干(gàn)索:求取。

[译] 范冲座右铭说:"第一不议论朝廷的利害关系、边境文书和官职任命;第二不议论州县官吏的是非得失;第三不议论众人所犯的错误;第四不议论入仕谋求官职,趋炎附势;第五不议论钱财多少,嫌贫爱富;第六不议论猥亵轻慢,品评女性;第七不议论索取别人的钱物和索要酒食。"又写道:"别人委托带的书信,不可以拆看或拖延;和别人并排坐着,不可以偷看别人的私人信件;凡是到别人家里,不可以随意翻看别人写的文字;凡是借别人的东西,不可以有损坏甚至不还;凡吃东西,不可以挑来挑去;与人相处,不可以只顾自己方便;凡是别人富贵,既不赞叹美慕也不恶意毁谤。所有上面列举的这几件事,如果有人违犯了,就足以看出他的意图不够正派,对于潜心提高修养也有很大害处,因此写下来警示自己。"

【12—17】武王①问太公②曰:"人居世上,何得贵贱贫富不等?愿闻说之,欲知③是矣。"太公曰:"富贵如圣人之德,皆由天命。富者用之有节,不富者家有十盗。"武王曰:"何为十盗?"太公曰:"时熟不收

为一盗，收积不了为二盗，无事燃灯寝睡为三盗，慵懒不耕为四盗，不施工利为五盗，专行④切害⑤六盗，养女太多七盗，昼眠不起八盗，贪酒嗜欲九盗，强行嫉妒十盗。"武王曰："家无十盗，不富何如？"太公曰："人家必有三耗。"武王曰："何名三耗？"太公曰："仓廪漏滥不盖，鼠雀乱食为一耗；收种失时为二耗；抛撒米谷秽贱⑥为三耗。"武王曰："家无三耗，不富者何如？"太公曰："人家必有一错、二误、三痴、四失、五逆、六不祥、七奴、八贱、九愚、十强，自招其祸，非天降殃。"武王曰："悉愿闻之。"太公曰："养男不教训为一错，婴孩不训二误，初迎新妇不行严训三痴，未语先笑四失，不养父母五逆，夜起赤身六不祥，好挽他弓为七奴，爱骑他马为八贱，吃他酒劝他人为九愚，劝他饭食⑦朋友为十强。"武王曰："甚美，诚哉是言也！"

[注] ①武王：周武王，姓姬，名发。讨伐暴君商纣王，建立西周王朝。②太公：姜太公，姓姜，名尚，字子牙，被尊称为"太公望"。先后辅佐周文王建立霸业、助周武王消灭商纣王。③知：原作"之"，据新刻本改。④专行：独断独行。专，原作"单"，据哈佛本、新刻本、北大本、越南本、石印本改。⑤切害：特别严重。⑥秽贱：低劣。⑦食（sì）：给人吃。

[译] 周武王问姜太公说："人活在世上，为什么会有贵贱贫富的差异？希望听听您的说法，很想知道。"姜太公回答："富贵就像圣人的德行，都是由上天决定的。富裕的人家吃穿用度节俭，不富裕的人家有十种暗中损失钱财的情况。"武王问："这十种情况是什么？"太公回答："庄稼成熟不按时收取是第一种；收取储备不善始善终是第二种；没事点灯睡觉是第三种；懒散不耕种是第四种；出工不出力是第五种；独断专行严重是第六种；养育女儿太多是第七种；大白天睡觉不起床是第八种；好酒纵欲是第九种；强硬蛮横和相互嫉妒是第十种。"武王问："家里没有这十种情况，还是不富裕是怎么回事？"太公回答："这样的人家一定有三种损耗。"武王问："什么是三种损耗？"太公回答："仓库漏雨积水却不盖好，让老鼠麻雀乱吃粮食是第一种；收获播种错过季节是第二种；散落粮食使之降低品级是第三种。"武王问："家里没有这三种损耗，还是不富裕是为什么？"太公回答："那样的人家必有一过错、二失误、三痴傻、四失礼、五忤逆、六不祥、七低贱、八下贱、九愚蠢、十

蛮横，自己招来祸患，并非上天降下灾难。"武王说："希望您全部说出来听听。"太公回答："生下儿子却不教育训导是第一种过错；婴幼儿不趁早教育是第二种失误；刚迎娶的新娘不严加教育是第三种痴傻；还没说话就先笑是第四种失礼；不赡养父母是第五种忤逆；起夜时光着身子是第六种不祥；喜欢拉别人的弓是第七种低贱；爱骑别人的马是第八种下贱；喝别人的酒还反过来劝别人喝是第九种愚蠢；拿别人的饭来劝自己的朋友多吃是第十种蛮横。"武王说："太好了，这些话真是太对了！"

治政篇第十三

【13-1】程明道先生①曰："一命②之士，苟存心于爱物，于人必有所济。"

［注］①明道先生：北宋理学家程颢，号"明道"，人称"明道先生"。是理学的奠基者之一。②一命：周代的官阶从一命到九命，一命为最低的官阶。后用"一命"泛指低微的官职。原作"一介"，据诸本及《二程文集》卷十二程颐《伊川文集·明道先生行状》改。

［译］程颢说："一个官职低微的士人，如果能用心爱护万物，对于百姓也一定会有出于仁爱的帮助。"

【13-2】唐太宗①御制："上有麾②之，中有乘之，下有附之。币帛衣之，仓库食之，尔俸尔禄，民膏民脂③。下民易虐，上苍难欺。"

［注］①唐太宗：唐朝第二位皇帝李世民。在治政和军事方面能力超凡，开创了著名的"贞观之治"，爱好书法和文学。②麾（huī）：指挥。③民膏民脂：膏、脂，人体上的油脂。比喻人民用血汗换来的财富。

［译］唐太宗说："上面有人发号施令，中间就会有人乘机利用，下面就会有人随之应和。供给布帛让你穿，国库粮食让你吃，你的一切俸禄，都是人民的血汗换来的。底层百姓容易残害，巍巍上天难以欺瞒。"

【13-3】《童蒙训》曰："当官之法，唯有三事：曰清，曰慎，曰勤。知此三者，则知所以持身矣。"

［译］《童蒙训》说："当官的方法，只有三件事：清廉、谨慎、勤勉。知道了这三点，就知道修身立足的关键了。"

【13-4】《童蒙训》曰："当官者，必以暴怒为戒。事有不可，当详处之，必无不中。若先暴怒，只能自害，岂能害人。"

[译]《童蒙训》说："当官的人，一定要戒除大怒发火。事情有不妥，应当细致处理，这样就一定不会再有差错。如果先就大怒发火，只会害了自己，哪里会害到别人？"

【13—5】《童蒙训》曰："事君如事亲，事官长如事兄；与同僚如家人，待群吏如奴仆；爱百姓如妻子，处官事如家事。然后能尽吾之心。如有毫末不至，皆吾心有所未尽也。"

[译]《童蒙训》说："侍奉君主如同侍奉父母，侍奉长官如同侍奉兄长；与同僚相处要像一家之人，对待下属要像对待自家奴仆；爱护百姓就像对待妻子儿女，办理公事就像对待家里的事。这样才能做到尽心尽力。如果还有丝毫没能做到的，那都是因为我还没有竭尽全力。"

【13—6】或问："簿①，佐令者也。簿所欲为，令或不从，奈何？"伊川先生曰："当以诚意动之。今令与簿不和，只是争私意。令是邑之长，若能以事父兄之道事之，过则归己，善则唯恐不归于令，积此诚意，岂有不动得②人？"

[注]①簿：官职名，各级行政机构里负责文书档案的官。②得：的。

[译]有人问："县簿，是辅助县令的。县簿想要做的事，县令有时不同意，该怎么办呢？"程颐回答："应该用诚意来感动他。现今县令与县簿不和睦，只是私心在争斗。县令是一县之长，如果能以对待父亲兄长的方式对待他，过错都归于自己，好事就只担心不能归功于县令，这样的诚意日积月累，哪里还有不被感动的人？"

【13—7】《童蒙训》曰："凡异色①人，皆不宜与之相接。巫祝②、尼媪③之类，尤宜罢绝。要以清心省事为本。"

[注]①异色：与众不同的人。②巫祝：掌管占卜祭祀的人。③尼媪（ǎo）：尼姑。

[译]《童蒙训》说："凡是另类的人，都不适宜和他们交往。那些巫师、尼姑之类的人，尤其应该断绝联系。一切要以内心清静减少麻烦为本。"

【13—8】刘安礼①问临②民。明道先生曰："使民各得输③其情。"问御史。曰："正己以格物③。"

[注]①刘安礼：北宋人，程颐弟子刘安节的弟弟。②临：治理。

③格物：纠正人的行为。③输情：表达真情。输，原作"愉"，据诸本改。

[译]刘安礼询问怎样治理百姓。程颢回答："让老百姓各自都能发泄自己的情绪。"又问怎样当好御史。回答："先端正自己的行为，再来纠正别人的行为。"

【13—9】韩魏公①问明道先生。说："立朝②大概前面路子放教③宽，若窄时，异日和自家无转侧处④。"

[注]①韩魏公：北宋政治家、词人韩琦，宋英宗时被封为魏国公。②立朝：在朝中做官。③放教：使，让。④转侧处：相当于回旋的余地。转侧，转动身体。

[译]韩琦向程颢请教。程颢说："在朝中做官，大致应该把前面的路留得宽一些，如果路子留得窄，有朝一日会让自己没有回旋的余地。"

【13—10】子曰："不教而杀谓之虐，不戒视成①谓之暴，慢令致期②谓之贼。"

[注]①视成：要求成功。②致期：限期紧迫。

[译]孔子说："不事先教育而犯了错就杀人，这叫作虐；不事先告诫却要求马上成功，这叫作暴；下令时懈怠，突然又要求限期完成，这叫作贼。"

【13—11】子曰："举①直错②诸枉，则民服；举枉错诸直，则民不服。"

[注]①举：提拔。②错：通"措"，放置。

[译]孔子说："提拔正直的人放在邪恶的人之上，百姓就服从；提拔邪恶的人放在正直的人之上，百姓就不服从。"

【13—12】子曰："其身正，不令而行；其身不正，虽令不从。"

[译]孔子说："自身行为正直，不用发令，事情也能行得通；自身行为不正直，即使发令，百姓也不会听从。"

【13—13】子曰："言忠信，行笃敬，虽蛮貊①之邦行矣；言不忠信，行不笃敬，虽州里②行乎哉？"

[注]①蛮貊（mò）：古代称南方和北方的落后部族。②州里：泛指乡里或本土。

[译]孔子说："说话忠实守信，行为厚道恭敬，即使到了边远落后

的国家，也能行得通；说话不忠实守信，行为不厚道恭敬，即使在本乡本土，能行得通吗？"

【13—14】子贡曰："位尊者德不可薄，官大者政不可欺。"

［译］子贡说："地位高的人德行不能浅薄，官职大的人施政不能骗人。"

【13—15】子谓子产①："有君子之道四焉：其行己也恭，其事上也敬，其养民也惠，其使民也义。"

［注］①子产：姓公孙，名侨，字子产，春秋时郑国著名的贤相。

［译］孔子评论子产说："他有四种行为合于君子的道德：立身行事谦恭，对待君主敬重，养育百姓给予恩惠，驱使百姓合乎道义。"

【13—16】子张问仁于孔子。子曰："恭则不侮①，宽则得众，信则仁②任焉，敏则有功，惠则足以使人。"

［注］①侮：原作"悔"，据哈佛本、新刻本、北大本、越南本、石印本及《论语·阳货》改。②仁：通"人"。

［译］子张问孔子怎样做才叫仁。孔子说："恭敬就不会受到侮辱，待人宽厚就会得到人心，诚实守信就会被人任用，聪敏就容易获得成功，能施恩惠足以指挥别人。"

【13—17】子曰："君子惠而不费，劳而不怨，欲而不贪，泰而不骄，威而不猛。"

［译］孔子说："君子给百姓恩惠而不自己耗费，让百姓劳动而百姓没有怨言，自己有欲望而不贪婪，安详舒缓而不骄傲，有威严而不凶猛。"

【13—18】孟子曰："责难于君谓之恭，陈善闭邪谓之敬，吾君不能谓之贼。"

［译］孟子说："用高标准要求君王，这叫恭敬；向君王陈述良好的管理，堵塞他的邪念，这叫敬重；认为君王不能行善，这叫坑害。"

【13—19】《书》云："木以绳直，君以谏正。"

［译］《尚书》说："木材借助墨线才能变直，君主借助劝谏才能正直。"

【13—20】《抱朴子》①云："迎斧钺而正谏，据②鼎镬③而尽言④，此谓忠臣也。"

［注］①《抱朴子》：东晋道教大师葛洪自号"抱朴子"，并以此为自己的书命名。②据：按着。原作"扬"，据哈佛本、北大本、越南本、石印本及《抱朴子外篇·臣节》改。③鼎镬（huò）：鼎和镬是两种烹饪器，用鼎镬烹煮人是古代的酷刑之一。④尽言：原作"考问"，据哈佛本、新刻本、北大本、石印本及《抱朴子外篇·臣节》改。

［译］《抱朴子》说："面对锋利的斧头敢于直言规劝，按着沸腾的锅边也要把话说完，这样的人才叫忠臣。"

【13－21】忠臣不怕死，怕死不忠臣。

［译］忠臣不会怕死，怕死就不是忠臣。

治家篇第十四

【14-1】司马温公曰："凡诸卑幼，事无大小，毋得专行，必咨禀于家长。"

[译] 司马光说："凡是年龄幼小的晚辈，不管事情大小，都不能独断独行，一定要向家里的长辈请教禀告。"

【14-2】勤俭常丰，至老不穷。

[译] 勤劳节俭会常保富足，到老也不会贫穷窘困。

【14-3】待客不得不丰，治家不得不俭。

[译] 招待客人不能不尽量丰盛，管理家业不能不时时节俭。

【14-4】有钱常备无钱日，安乐须防病患时。

[译] 有钱时要常常预备没钱的日子，健康快乐时要预防生病的时候。

【14-5】健奴无礼，娇儿无孝。

[译] 勇猛的奴仆不懂礼节，受宠的孩子不会孝顺。

【14-6】教妇初来，教子婴孩。

[译] 管教媳妇要在她刚来的时候，教育孩子要在他幼小的时候。

【14-7】太公曰："痴人畏妇，贤女敬夫。"

[译] 太公说："痴愚的丈夫害怕老婆，贤惠的妻子敬重丈夫。"

【14-8】凡①使奴仆，先念饥寒。

[注] ①凡：原无，据诸本补。

[译] 凡是使唤奴仆，应该先想到他们是否挨饿受冻。

【14-9】时时防火发，夜夜备贼来。

[译] 时刻预防火灾发生，每晚防备小偷到来。

【14-10】子孝双亲乐，家和万事成。

［译］子女孝顺父母就快乐，家庭和睦万事能成功。

【14—11】《景行录》云："观朝夕之早晏，可以知人家之兴替。"

［译］《景行录》说："观察早晨起床晚上歇息的早晚，可以知道一家人的兴盛衰败。"

【14—12】司马温公曰："凡议婚姻，先当察其婿与妇之性行及家法如何，勿苟慕其富贵。婿苟贤矣，今虽贫贱，安知异时之不富贵乎？苟为不肖，今虽富贵，安知异时之不贫贱乎？妇者，家之所由盛衰也。苟慕一时之富贵而娶之，彼挟其富贵，鲜有不轻其夫而傲其舅姑①，养成骄妒之性，异日为患庸有极乎？借使②因妇财而致富，依妇势以取贵者，苟有丈夫之志气者，能无愧乎？"

［注］①舅姑：公公和婆婆。②借使：假如。

［译］司马光说："凡是商议婚姻，先要考察男方和女方的性情以及家教如何，不要随便贪慕对方的富贵。女婿如果有才干，虽然现在贫贱，但怎么知道有朝一日他就不会富贵呢？如果是不成才的人，虽然现在很是富裕，但怎么知道有朝一日他就不会贫贱呢？妻子，是家庭兴衰的关键。如果贪慕一时的富贵而娶了她，她倚仗自家的富贵，少有不藐视丈夫并对公婆傲慢的，养成骄横嫉妒的习性，他日为害哪会有尽头呢？假如是靠妻子家的财产来达到富裕的，是靠妻子家的权势来获得显贵的，如果是还有点大丈夫气概的人，心里能不感到惭愧吗？"

【14—13】安定胡先生①曰："嫁女必须胜吾家者，胜吾家者，则女之事夫，必钦必戒；娶妇必须不若吾家者，不若吾家者，则妇之事舅姑，必执妇道。"

［注］①安定胡先生：北宋思想家、教育家胡瑗，因居住在安定，世称安定先生。

［译］胡瑗说："嫁女儿必须嫁家境胜过自己家的，家境胜过自己家，那么女儿侍奉丈夫，一定会恭敬谨慎；娶媳妇必须娶家境不如自己家的，家境不如自己家，那么媳妇侍奉公婆，一定会遵守妇道。"

【14—14】男大不婚，如劣马无缰；女大不嫁，如私盐犯首。

［译］男子长大了还不娶亲，如同烈马没系缰绳一样狂野；女子长大了还不出嫁，如同贩卖私盐的首犯一样躲藏。

【14—15】文忠子①曰："婚娶而论财，夷虏之道也。"

[注] ①文忠子：即文中子，隋代思想家、教育家王通。其弟子给予私谥"文中子"，并编有师生问答的语录体哲学著作《中说》，又称《文中子》。引文见《中说》卷三。

[译] 王通说："谈婚论嫁而讲究钱财，这是野蛮人的做法。"

【14—16】司马温公曰："凡为家长，必谨守礼法，以御群子弟及家众①，分之以职，授之以事，而责成其功。制财用之节，量入以为出，称家之有无，以给上下之衣食、吉凶之费，皆有品节②，而莫不均一。裁省冗费，禁止奢华，常须稍存赢余，以备不虞。"

[注] ①家众：古代贵族之家的家臣、婢仆等。②品节：等级。

[译] 司马光说："凡是做家长的，必须谨慎遵守礼法，以便驾驭所有子弟和家里的下人，分配给他们职守，安排给他们事情，然后要求他们完成。制定钱财支出的标准，量入为出，根据家中收入的多少来提供全家上下的衣食以及喜事、丧事的费用，都有一定的等级差异，但无不公平如一。节省各项不必要的开销，禁止奢侈，常常要稍微存点结余的钱，以防备预料不到的开支。"

安义篇第十五

【15-1】《颜氏家训》曰："夫有人民而后有夫妇，有夫妇而后有父子，有父子而后有兄弟。一家之亲，此三者而已矣。自兹以往，至于九族①，皆本于三亲②焉。故于人伦③为重者也，不可不笃。"

[注] ①九族：从自己开始，上推父、祖、曾祖、高祖四代，下推子、孙、曾孙、玄孙四代。②三亲：夫妇、父子、兄弟。③人伦：封建社会规定的人与人之间相处的各种尊卑长幼关系。

[译]《颜氏家训》说："有了人类然后才有夫妻，有了夫妻然后才有父子，有了父子然后才有兄弟。一个家庭内部的亲属，就是这三种关系罢了。从这三者出发，上下各推四代的宗亲，都源于这三种亲属关系。因此在人与人之间的关系中，这三种是最重要的，不能不忠实地遵守。"

【15-2】曹大家①曰："夫妇者，以义为亲，以恩为合。欲行楚挞②，义欲何义？喝骂叱喧，恩欲何恩？恩义既绝，鲜不离矣。"

[注] ①曹大家（gū）：东汉时的班昭，《汉书》作者班固的妹妹，曹世叔的妻子。多次被召入宫为皇后及诸贵人当老师，著有《女诫》。家，通"姑"。"大姑"是古代对妇女的尊称。②楚挞：用鞭子、棍棒等打人。

[译] 曹大家说："夫妻之间，是靠礼义相互亲善，靠恩爱相互融洽。如果两人棍棒相加，那礼义还叫什么礼义？如果相互谩骂呵斥，那恩爱还叫什么恩爱？恩爱礼义都已经没有了，很少有不离异的。"

【15-3】庄子曰："兄弟为手足，夫妇为衣服。衣服破时更得新，手足断时难得续。"

[译] 庄子说："兄弟之情犹如人和手足，夫妻关系犹如人穿衣服。

衣服破了还可以换新的，手足断了就难以再接上。"

【15—4】苏东坡云："富不亲兮贫不疏，此是人间大丈夫。富则进兮贫则退，此是人间真小辈。"

［译］苏东坡说："富人不去亲近，穷人也不疏远，这才是世上的堂堂男子汉。是富人就巴结，是穷人就躲避，这就是世上真正的小人。"

【15－5】太公云："知恩报恩，风光如① 雅；知恩不报，非为人也。"

［注］①如：敦煌唐人写本《太公家教》作"儒"，较好。

［译］太公说："知道受了人家的恩惠就设法报答，显得体面文雅；知道受了人家的恩惠却不去报答，这不是做人的方法。"

遵礼篇第十六

【16-1】子曰："居家有礼，故长幼辨①；闺门②有礼，故三族③和；朝廷有礼，故官爵序；射猎有礼，故戎事闲④；军旅有礼，故武功成。"

［注］①辨：原作"办"，据诸本及《礼记·仲尼燕居》改。②闺门：内室的门，借指家庭。③三族：指父、子、孙三代。④闲：通"娴"，熟练。

［译］孔子说："居家生活有礼节，老少大小就能分清；家族之内有礼节，祖孙三代就很和睦；朝廷之上有礼节，官职爵位就有秩序；打猎之时有礼节，军事训练就很娴熟；军队之中有礼节，使用武力就能成功。"

【16-2】晏子①曰："上无礼，无以使下；下无礼，无以事上。"

［注］①晏子：春秋时齐国大夫晏婴，字平仲，后世也称为"晏平仲"。传世的《晏子春秋》是后人伪托。

［译］晏子说："地位高的人不懂礼节，就无法驱使下面的人；地位低的人不懂礼节，就无法侍奉上面的人。"

【16-3】子曰："恭而无礼则劳，慎而无礼则葸①，勇而无礼则乱，直而无礼则绞②。"

［注］①葸（xǐ）：畏惧的样子。②绞：说话尖刻伤人。

［译］孔子说："只是恭顺而不懂礼节，就会疲劳不堪；只是谨慎而不懂礼节，就会畏缩不前；只是勇敢而不懂礼节，就会胡乱做事；只是直率而不懂礼节，就会说话尖刻。"

【16-4】子曰："君子有勇而无礼为乱，小人有勇而无礼为盗。"

［译］孔子说："君子有勇气而不懂礼义就会出乱子，小人有勇气而不懂礼义就会做强盗。"

【16—5】孟子曰："君子所以异于人者，以其存心也。君子以仁存心，以礼存心。仁者爱人，礼者敬人。爱人者人恒爱之，敬人者人恒敬之。"

［译］孟子说："君子与一般人不同的地方，就在于居心不同。君子内心保存着仁爱，保存着礼义。仁爱的人爱别人，有礼的人敬重别人。爱别人的人别人也总是爱他，敬重别人的人别人也总是敬重他。"

【16—6】有子曰："礼之用，和为贵。"

［译］有子说："礼节的运用，是以和谐为贵。"

【16—7】言不和，貌且恭。

［译］言语有分歧，表情却还要恭敬。

【16—8】有子曰："恭近于礼，远耻辱也。"

［译］有子说："恭敬的态度符合礼节，就可以远离耻辱。"

【16—9】程子曰："无不敬。"

［译］程颐说："（施行礼节）不要不恭敬。"

【16—10】曾子曰："朝廷莫如爵，乡党①莫如齿②，辅世③长④民莫如德。"

［注］①乡党：家乡。②齿：年龄。③世：当世的国君。④长：统治。

［译］曾子说："在朝廷上最珍贵的是官位，在乡亲间最珍贵的是年龄，辅助君主统治百姓最珍贵的是德行。"

【16—11】孟子云："徐行后长者谓之弟，疾行先长者谓之不弟。"

［译］孟子说："慢慢行走，走在尊长的后面，这是敬重尊长；走得很快，抢在尊长的前面，这是不敬重尊长。"

【16—12】出门如见大宾，入室如有人。

［译］出门在外要像去拜见贵宾一样，回到家中要像有客人在场一样。

【16—13】《少仪》①曰："执虚如执盈，入虚如有人。"

［注］①《少仪》：《礼记》中的一篇，主要记载一些琐碎细小的礼仪。

［译］《礼记·少仪》说："拿着空器皿，要像拿着盛满东西的器皿一样小心谨慎；走进空房间，要像有人在场那样庄重有礼。"

【16-14】孔子于乡党①，恂恂②如也，似不能言者。

［注］①乡党：家乡，乡里。②恂恂（xún）：温和恭敬的样子。

［译］孔子在自己家乡，显得很温顺恭敬，好像不大会说话一样。

【16-15】若要人重我，无过我重人。

［译］如果想要别人尊重我，没有什么比得上我先尊重别人。

【16-16】太公曰："客无亲疏，来者当爱。"

［译］太公说："客人不要分关系亲近疏远，来访的都应当珍爱。"

【16-17】父不言子之德，子不谈父之过。

［译］父亲不谈论子女的善行，子女不谈论父亲的过错。

【16-18】栾共子①曰："民生于三，事之如一。父生之，师教之，君食之。非父不生，非食不长，非教不知。生之族也。"

［注］①栾共子：春秋时晋哀侯的大夫共叔成（栾共叔）。原作"乐正子"，据哈佛本、新刻本、北大本、越南本、石印本及《国语·晋语一》改。

［译］栾共子说："人在世间生活依靠三种人，侍奉他们要始终如一。父亲生养我，老师教育我，君主养活我。没有父亲就不能出世，没有食物就不能长大，没有教育就不懂道理。这三种人都是生命中的宗族先辈。"

【16-19】《礼记》云："男女不杂坐，不亲授。嫂叔不通问，父子不同席。"

［译］《礼记》说："男女不混杂坐在一起，不能亲手传递东西。嫂子和小叔子不互相问候，父亲和儿子不同坐一张座席。"

【16-20】《论语》曰："祭如在，祭神如神在。"

［译］《论语》说："祭祀祖先就如同祖先真在那里，祭祀神灵就如同神灵真在那里。"

【16-21】子曰："事死如事生，事亡如事存，孝之至也。"

［译］孔子说："侍奉死去的人如同生前一样，侍奉已不存在的人如同在世一样，这就是极尽孝道。"

存信篇第十七

【17-1】子曰："人而无信，不知其可也。大车无輗①，小车无轨②，其何以行之哉？"

[注] ①輗（ní）：衔接大车车辕和横木的活销。②轨（yuè）：连接小车车辕与横木的销钉。

[译] 孔子说："一个人如果不讲信用，不知道那怎么行。这就像大车没有輗、小车没有轨一样，那怎么能行走呢？"

【17-2】老子曰："人之有信，如车有轮。"

[译] 老子说："人要讲信用，就如同车要有轮子。"

【17-3】君子一言，快马一鞭。

[译] 君子说出一句话，就像抽了一鞭的快马一样难以追回。

【17-4】一言既出，驷马难追。

[译] 话已说出口，四匹马拉的车也难追上。

【17-5】子路无宿诺。

[译] 子路没有拖延兑现的承诺。

【17-6】司马温公曰："诚之道固难入，然当自不妄语始。"

[译] 司马光说："诚信的路径本来就很难进入，但是应当从不说假话开始。"

【17-7】《益智书》云："君臣不信国不安，父子不信家不睦，兄弟不信情不亲，朋友不信交易失。"

[译]《益智书》说："君臣之间没有信任，国家会不安定；父子之间没有信任，家庭会不和睦；兄弟之间没有信任，感情会不亲密；朋友之间没有信任，交情容易丢失。"

言语篇第十八

【18—1】 子曰："中人以上，可以语上也；中人以下，不可以语上也。"

［译］孔子说："具有中等以上智力的人，可以同他谈高深的知识；具有中等以下智力的人，不能同他谈高深的知识。"

【18—2】 子曰："可与言而不与之言，失人；不可与言而与之言，失言。知者不失人，亦不失言。"

［译］孔子说："值得同他交谈却没谈，这是错失人才；不该同他交谈却谈了，这是浪费言语。有智慧的人既不会错失人才，也不会浪费言语。"

【18—3】《士相见礼》曰："与君言，言使臣；与大夫言，言事君；与老者言，言使子弟；与幼者言，言孝弟①于父兄②；与众人言，言忠信慈祥；与居官者③言，言忠信。"

［注］①孝弟：即"孝悌"。孝，指对父母要孝顺；悌，指对兄长要敬重。这是儒家非常重视的伦理道德规范。②父兄：原作"父母"，据诸本及《仪礼·士相见礼》改。③居官者：原作"君子"，据诸本及《仪礼·士相见礼》改。

［译］《士相见礼》说："与君主交谈，要谈怎样使用臣子；与大官交谈，要谈怎样侍奉君主；与年老的人交谈，要谈怎样使唤子孙晚辈；与年幼的人交谈，要谈怎样孝顺父母尊敬兄长；与一般人交谈，要谈忠实诚信慈爱和善；与当官的人交谈，要谈忠诚守信。"

【18—4】 子曰："夫人不言，言必有中。"

［译］孔子说："一个人平时不轻易说话，一说话要能说中要害。"

【18—5】 刘会曰："言不中理，不如不言。"

[译] 刘会说："说话不合事理，不如不说。"

【18—6】一言不中，万语无用。

[译] 一句话没说对，再说一万句话来补救也没用。

【18—7】《景行录》云："稠人广坐①，一言之失，颜色之差，便有悔吝。"

[注] ①稠（chóu）人广坐：公共场合。稠，多。广坐，聚集坐在一起。

[译]《景行录》说："大庭广众之下，一句话失当，一个表情失当，就会带来悔恨。"

【18—8】子曰："小辨①害义，小言②害道。"

[注] ①辨：通"辩"，辩论。②言：原作"义"，据御制本、哈佛本、新刻本、北大本、越南本及《孔子家语·好生》改。

[译] 孔子说："争辩琐碎小事会损害大义，小处着眼的言论会破坏大道。"

【18—9】君平①曰："口舌者，祸患之门，灭身之斧也。"

[注] ①君平：西汉道家学者严遵，字君平，所著《老子指归》使道家学说更加系统。

[译] 严君平说："说话的口和舌，是祸患到来的入口，是毁灭自身的刀斧。"

【18—10】四皓①谓子房②曰："向兽弹琴，徒尽其声音也哉。以言伤人，痛如刀戟。"

[注] ①四皓：秦末东园公、角（lù）里先生、绮里季、夏黄公隐于商山，出山时的年龄都是八十余岁，时称"商山四皓"。②子房：张良，字子房，汉高祖刘邦的重要谋臣。

[译] 商山四皓对张良说："对着兽类弹琴，是白白浪费音乐。用言语中伤别人，会让人像被刀枪刺中一样痛苦。"

【18—11】荀子曰："与人善言，暖如布帛①；伤人之言，深如矛戟。"

[注] ①暖如布帛：原作"复如布用"，据御制本、哈佛本、新刻本、北大本、石印本及《荀子·荣辱》改。

[译] 荀子说："对人说好话，别人像穿丝麻衣服一样得温暖；恶语

中伤人，别人像被兵器刺伤一样伤得深。"

【18—12】《离骚经》^①云："甜言如蜜，恶^②语如刀。人不以多言为益，犬不以善吠为良。"

［注］①《离骚经》：即战国时屈原所作《离骚》，但《离骚》中无此处引文。②恶：原作"苦"，据哈佛本、新刻本、北大本改。

［译］《离骚》说："好话如同蜜糖，恶语如同刀枪。人不是话多就好，狗不是爱叫就好。"

【18—13】钢刀疮^①易可^②，恶语痛难消。

［注］①疮：创伤。②可：痊愈。

［译］钢刀造成的伤容易痊愈，恶语带来的痛难以消除。

【18—14】利人之言，暖如绵丝；伤人之语，利如荆棘。一言半句，重直^①千金；一语伤人，痛如刀割。

［注］①直：通"值"，价值。

［译］对人有益的话，如棉丝一样温暖；伤害别人的话，如荆棘一样尖利。一言半句好话，价值超过千金；一语中伤他人，痛苦如同刀割。

【18—15】口是伤人斧，唇是割舌刀^①。闭口深藏舌，安身处处牢。

［注］①唇是割舌刀：御制本作"舌是斩人刀"，较好。

［译］嘴巴是伤害人的斧子，舌头是杀害人的刀子。闭嘴不搬弄口舌，处处都过得安稳。

【18—16】子贡曰："一言以为智，一言以为不智，言不可不慎也。"

［译］子贡说："一句话可以表现出聪明，一句话也可以表现出愚昧，所以说话不能不谨慎。"

【18—17】《论语》云："一言可以兴邦，一言可以丧邦。"

［译］《论语》说："一句话可以使国家兴旺，一句话也可以让国家灭亡。"

【18—18】《藏经》^①云："人于怆悴^②颠沛^③之际善用一言者，上资祖考^④，下荫^⑤儿孙。"

［注］①《藏经》：又叫《大藏经》《一切经》，是佛教经典的总称。此处引文不见于《大藏经》，而见于清人编的道教书《太上感应篇集注》《阴骘文注》等，标明是道教神玄帝（真武）垂训。故御制本作"道

经"，似可从。②怆悴：同"仓卒"，突发的变故。③沛：原无，据御制本、哈佛本、新刻本、北大本、石印本补。④祖考：祖先。⑤荫：子孙因先人有功而得到封赏或免罪。

［译］道经中说："人在窘迫困顿的时候善于运用一句好话，上可以有利于祖先，下可以造福于子孙。"

【18-19】逢人且说三分话，未可全抛一片心。

［译］对人只能说十分之三的想法，不能把所有心思都表露出来。

【18-20】子曰："巧言令色，鲜矣仁。"

［译］孔子说："花言巧语、装出和颜悦色的人，很少讲仁义。"

【18-21】酒逢知己千钟①少，话不投机一句多。

［注］①钟：装酒的器皿。

［译］遇到知己，喝上千杯酒也嫌少；性情不合，说上一句话也多余。

【18-22】能言能语解人①，胸宽腹大。

［注］①解人：能够理解和明白事理的人。

［译］能说会道明白事理的人，心胸开阔，肚量很大。

【18-23】荀子云："赠人以言，重如金石珠玉；劝①人以言，美如诗赋文章；听②人以言，乐如钟鼓琴瑟。"

［注］①劝：勉励。②听：使……听。

［译］荀子说："用善言赠送别人，像送金石珠玉一样贵重；用善言鼓励别人，像让人欣赏诗赋文章一样美妙；把善言讲给别人听，像让人欣赏钟鼓琴瑟一样喜悦。"

【18-24】子曰："恶人难与言，逊避以自勉。"

［译］孔子说："坏人很难同他交谈，要避开他并勉励自己不学坏人。"

【18-25】子曰："道听而途说，德之弃也。"

［译］孔子说："在道路上听到没有根据的话就传播，这是背弃道德的行为。"

交友篇第十九

【19—1】子曰："与善人居，如入芝兰①之室，久而不闻其香，即与之化矣；与不善人居，如入鲍鱼②之肆③，久而不闻其臭，亦与之化矣。丹④之所藏者赤，漆之所藏者黑，是以君子必慎其所与处者焉。"

［注］①芝兰：芝和兰，两种香草。②鲍鱼：咸鱼，气味腥臭。③肆：铺子。④丹：朱砂，一种红色矿物，可制作颜料、药剂等。

［译］孔子说："和品德高尚的人在一起，就像进入放有芝草兰花的屋子里一样，时间长了就闻不到香味，但自己已经和它一样充满香气了；和品行低劣的人在一起，就像到了卖咸鱼的店铺一样，时间长了就闻不到臭味，也是自己已经融入环境里了。朱砂存放的地方会被染红，漆存放的地方会被染黑，所以君子必须慎重地选择与自己相处的人。"

【19—2】子曰："与好人交者，如兰蕙之香，一家种之，两家皆香；与恶人交者，如抱子上墙，一人失脚，两人遭殃。"

［译］孔子说："与品德好的人交往，如同兰草蕙草的香气，一家种植，两家都能分享；与品德不好的人交往，如同抱着小孩爬上墙，一人失足，两人一起遭殃。"

【19—3】《家语》云："与好人同行，如雾露中行，虽不湿衣，时时有润；与无识人同行，如厕中坐，虽不污衣，时时闻臭；与恶人同行，如刀剑中，虽不伤人，时时惊恐。"

［译］《家语》说："与有才德的人同行，如同在有雾的早晨行走，虽然不会弄湿衣服，但会时时接受浸润；与没有见识的人同行，如同在厕所中坐着，虽然不会弄脏衣服，但会时时闻到臭味；与邪恶的人同行，如同处在刀光剑影中，虽然不会伤害到人，但会时时感到惊恐。"

【19—4】太公曰："近朱者赤，近墨者黑。近贤者明，近才者智，

近痴者愚，近良者德，近智者贤，近愚①者暗，近佞者谄，近偷者贼②。"

[注] ①愚：原作"恶"，据诸本改。②贼：邪恶，不正派。

[译] 太公说："接近朱砂就会变红，接近黑墨就会变黑。接近贤德的人会变明智，接近有才的人会变聪明，接近呆笨的人会变愚蠢，接近善良的人会变仁慈，接近聪慧的人会变贤明，接近愚蠢的人会变昏昧，接近奸佞的人会变得谄媚，接近偷盗的人会变得邪恶。"

【19-5】横渠先生①曰："今之朋友，择其善柔②以相与③，拍肩执袂以为气合④，一言不合，怒气相加。朋友之际，欲其相下⑤不倦。故于朋友之间主于敬⑥者，日相亲与⑦，德⑧效最速。"

[注] ①横渠先生：张载，北宋哲学家、教育家，理学创始人之一。郿县横渠镇人，世称"横渠先生"。②善柔：阿谀奉承的人。③相与：交往，结交。④气合：志趣相投。"气"原作"与"，据张载《经学理窟·气质》改。⑤相下：互相谦让。⑥主于敬：主，保持；敬，内心恭敬。"主敬"原指保持内心恭敬，后来成为宋明理学主张的道德修养方法，要求增强礼节的约束，在言行举止上严于律己。⑦亲与：密切交往。⑧德：通"得"。

[译] 张载说："现在结交朋友，往往选择那些阿谀奉承的人来交往，拍着肩膀拉着袖子看起来很投机，一旦一句话没说对，马上就朝对方发火。朋友的交往，要不厌其烦地互相谦让。因此要在朋友中选择恪守内心恭敬的人，每天友好交往，这样取得效果最快。"

【19-6】子曰："晏平仲①善与人交，久而敬之。"

①晏平仲：春秋时齐国大夫晏婴。

[译] 孔子说："晏子善于与人交往，时间长了人们都敬重他。"

【19-7】嵇康①曰："阴险之人，敬而远之；贤德之人，亲而敬之。彼以恶来，我以善应；彼以曲来，我以直应。岂有怨之哉？"

[注] ①嵇康：三国魏文学家、思想家，"竹林七贤"之首。

[译] 嵇康说："阴险狠毒的人，要敬畏而疏远他们；拥有美德的人，要亲近并敬重他们。别人带着恶意来，我就用善意对待；别人带着邪念来，我就用正直对待。这样难道还有怨恨你的吗？"

【19-8】孟子曰："自暴①者，不可与有言；自弃②者，不可与有

为也。"

［注］①自暴：孟子的原意指不遵守礼义，自己损害自己。暴，损害。②自弃：孟子的原意指心里不想着仁义，做事不遵循道义，自己抛弃自己。

［译］孟子说："自己损害自己的人，不能和他谈出有价值的话；自己抛弃自己的人，不能和他做出有价值的事。"

【19-9】子曰①："责善，朋友之道也。"

［注］①引文见于《孟子·离娄下》，是孟子说的。

［译］孟子说："鼓励对方品格完美，这是朋友交往的原则。"

【19-10】结交须胜己，似我者不如无。

［译］朋友要结交超过自己的，只是与我相当的还不如不要。

【19-11】太公曰："女无明镜，不知面上精粗；士无良友，不知行步亏逾①。"

［注］①亏逾：亏，欠缺；逾，过头。

［译］太公说："女子没有明亮的镜子，就不知道脸面上是细嫩还是粗糙；男子没有直率的朋友，就不知道行为上是欠缺还是过头。"

【19-12】古人结交惟结心，今人结交惟结面。

［译］古代人交友只注重心灵相通，现代人交友只看重表面相合。

【19-13】宋宏①曰："糟糠之妻不下堂②，贫贱之交不可忘。"

［注］①宋宏：东汉初年大臣宋弘。②下堂：女子被丈夫抛弃或与丈夫离婚。

［译］宋弘说："患难时共度的妻子不要遗弃，贫贱时结交的朋友不要忘记。"

【19-14】施恩于未遇①之先，结交于贫寒之际。

［注］①未遇：不被赏识，不得志。

［译］施予恩惠，要在对方还没发迹的时候；结交朋友，要在对方贫苦穷困的时候。

【19-15】为人常似初相见，到老终无怨恨心。

［译］与人交往如果常常像刚结识的时候，那么一直到老都不会产生怨恨之心。

【19-16】酒肉弟兄千个有，急难之中一个无。

〔译〕可以一起吃喝玩乐的弟兄一千个都有，但危难之时能共同渡过的不见一个。

【19—17】不结子花休要种，无义之人不可交。

〔译〕不会结果的花不要栽种，不讲情义的朋友千万别交。

【19—18】君子之交淡如水，小人之交甘若醴①。

〔注〕①醴（lǐ）：甜酒。

〔译〕君子之间的交往清淡如水，小人之间的交往甜美如酒。

【19—19】人用财交，金用火试。

〔译〕人用钱财来识别，真金用烈火来检验。

【19—20】水持杖探知深浅，人与财交便见心。

〔译〕水拿棍棒来试探就能知道深浅，人用钱财来交往就能看出真假。

【19—21】仁义莫交财，交财仁义绝。

〔译〕看重仁义就不要用钱财交往，用钱财交往仁义就会断绝。

【19—22】路遥知马力，日久见人心。

〔译〕路途遥远才能了解马的力气大小，时间长了才能识别人心的好坏。

妇行篇第二十

【20-1】子曰："妇人，伏①于人也。是故无专制之义，有三从之道——在家从父，适②人从夫，夫死从子，无所敢自遂也。教令不出闺门，事在馈食之间而已矣。是故女及日③乎闺门之内，不百里而奔丧④。事无擅为，行无独成。参知而后动，可验而后言。昼不游庭，夜行以火。所以正妇德也。"

［注］①伏：通"服"，服从。②适：出嫁。③及日：终日。④不百里而奔丧：古代，女子如果嫁到别国，除了奔父母之丧，不能跨越国界参加其他人的丧事。

［译］孔子说："妇人，就是服从别人。因此没有独断专行的道理，只有'三从'的规范——在家时听从父亲的，嫁人后听从丈夫的，丈夫死后听从儿子的，没有敢自作主张的事情。妇人的命令不能管到家庭以外，她们做的事只是烧火做饭罢了。所以女子只能整天生活在家里，出嫁后不能跑到百里之外去参加除父母以外人的丧事。不要擅自做事，不要单独行动。了解清楚再动手，可以验证再发言。白天不在庭院游玩，夜晚拿着灯火行走，没有灯火就不要出门。这些是用来端正妇女品德的。"

【20-2】《益智书》云："女有四德之誉：一曰妇德，二曰妇容，三曰妇言，四曰妇工。妇德者，不必才明绝异；妇容者，不必颜色美丽；妇言者，不必辩口利词①；妇工者，不必伎巧过人也。其妇德者，清贞廉节，守分整齐②，行止有耻，动静有法，此为妇之德也；妇言者③，择辞而说，不谈非语④，时⑤然后言，人不厌其言，此为妇言也；妇容者，洗浇尘垢，衣服鲜洁，沐浴及时，一身无秽，此妇容也；妇工者，专勤纺织，勿好晕酒，供其甘旨，以奉宾客，此妇工也。此四者，是妇

人之大德也，为之甚易，务在于正。依此而行，是为妇节也。"

[注] ①辨口利词：能说会道。辨口，即"辩口"，说话善辩；利口，口齿伶俐。②整齐：端庄。③者：原无，据新刻本补。④非语：无礼或不正经的话。⑤时：找准时机。

[译]《益智书》说："女子有四种德行可以赢得赞誉：一是妇德，二是妇容，三是妇言，四是妇工。妇德，不一定要才智出众；妇容，不一定要容貌美丽；妇言，不一定要伶牙俐齿；妇工，不一定要技艺超人。妇德是指忠贞清白，安守本分，举止知道羞耻，行为懂得规矩，这就是妇德；妇言是指说话要有选择，不说不适宜的话，时机适合再发言，别人不讨厌她的话，这就是妇言；妇容是指清洗灰尘污垢，衣服干净整洁，洗头洗澡及时，全身没有脏物，这就是妇容；妇工是指专心纺纱织布，不要好酒贪杯，能够做出味美的食物来款待宾客，这就是妇工。这四方面，是妇女最大的美德，做起来很容易，关键是要态度端正用心去做。按照这四点去实践，这就是妇女的节操。"

【20-3】太公曰："妇人之礼：语必细轻，行必缓步，止则敛容，动则跸跙①。耳无余听，目无余视。出无诌容，废饰裙褶②，不规③，不越庭户。早起夜眠，莫惮劳苦。战战兢兢，常忧玷辱。"

[注] ①跸跙（xiángjū）：缓步行走的样子。②褶（zhé）：衣物上的皱褶。③规：通"窥"，偷看。

[译] 太公说："妇女的礼仪：说话一定要轻言细语，行走一定要步履缓慢。休息时要严肃端庄，走路时要款款而行。耳朵不听多余的声音，眼睛不看多余的东西。外出时没有诌媚的表情，连裙子上的皱褶修饰也不要，不偷看张望，不轻易走出庭院。早起晚睡，不怕劳累辛苦。谨小慎微，常常担心蒙受耻辱。"

【20-4】贤妇令夫贵，恶妇令夫贱。

[译] 贤惠的妻子让丈夫显贵，凶恶的妻子让丈夫卑微。

【20-5】家有贤妻，丈夫不遭横事。

[译] 家中有贤惠的妻子，丈夫不会遭受意外的灾祸。

【20-6】贤妇和六亲，佞妇破六亲。

[译] 贤惠的妻子使家人和睦，奸猾的妻子使家人不和。

【20-7】或问："媚妇于礼似不可取，如何？"伊川先生曰："凡娶，

以配身也，若娶失节者，是已失节也。"又问："或有孀妇贫穷无托者，可再嫁否？"曰："只是后世怕饥寒死，故有是说。然饿死事极小，失节事极大。"

［译］有人问："寡妇在礼义上好像不能娶，是怎么回事呢？"伊川先生回答："凡是娶妻子，是用来同自己搭配的，如果娶了失去贞节的妻子，这等于是自己已失去了节操。"又问："如果有贫困而没有依靠的寡妇，可以再嫁人吗？"伊川先生回答说："只是后代人怕饿死冻死，所以才拿这个作为借口。然而饿死的事情微不足道，失去贞节的事情就极其重大了。"

【20－8】《列女传》[1]曰："古者妇人妊子，寝不侧，坐不边，立不跸[2]；不食邪味，割不正不食，席不正不坐；目不视邪色，耳不听淫声；夜则令瞽[3]诵诗，道正事。如此则生子形容端正，才过人矣。"

［注］①《列女传》：西汉刘向著，是一部以儒家观点介绍中国古代妇女事迹的书。②跸（bì）：站立不正。③瞽（gǔ）：本义是眼睛失明，因为古代以盲人为乐官，所以"瞽"可以代指乐师。

［译］《列女传》说："过去的妇女怀了孩子，睡觉时不会侧着身子，坐着时不会靠着边缘，站立时不会歪歪倒倒；不吃有怪异味道的东西，肉割得不正不吃，席子放得不正不坐；眼睛不看不纯的颜色，耳朵不听杂乱的声音；到晚上就让乐师朗读诗歌，谈正经的事。这样一来，生下的孩子就会容貌端庄，才智过人。"

重刊《明心宝鉴》序

　　尝闻鉴能照物而妍媸①无或遗也。《郁离子》曰："明鉴照胆②，不启栊③帘之颜。"今以"鉴"名书，而有明心之益，不谓之"宝"而何哉？虽然鉴有照胆之明，而栊帘之颜尚尤不启，矧④能明其心乎？呜呼！通是说者，可谓知其道矣。何也？鉴固可以照形，而理尚可以明心，正汤之《盘铭》之意。有曰：汤以人之洗濯之心以去恶，如沐浴其身以去垢，故铭其盘。今书名《宝鉴》，是集群圣之大成，萃⑤诸贤之蕴奥⑥，其义惟在明善复初，穷理尽性，而有日新之益，其心得不因此而明焉？予平生珍爱是书，于侍御之暇，朝夕披览，其所喜者，字句立意多以忠孝为先。但其中字多舛讹⑦，遂播正⑧拾遗，捐俸锓梓⑨，以广其传，俾人同归于忠孝之域矣，其于世教未必无小补云。

　　　　大明嘉靖　岁次癸丑仲秋上澣⑩之吉　守庵曹玄　序

　　[注] ①妍媸（yánchī）：妍，相貌美；媸，相貌丑。②照胆：相传秦时咸阳宫中有大方镜，能照见人的肠胃五脏，以此知道病人哪里有病、女子是否有邪心等。后用"照胆"夸大镜子照见人物的作用。③栊（lóng）：窗户。④矧（shěn）：怎么。⑤萃：聚集。⑥蕴奥：精深的含义。⑦舛（chuǎn）讹：差错。⑧播正：疑当作"审正"，审定正误。⑨锓梓（qǐnzǐ）：刻板印刷。锓，雕刻；梓，雕刻印书的木版。⑩上澣（huàn）：上旬。

　　[译] 曾经听说镜子能照见万物而且美丑都能显现无遗。明代刘基《郁离子》说："明镜能照见人的心胆，却不能显现窗帘遮住的脸面。"现在用"鉴"来为书取名，有让人心境明净的好处，不称它为"宝"又称作什么呢？虽然镜子的光亮能照见人的心胆，但窗帘背后的脸面尚且

不能显现，又怎么能让人心境明净呢？哎，搞清楚这一说法，就可以算是懂得了其中的道理。为什么呢？镜子固然可以照见形体，而义理还可以照亮心灵，这正是商汤王《盘铭》中表达的意思。相传，商汤王利用人的洗涤之心来去除邪恶，就如同人要清洗身体来去除污垢一样，所以在自己的洗澡盆上刻下铭文。现在书取名为《宝鉴》，这是汇集了圣贤们的思想精华，融会了古书中的精深含义，目的只在于显扬善心，恢复本性，深究事理，明晓人情，而且有天天除旧更新的好处，人的心灵能不因此而被照亮吗？我平生珍惜喜爱这本书，在侍奉皇上的空闲时候，早晚翻阅，其中最喜爱的，是它的语句和用意大多把尽忠尽孝放在首位。然而书中的文字有不少错误，于是审定正误，补充遗漏，捐出薪金来刻板印刷，以便这本书流传更广，使人们共同达到尽忠尽孝的境地，这对于当代的正统教育未必没有一点点帮助。

明代嘉靖农历癸丑年（1553）**八月上旬吉日**
守庵曹玄作序

附录一
《御制重辑明心宝鉴》
二卷（节录）

《御制重辑明心宝鉴》上卷

继善篇第一

【1—1】太公曰："义胜欲者昌，欲胜义者亡。敬胜怠者吉，怠胜敬者灭。"

［译］太公说："道义胜过私欲的人会兴盛，私欲胜过道义的人会灭亡。慎重胜过怠慢的人会吉利，怠慢胜过慎重的人会灭亡。"

【1—2】孟子曰："鸡鸣而起，孳孳①为善者，舜之徒也；鸡鸣而起，孳孳为利者，蹠②之徒也。"

［注］①孳孳（zī）：努力不懈。②蹠（zhí）：或称"跖"，相传是春秋战国时期带领民众起义的反叛者，当时的统治者贬称其为"盗"。

［译］孟子说："鸡一叫就起床，努力不懈地做善事的，是舜一类的人；鸡一叫就起床，毫不停止地追逐利益的，是跖一类的人。"

【1—3】汉明帝问东平王苍①："处家何者最乐？"王曰："为善最乐。"

［注］①东平王苍：东汉光武帝刘秀的第八个儿子刘苍，封东平王。

［译］汉明帝问东平王刘苍说："平常在家里什么事情最快乐呢？"刘苍回答说："做好事最快乐。"

【1—4】天道无亲，常与善人。

［译］老天对人没有偏爱，常常帮助善良的人。

【1—5】董仲舒①曰："积善在身，犹长日益而不自知也；积恶在身，犹火销膏②而人不见也。"

［注］①董仲舒：西汉思想家、政治家，著有《春秋繁露》一书。②膏：灯油。

［译］董仲舒说："积累好事在身上，就像人一天天长大而自己没有感觉；积累恶事在身上，就像灯火慢慢耗掉灯油而人不易察觉。"

【1—6】枚乘①曰："积德累行，不知其善，有时而用；弃义背理，不知其恶，有时而亡。"

［注］①枚乘：西汉著名辞赋家，以《七发》最为有名。

［译］枚乘说："积累德行，不知有什么好处，但总有时候会起到作用；背弃道义，不知有什么坏处，但总有时候会导致毁灭。"

【1—7】宋太宗谕宰相曰："流俗有言，人生如病疟，于大寒大热中度岁，不觉渐成衰老。苟不竞为善事，虚度光阴，良可惜也。"

［译］宋太宗告诉宰相说："民间流传这样的说法，人的一生犹如得了疟疾，在大冷大热中过日子，不知不觉中渐渐衰老。如果不争着做善事，虚度了光阴，那就太可惜了。"

【1—8】《张子正蒙》①曰："纤恶必除，善斯成性；察恶未尽，虽善亦粗。"

［注］①《张子正蒙》：北宋哲学家张载撰，是一部发展了儒家思想的重要哲学著作。

［译］《张子正蒙》说："微小的邪恶都必须去除，善才能成为德行；审察邪恶还有遗漏，即使有善也会粗疏。"

【1—9】张范阳①曰："一念之善，则和气②祥风；一念之恶，则妖星③厉鬼④。"

［注］①张范阳：南宋官员、理学家张九成，字子韶，自号横浦居士。因其祖先是涿郡范阳（河北涿州）人，故称"张范阳"。②和气：吉利的祥瑞之气。③妖星：预兆灾祸的星。④厉鬼：凶恶的鬼。

［译］张范阳说："一个善意的念头，会招来祥和的风气；一个邪恶的念头，会招来灾星恶鬼。"

【1—10】《颜氏家训》云："佐饔①得尝，佐斗得伤。"

［注］①饔（yōng）：制作菜肴。

［译］《颜氏家训》说："协助别人做菜可以先得品尝，帮助别人打架自己也会受伤。"

【1—11】好生者祥，好杀者殃。

［译］爱惜生命的人吉祥，喜好杀戮的人遭殃。

【1—12】救人一命，胜造七级浮图①。

［注］①浮图：又称"浮屠"，指佛塔。为佛寺建造宝塔是佛教积善修德的一种方式，造九层佛塔的功德最大。

［译］救人一条命，比建造七层佛塔的功德还大。

【1—13】诸恶莫作，众善奉行。

［译］各种坏事都不要去做，所有善事都可以践行。

【1—14】日日行方便，时时发善心。

［译］天天给人方便，时时产生善心。

天理篇第二

【2—1】《易》曰："天道亏盈而益谦①，地道变盈而流谦，鬼神害盈而福谦，人道恶盈而好谦。"

［注］①天道亏盈而益谦：亏，减损；谦：虚弱。同样是太阳，刚出来时往上升，这是益谦；到达最高处就下落，这是亏盈。

［译］《周易》说："天的法则是减少充满的而增加虚弱的，地的法则是改变充满的而充实虚弱的，鬼神的法则是加害充满的而降福虚弱的；人的法则是厌恶充满的而喜好虚弱的。"

【2—2】《书》曰："惠迪①吉，从逆凶，惟影响②。"

［注］①惠迪：顺从天道。惠，顺从；迪，道理。②影响：影子和回声。

［译］《尚书》说："顺从天道就吉祥，违逆天道就遭殃，吉凶的报应如同形体必定有影子，声音必定有回应。"

【2—3】老子曰："天之道，损有余补不足。"

［译］老子说："自然的法则，是减损多余的来补充不足的。"

【2—4】庄子曰："为不善于显明之中者，人得而诛之；为不善于幽闲之中者，鬼得而诛之。"

［译］庄子说："在世间做了恶事的人，会受到人的惩罚；在阴间做了恶事的人，会受到鬼的惩罚。"

【2—5】申包胥①曰："天定②能胜人，人定亦能胜天。"

［注］①申包胥：春秋时楚国大夫。②天定：上天的定数。

［译］申包胥说："自然的定数能胜过人，人的力量也能够战胜自然。"

【2—6】王嘉①曰："应天以实不以文。下民微细，犹不可诈，况于

上天神明，而可欺哉？"

[注] ①王嘉：西汉大臣，汉哀帝时为丞相，为官刚直威严。

[译] 王嘉说："顺应上天要靠实实在在而不是华而不实。普通百姓地位低下，尚且不能欺诈他们，何况是天上的神灵，怎么可以欺骗呢？"

【2—7】苏轼曰："人无所不至，惟天不容伪。"

[译] 苏轼说："人没有什么事不能做，只有上天是不能欺诈的。"

【2—8】朱子①曰："不求人知而求天知，不求同俗而求同理。"

[注] ①此处引文不见于朱熹著作，而见于南宋吕祖谦《宋文鉴》卷九二载北宋谢良佐《论语解序》。

[译] 谢良佐说："不期望人能知道，只求上天知道；不期望生活习俗相同，只求做事原则相同。"

【2—9】君子循天理，故日进于高明；小人徇人欲，故日流于污下。

[译] 君子遵循天的法则，所以每天增长智慧；小人顺从人的欲望，所以每天滑向鄙陋。

【2—10】杨子①曰："天理人欲，同行异情。循理而公于天下者，圣贤之所以尽其性也；纵欲而私于一己者，众人之所以灭其天也。"

[注] ①杨子：北宋哲学家杨时，是程颢、程颐的四大弟子之一。引文见朱熹《四书章句集注·孟子集注·梁惠王下》，是朱熹引了杨时的话后接着说的，此处误录。

[译] 朱熹说："天理和人欲，行为相同而实情不同。遵循天理而对天下人公正，这是圣贤在发挥自己的本性；放纵欲望而一心为自己，这是众人在毁灭自己的天良。"

【2—11】真德秀曰："天之明命，至为可畏。常人视之，邈①乎幽显②之隔；圣人视之，了然心目之间。"

[注] ①邈（miǎo）：遥远。②幽显：阴间和阳间。

[译] 真德秀说："上天明确的定数，非常可怕。平常人看来，遥远得像阴间和阳间之隔；圣人看起来，如在眼前一样明了。"

【2—12】谢良佐①曰："天理与人欲相对，有一分人欲，即减却一分天理。存一分天理，即胜得一分人欲。"

[注] ①谢良佐：北宋理学家，和游酢、杨时、吕大临并称二程（程颢、程颐）的"四大弟子"。

［译］谢良佐说："天理和人欲相对应，有一分人欲，就减掉一分天理。有一分天理，就胜过一分人欲。"

【2—13】赵阅道①曰："吾昼之所为，夜必焚香以告于天。若不可告者，不敢为也。"

［注］①赵阅道：北宋文学家赵抃，字阅道。

［译］赵阅道说："我白天做的事情，晚上必定焚香告诉上天。如果是不能告诉上天的事，我就不敢去做。"

【2—14】邵子曰："人循天理而动者，造化在我也。"

［译］邵雍说："一个人遵循天理而行动，福运就全在自己这里了。"

【2—15】《说苑》云："有阴德者，必有阳报；有隐行者，必有显名。"

［译］《说苑》说："积了阴德的人，必定有阳世的好报；有不为人知的善行，必定会有人所共知的名声。"

【2—16】邓天君训云："人有难明之事，天无不报之条。人能巧于机谋，天道巧于报应。"

［译］邓天君训导说："人有弄不明白的事情，上天却没有不报应的说法。人的才能是善于计谋，上天的法则是善于报应。"

【2—17】《笔畴》①云："小人不知天命，咸谓为善未必得福，为恶未必得祸，殊不知天数乘除②，亦必有定，报应有时耳。自古以来，未有不报之理，不归其身，必归其子孙。"

［注］①《笔畴》：明代王达写的一本随笔，表达的多是抑郁愤世的言论。②乘除：比喻人事的盛衰、消长等变化。

［译］《笔畴》说："小人不懂得天命，都认为做善事未必能获得福运，做恶事未必能遭受灾祸，殊不知上天安排命运的变化，也必有定数，报应是有时机的。自古以来，没有善恶不报的道理，不在自己身上报应，就一定在他子孙身上报应。"

【2—18】《厚生训纂》①云："为善得祸者，乃是为善未到；为恶得福者，乃是为恶未深。"

［注］①《厚生训纂》：明代官吏周臣汇编的以介绍养生保健、医疗卫生知识为主的书。

［译］《厚生训纂》说："做善事却遭受灾祸，那是行善还不够；做

恶事却得到福运，那是作恶还不深。"

【2—19】天道远，人道迩^①；顺人情，合天理。

［注］①迩（ěr）：近。

［译］天道遥远，人道很近；在顺应人情时，也必须合于天理。

【2—20】语云："人事尽时，天理自见。"

［译］俗话说："人为的努力到了尽头，天理自然就会显现出来。"

【2—21】时时体认天理，事事要合人心。

［译］时时体察认识天理，事事都要合乎人心。

【2—22】积善虽无人见，存心自有天知。

［译］积累善行虽然没人看见，保存善心自然天会知道。

【2—23】使心用心，终害自身。

［译］玩弄心计，终害自己。

【2—24】天理常存，人心不死。

［译］上天的公道常在，人的善良本性不会消失。

【2—25】顺理行将^①去，从天分付^②来。

［注］①行将：行，行事。将，放在动词后，无实义。②分付：处置。

［译］遵循事理做事，任随上天安排。

【2—26】要知前世因^①，今生受^②者是；要知后世因，今生作者是。

［注］①因：佛教指事物产生、变化和破灭的主要条件。②受：佛教指人的感官与外界接触时所产生的苦、乐等感受。

［译］要想知道前世的因缘，今生的经历就是；要想知道来世的因缘，今生的所作所为就是。

【2—27】奉劝世人休碌碌，举头三尺有神明。

［译］奉劝世人不要忙忙碌碌地精心算计，抬头不远就有天神把你看得清清楚楚。

顺命篇第三

【3—1】《中庸》曰："君子居易以俟^①命，小人行险以侥倖^②。"

［注］①俟（sì）：等待。②侥倖：也作"侥幸"，企求不该得到的东西。

［译］《中庸》说："君子安于现状来等待天命，小人却铤而走险妄图获得非分的东西。"

【3—2】莫之为而为者，天也；莫之致而致者，命也。

［译］不想去做的事却做了，这是天意；不想得到的东西却得到了，这是命运。

【3—3】求之有道，得之有命。

［译］寻求要有方法，得到要靠命运。

【3—4】庄子曰："知其不可奈何而安之若命，德之至也。"

［译］庄子说："知道已经是无可奈何了，还像命中注定一样甘心承受，这是道德的最高境界。"

【3—5】鹤胫^①虽长，断之则悲；凫^②胫虽短，续之则忧。

［注］①胫（jìng）：腿。②凫（fú）：水鸭。

［译］仙鹤的腿虽然很长，截去一段它就要悲伤；野鸭的腿虽然很短，接上一截它就要忧伤。

【3—6】董仲舒曰："与之齿者去其角，傅之翼者两其足。"

［译］董仲舒说："长了利齿的动物就不再给它头角，长了翅膀的动物就只给它两只脚。"

【3—7】颜含^①曰："人禀命有定，非智力可移，惟当守己守道。而暗者不达，妄意侥倖，徒亏雅道，无关得丧。"

［注］①颜含：东晋时的大臣，以孝悌闻名。

［译］颜含说："人承受命运是有定数的，不是凭智力可以改变的，人只应该安于本分，坚守道义。而愚昧的人不明白这一点，妄图企求去改变，白白地伤害了应守的正道，却与名利的得失无关。"

【3—8】语云："不如意事，十常八九。"

［译］俗话说："人一生中不如意的事，常常占了百分之八九十。"

【3—9】万事莫违乎命，万物莫逃乎数。

［译］所有的事情都不能违背天命，所有的东西都不能逃过定数。

【3—10】事遂志，未可遽喜；不遂意，未可遽忧。其中祸福难知故也。

［译］做事如愿了，还不能马上高兴；没有如愿，也不必马上忧愁。因为其中是祸是福还难以确定。

【3—11】但知义命在我，不知势利在人。

［译］只知道天命在我自己身上，不知道权势财利在别人那里。

【3—12】圣贤可学而至，富贵难以力求。

［译］圣贤可以通过学习来达到，富贵难以凭借人力来获得。

【3—13】富贵莫夸能，贫穷莫怨命。

［译］富贵时不要吹嘘自己能干，贫穷时不要抱怨自己命苦。

【3—114】譬如农夫，是穮①是蓘②，虽有饥馑，必有丰年。

［注］①穮（biāo）：翻地除草。②蓘（gǔn）：用土培苗根。

［译］好比农民，在田间辛勤劳作，虽然会遇到灾荒，但也必定有丰收之年。

【3—15】耕田欲雨刈①欲晴，去得顺风来者怨，若使人人祷②遂心，造物应须日千变。

［注］①刈（yì）：割取。②祷（dǎo）：期望。

［译］耕田的人希望下雨，收割的人又希望天晴；去的人得了顺风，来的人就该抱怨。如果要让每个人的期望都能如愿，那大自然就该每天千变万化了。

孝行篇第四

【4—1】文王①之为世子②，朝于王季③日三。鸡初鸣而衣服，至于寝门外，问内竖④之御⑤者曰："今日安否？何如？"内竖曰："安。"文王乃喜。及日中又至，亦如之。及暮又至，亦如之。

［注］①文王：即周文王，姓姬，名昌，周朝的奠基者，周武王之父。②世子：古代帝王、诸侯正妻生的长子，是帝位或王位的继承人。③王季：即周文王的父亲季历。④内竖：宫中传达王命的小吏。⑤御：值班者。

［译］周文王做太子的时候，每天要拜见自己的父亲三次。鸡刚一叫就穿上衣服，到达父亲的寝室门外，询问正在待候的宫中小吏："今天安好吗？身体怎么样呢？"宫中小吏说："安然无恙。"文王才高兴。等到中午时又去，也像这样。等到傍晚时又去，也像这样。

【4—2】孝子之有深爱者必有和气，有和气者必有愉色，有愉色者必有婉容。

［译］有深沉爱意的孝子必定有平和的心态，有平和的心态就必定有和悦的神色，有和悦的神色就必定有和顺的仪容。

【4—3】孝子不登高，不临深。

［译］孝子不登上高处，不面临深渊。

【4—4】《孝经》①曰："爱亲者，不敢恶于人；敬亲者，不敢慢于人。爱敬尽于事亲，而德教加于百姓，刑②于四海，此天子之孝也。在上不骄，高而不危；制节③谨度④，满而不溢，然后保其社稷，而和其人民，此诸侯之孝也。非先王之法服⑤不敢服，非先王之法言不敢道，非先王之德行不敢行，然后能保其宗庙，此卿大夫之孝也。以孝事君则忠，以敬事长⑥则顺。忠顺不失，以事其上，然后守其祭祀，此士之孝

也。用天之道，兴地之利，谨身节用，以养父母，此庶人之孝也。"

［注］①《孝经》：先秦儒者所作，是一部讲述儒家孝道的系统化著作。②刑：通"型"，效法。③制节：节俭克制。④谨度：慎行礼法。⑤法服：古代根据礼法规定的不同等级的服饰。⑥长：长官，指官位比士高的公卿大夫。

［译］《孝经》说："爱敬自己的父母，就不敢对别人的父母有一丝厌恶；敬重自己的父母，就不敢对别人的父母有一点怠慢。爱敬之心全用在侍奉父母上，从而对百姓进行道德教化，也被四方各族人模仿效法，这就是天子的孝道。身处高位而不骄傲自大，地位虽高也不会出现危险；费用节俭，谨慎实行礼仪法度，库存满盈也不奢侈浪费，而后就能保住自己的国家，使百姓乐于服从，这就是诸侯的孝道。不合先王礼法的服饰不敢乱穿，不合先王礼法的话语不敢乱讲，不合先王道义的事情不敢乱做，而后能保住祭祀祖先的宗庙，这就是卿大夫的孝道。用孝顺父母之心侍奉君主就是尽忠，用敬重兄长之心侍奉公卿大夫就是顺从，不失掉尽忠和顺从，用以侍奉自己的君长，而后保住自己宗庙的祭祀，这就是士人的孝道。利用自然规律，充分获取土地的收益，自身严谨守礼，节约用度，以便供养父母，这就是平民百姓的孝道。"

【4—5】一举足而不敢忘父母，一出言而不敢忘父母。不亏其体，不辱其亲，可谓孝矣。

［译］一行动不敢忘记父母，一说话不敢忘记父母。不让自己的身体残缺，不让自己的父母受辱，这就可以算孝顺了。

【4—6】小孝用力，中孝用劳，大孝不匮。

［译］小孝是奉献力量，中孝是建立功劳，大孝是孝心不会穷尽。

【4—7】朱子云："父母爱子之心，无所不至，惟恐其有疾病，常以为忧也。人子体此，而以父母之心为心，则凡所以保其身者，自不容于不谨矣。"

［译］朱熹说："父母心疼儿女，无微不至，惟恐儿女得病，时常为此担忧。做儿女的应该体谅这一点，把父母的爱心放在心上，那么凡是能够保全身体的地方，自己就不能不谨慎了。"

【4—8】《景行录》云："无瑕之玉，可以为国珍；孝弟之子，可以为家瑞。"

[译]《景行录》说："没有斑点的美玉，可以作为国家的珍宝；懂得孝悌的儿女，可以算是家庭的吉祥。"

【4—9】宝货用之有尽，忠孝享之无穷。

[译] 宝物有用尽的时候，忠孝却可以享受不完。

【4—10】《教家要略》①云："父母者，子之天地也。子若欺瞒父母，即欺瞒天地；亵慢②父母，即亵慢天地，莫大之罪也。"

[注] ①《教家要略》：明代姚儒编纂，汇集了明代以前家训中的精华。②亵（xiè）慢：举止不庄重。

[译]《教家要略》说："父母是儿女的天地。儿女如果欺骗父母，就是欺骗天地；对父母不庄重，就是对天地不庄重，没有比这更大的罪过了。"

【4—11】语云："羊有跪乳之恩，鸦有反哺之义。"

[译] 俗话说："山羊有跪着吃奶的感恩行为，乌鸦有衔食喂母的报恩情义。"

【4—12】借问不孝子，身从何处来？

[译] 试问那些不孝顺的儿女，你的身体是从什么地方来的？

【4—13】在家敬父母，胜似远烧香。

[译] 在家好好孝敬父母，胜过跑很远的路去烧香拜佛。

【4—14】树欲静而风不止，子欲养而亲不待。

[译] 树木想要静止，但大风却吹个不停；儿女想要孝敬，但父母却不再等待。

【4—15】人家养子甚艰辛，养子方知父母恩。若使养亲如爱子，世间人子尽曾参。

[译] 家庭中养育儿女很艰难，只有自己养育了儿女才知道父母的恩情。如果赡养父母都像疼爱儿女一样，那世上做儿女的就都是曾参那样的大孝子了。

正己篇第五

【5—1】《书》曰："尔身克正，罔敢不正。"

［译］《尚书》说："你自身能做到正直，就没有人敢不正直。"

【5—2】庄敬日强，安肆①日偷②。

［注］①肆：放纵。②偷：得过且过。

［译］庄重恭敬使人一天天强壮，安乐放纵使人一天天消沉。

【5—3】君子不失足于人，不失色于人，不失口于人。

［译］君子在众人面前举止要沉稳，仪态要庄重，言语要谨慎。

【5—4】《大学》曰："君子有诸己而后求诸人，无诸己而后非诸人。"

［译］《大学》说："君子总是先要求自己做到，再要求别人做到；自己先不这样做，再要求别人不这样做。"

【5—5】《中庸》曰："正己而不求于人，则无怨。"

［译］《中庸》说："端正自己而不苛求别人，这样就不会有什么抱怨了。"

【5—6】枚乘曰："欲人勿闻，莫若勿言；欲人勿知，莫若勿为。"

［译］枚乘说："想要别人听不见，没有什么比得上不说话；想要别人不知道，没有什么比得上不去做。"

【5—7】御寒莫如重裘，止谤莫若自修。

［译］抵御寒冷没有什么比得上厚毛皮衣，制止非议没有什么比得上自我修身。

【5—8】《训纂》云："明镜止水以持心，泰山乔岳①以立身。青天白日②以应事，光风霁月③以待人。"

［注］①乔岳：高山。②青天白日：天蓝日明的晴天。③光风霁

(jì) 月：雨过天晴时风清月明的景象。光风，雨后放晴时的风。霁，雨雪停止。

[译]《训纂》说："像明亮的镜子和静止的水一样把持内心，像高大的山岳一样立足安身。像晴朗的天气一样应对事情，像清风明月一样对待别人。"

【5—9】凡人行己公平正直者，可用此以事神，不可恃此以慢神；可用此以事人，不可恃此以傲人。

[译]一个人立身行事公平正直，可用这个来侍奉神，但不能凭这个来怠慢神；可用这个来对待人，但不能凭这个来傲视人。

【5—10】自检束则日就规矩，才放肆则日流旷荡。

[译]自己严加约束会一天天走向正道，自己不加约束会一天天变得放浪。

【5—11】不为昭昭伸节，不为冥冥惰行。

[译]不因为在明处就竭尽礼节，不因为在暗中就行为随便。

【5—12】独行不愧影，独寝不愧衾。

[译]独自行走不愧对自己的影子，独自睡觉不愧对自己的被子。

【5—13】正其本，万事理。

[译]端正了自己本性的人，做什么事都能做好。

【5—14】差之毫厘，谬以千里。

[译]开始有微小的差错，结果会造成很大的错误。

【5—15】司马温公曰："天下之事，尽其在我。"

[译]司马光说："天下的事情，要尽自己的力量做好。"

【5—16】语云："根深不怕风摇动，树正何愁月影斜。"

[译]俗话说："树根深不用害怕大风摇动，树干直不用担忧月光下的影子歪斜。"

【5—17】莫量他人短，先须把自量。

[译]不要去审视别人的不足，先该把自己好好审视。

【5—18】得失一朝，荣辱千载。

[译]得和失只涉及一朝一夕，荣和辱却事关千秋万代。

【5—19】雁过留声，人过留名。

[译]大雁在空中飞过要留下声音，人在世间活过要留下好名声。

安分篇第六

【6—1】《易》曰："乐则行之，忧则违之。"

[译]《周易》说："喜欢的事就去做，发愁的事就避开。"

【6—2】 德薄而位尊，知小而谋大，力小而任重，鲜不及矣。

[译] 德行浅薄却地位高贵，智慧很少却谋划大事，能力低下却承担重任，少有不遭遇灾祸的。

【6—3】《诗》曰："不忮①不求，何用不臧②？"

[注] ①忮（zhì）：嫉妒。②臧（zāng）：善，好。

[译]《诗经》说："不嫉妒别人，不贪求财物，做什么会不顺利呢？"

【6—4】 孟子曰："君子所性，虽大行①不加焉，虽穷居②不损焉，分定故也。"

[注] ①大行：在天下推行自己的主张。②穷居：隐居不做官。

[译] 孟子说："君子的本性，即使他的理想在天下实现，也不会增加；即使他退隐不再做官，也不会减少。这是由于本分已经确定的缘故。"

【6—5】 老子曰："知足不辱，知止不殆。"

[译] 老子说："知道心满意足，就不会招致羞辱；懂得适可而止，就不会遇到危险。"

【6—6】《家语》云："芝兰生于幽林，不以无人而不芳；君子修道立德，不以穷困而改节。"

[译]《孔子家语》说："芝草兰花生长在幽深的树林中，不会因为无人观赏就不发出芳香；君子修行道义培养品德，不会因为处境窘困就改变节操。"

【6—7】《庄子》曰："楮①小者，不可怀大；绠②短者，不可以汲深。命有所成，而形有所适也。"

[注] ①楮（chǔ）：通"褚"，口袋。②绠（gěng）：汲水用的绳子。

[译]《庄子》说："小的口袋不能装下大的东西，短的汲水绳子不能落到深井打水。天命造就万物，不同形状各有适宜的用处。"

【6—8】鹪鹩①巢林，不过一枝；偃鼠②饮河，不过满腹。

[注] ①鹪鹩（jiāoliáo）：一种善于鸣唱的小鸟。常用茅草、芦苇、鸟的细毛等筑巢，体长约10厘米。②偃鼠：即鼹（yǎn）鼠，田鼠。

[译] 鹪鹩在林中筑巢，也不过占有一根树枝；田鼠到河里饮水，也不过填满自己的肚子。

【6—9】文子①曰："古之为道者，量腹而食，度形而衣，容身而居，适情而行。"

[注] ①文子：春秋时著名的谋士辛钘（jiān），字文子，著有《文子》一书。

[译] 文子说："古代的有道之人，估量自己的饭量来进食，测量自己的体形来裁衣，居住只需容下身子，做事只需顺从性情。"

【6—10】《袁氏世范》①云："不妄求则心安，不妄作则身安。身心既安，乐在其中矣。"

[注] ①《袁氏世范》：南宋学者袁采著，是与《颜氏家训》齐名的一部家训励志著作。

[译]《袁氏世范》说："不随意贪图就会内心坦然，不胡乱做事就会身体平安。身体和内心都安稳，那就乐在其中了。"

【6—11】韩魏公戒子曰："穷通祸福，固有定分。枉道以求之，徒丧所守，慎勿为也。"

[译] 韩琦告诫儿女说："不得志还是得志，是祸还是福，本来就有定数。违背正道去追求，白白地丢掉了自己的操守，千万不要去这样做。"

【6—12】皮日休①曰："以俭而获罪，犹胜于奢；以退而遇谤，尚愈乎进。"

[注] ①皮日休：唐代文学家，著有《皮子文薮》。

［译］皮日休说："因为节俭而触犯刑律，还是要胜过因为奢侈；因为退隐而遭受诽谤，还是要胜过因为在位。"

【6-13】东阳胡百能①云："先君②常言，人生所享厚薄，各有定分。世有智力取者自谓己能，往往不顾名义，殊不知皆其分所固有，不可毫末加也。"

［注］①胡百能：南宋进士，为官仁爱，声誉好。②先君：已故的父亲。这里指胡百能的父亲胡峄（yì）。

［译］东阳人胡百能说："已过世的父亲常说，人生享福的多少，各有定数。世上有智力的人得到福分，自认为是自己有能耐，往往不考虑名分道义，殊不知所有的福分都是他命中本该有的，丝毫都不可能再增加了。"

【6-14】邵康节曰："人无好胜，事无过求。好胜多辱，过求多忧。"

［译］邵雍说："做人不要争强好胜，做事不要过于强求。争强好胜羞辱就多，过于强求烦恼就多。"

【6-15】吕东莱①曰："当贵盛时，人之奉我者，非奉我也，奉贵盛者也；当贫贱时，人之陵我者，非陵我也，陵贫贱者也。彼自奉贵尔，我何为而喜？彼自陵贱尔，我何为而怒？"

［注］①吕东莱：南宋理学家吕祖谦，郡望东莱郡，人称"东莱先生"。

［译］吕祖谦说："在富贵的时候，别人如果奉承我，其实不是真的奉承我，而是奉承我的富贵；在贫贱的时候，别人如果欺侮我，其实不是真的欺侮我，而是欺侮我的贫贱。别人只管奉承富贵，我为什么要高兴呢？别人只管欺侮贫贱，我为什么要发怒呢？"

【6-16】苏子瞻曰："水到渠成，不须预虑。"

［译］苏轼说："水流到的地方自然形成水道，不需要事先谋划。"

【6-17】《颜氏家训》曰："宇宙可臻①其极，性情②不知其穷。惟在知足少欲，为立涯限③耳。"

［注］①臻（zhēn）：到。②性情：人的天性。③涯限：界限。

［译］《颜氏家训》说："宇宙还可到达边缘，人的本性就不知道尽头在哪里。只能是懂得满足，减少欲望，为自己立个限度了。"

【6—18】《诠要》云:"张饱帆于大江,骤骏马于平陆,天下之至快,反思则忧。处不争之地,乘独后之马,人或我嗤,乐莫大焉。"

[译]《诠要》说:"在大江中充分张开船帆行驶,在平地上赶着骏马飞速奔跑,这是天下最快活的事了,但事后想想,却令人担忧。处在不用竞争的环境,骑着独自落在后面的马,别人或许会讥笑我,但没有比这更快乐的事了。"

【6—19】德业常看胜于我者,则愧耻自增;福禄常看不及我者,则怨尤自息。

[译]在德行和功业上经常看看胜过自己的人,那羞耻自然就会增加;在福气和官禄上经常看看不如自己的人,那抱怨自然就会消失。

【6—20】用过其才则害事,享过其分则丧身。

[译]超过自己才能的行动会妨碍做事,超过自己命分的享受会丢掉性命。

【6—21】语云:"有心于避祸,不若无心于任运。"

[译]俗话说:"存心去躲避灾祸,不如无所用心,听凭命运安排。"

【6—22】一室斗来大,寸心天样宽。

[译]居住的屋子哪怕像斗一样狭小,但一颗心要像天一样宽广。

【6—23】人无分外之望,亦无意外之忧。

[译]人没有非分之想,也就不会有意料之外的烦恼。

【6—24】知止自当除妄想,安贫须是禁奢心。

[译]知道满足自然该抛弃痴心妄想,安于贫困必须要严禁奢侈之心。

【6—25】弃一钱于路而人竞争之者,分未定也;置百金于地而人不取之者,分既定也。

[译]丢失一个小钱在路上,结果人人都去争抢,这是因为归属还没确定;放上百两银子在地上,结果大家都不去拿,这是因为归属已经确定。

【6—26】天不满西北,地不满东南。

[译]天向西北方向倾斜,所以日月星辰都朝这里移动;地向东南方向下陷,所以江河流水都往这里汇聚。

【6—27】尺有所短,寸有所长。

［译］一尺有短的时候，一寸有长的时候。

【6—28】退一步行安乐法，道三个好喜欢缘。

［译］遇事退后一步行走能获得安宁愉快的生活，逢人说上三句好话能建立快乐和谐的人缘。

【6—29】塞翁失马，焉知非福。

［译］边塞的老者丢失了马，怎么就知道不是福运呢？

【6—30】人苦不知足，既得陇，复望蜀。

［译］人遗憾的是不知道满足，已经平息了甘肃，又还望着四川。

【6—31】人无十全，瓜甜蒂苦。

［译］人不会十全十美，就像瓜虽然甜而瓜蒂却苦一样。

【6—32】《劝世词》云："扰扰劳生待足后？何时是足？得意浓时休进步，须知世事多反覆。谩①教人白了少年头，空碌碌。谁不爱黄金屋，谁不爱千钟②粟，奈五行③不是这般题目④。枉费心神空计较，儿孙自有儿孙福。"

［注］①谩（màn）：莫，不要。②千钟：优厚的俸禄。钟，古代的容量单位。③五行：指五行学说。认为世界上的一切事物都是由金、木、水、火、土五种基本物质之间的运动变化而生成的，同时还用五行之间的生、克关系来阐释事物之间的相互联系。④题目：命相，命运。

［译］《劝世词》说："烦扰辛劳的人生要等到满足后才停息，但什么时候才能满足呢？过于得志的时候不要再往上发展，要知道世间的事情往往反复无常。不要让人少年时就熬白了头发，徒然忙碌。谁不喜爱华贵的住所，谁不喜爱丰厚的俸禄，怎奈五行命中没有这样的安排。真是枉费心机白白算计，儿孙们自有儿孙们的福气。"

【6—33】翠死因毛贵，龟亡为壳灵。不如无用物，安乐过平生。

［译］翠鸟因为羽毛珍贵而早死，乌龟因为外壳灵异而早亡。竟然不如那些无用的动物，还能平安快乐地度过一生。

【6—34】静处乾坤大，闲中日月长。若能安得分，都胜别思量。

［译］心中宁静就天地广阔，心中淡泊就岁月悠长。要是能够安分守己，就都胜过其他打算。

存心篇第七

【7—1】《书》曰："惟①圣②罔念③作狂，惟狂克念作圣。"

[注] ①惟：虽然。②圣：通达明白。③念：放在心上。这里指把上天的意旨放在心上。

[译]《尚书》说："虽然是聪明通达的人，如果不把上天的意旨放在心上，就是愚狂无知的人；虽然是愚狂无知的人，但如果把上天的意旨放在心上，就是聪明通达的人。"

【7—2】作德，心逸日休；作伪，心劳日拙。

[译] 做善事，就会内心安适，并且处境一天天变好；行欺诈，就会费尽心机，反而处境一天天变糟。

【7—3】《诗》曰："上帝临汝，无贰尔心。"

[译]《诗经》说："上天在俯视着你，你们不要有二心。"

【7—4】孟子曰："君子以仁存心，以礼存心。"

[译] 孟子说："君子心中有仁爱，心中有礼义。"

【7—5】矢人惟恐不伤人，函人①惟恐伤人。

[注] ①函人：制作铠甲的人。

[译] 造箭的工匠唯恐不能伤人，制铠甲的工匠唯恐人受伤。

【7—6】君子不以其所能者病人，不以人之所不能者愧人。

[译] 君子不会拿自己擅长的方面来挑剔别人，也不会拿别人不擅长的方面来羞辱对方。

【7—7】庄子曰："有机械者必有机事，有机事者必有机心。"

[译] 庄子说："拥有机械装置的人必定能做灵巧的事，能做灵巧事的人必定有狡诈欺骗的心思。"

【7—8】周旋浮世①事，消息②自家身。

〔注〕①浮世：人间。过去认为人世间是浮沉聚散不定的，故有此称。②消息：休息，休养。

〔译〕应酬世间凡俗的事情，要让自己的身体好好休养。

【7-9】费千金为一瞬之乐，孰若散而活冻馁①几千百人？处眇②躯以广厦③，何如庇④寒士一席之地乎？

〔注〕①馁（něi）：饥饿。②眇：微小。③广厦：高大的房屋。④庇（bì）：遮蔽。

〔译〕耗费千金换取短时的快乐，哪里比得上散发出去救活成百上千受冻挨饿的人呢？让自己微小的身体住在宽敞的房屋里，哪里比得上为穷寒的读书人提供一小块地方遮蔽风雨呢？

【7-10】古人重厚朴直，乃能立功立事，享福悠长。士人所贵，节行为大。轩冕①失之，有时而复来；节行失之，终身不可得矣。

〔注〕①轩冕：古代高官的车子和礼帽。借指官位爵禄。

〔译〕古人忠厚质朴，于是能干成大事，长久享福。士人最看重的，是节操品行。官位爵禄没了，还有机会再得到；节操品行丢了，终身不能再拥有。

【7-11】邵康节曰："一念未起，鬼神莫知，不由乎我，更由乎谁？"

〔译〕邵雍说："一个念头还没冒出来，连鬼神都不知道，这不是由我做主，又是由谁做主呢？"

【7-12】今人贪利禄而不贪道义①，要作贵人而不要作好人。

〔注〕①道义：道本指自然界的客观规律，义原指个人行为的准则。儒家的道义一般是指社会的统治秩序与规章制度。

〔译〕现代人贪图功名利禄而不追求道义，想要做富贵的人而不做好人。

【7-13】许棐①曰："衣垢不湔②，器缺不补，对人犹有惭色；行垢不湔，德缺不补，对天岂无愧心。"

〔注〕①许棐（fěi）：南宋诗人。②湔（jiān）：洗涤。

〔译〕许棐说："衣服弄脏了不清洗，容器残缺了不修补，在别人面前还会露出惭愧的表情；行为有污点不改正，品德有缺陷不弥补，在上天面前难道就没有羞愧之心吗？"

【7—14】君子对青天而惧，闻雷霆而不惊；处平地而险，涉风波而不疑。

[译] 君子面对上天会感到畏惧，但听到大雷却不会受惊；处在平地会感到危险，但涉历风浪却不会迟疑。

【7—15】耕尧田者有水虑，耕汤^①田者有旱忧。耕心田者无忧无虑，日日丰年。

[注] ①汤：商朝的开国君主商汤王，在位时曾遭受连续五年的大旱。

[译] 耕种尧统治时候的田地会担心有水灾，耕种汤统治时候的田地会担心有旱灾。只有耕种自己的心田会无忧无虑，每天都在享受丰收的年成。

【7—16】范浚^①《心箴》曰："往古来今，孰无此心？心为形役^②，乃兽乃禽。君子存诚，克念克敬，天君^③泰然，百体从令。"

[注] ①范浚（jùn）：宋朝著名理学家、教育家、诗人，有《香溪集》传世。②形役：被身体牵制、驱使。等于说被功名利禄支配。③天君：古人认为心是思维的器官，所以称心为天君。

[译] 范浚《心箴》说："古往今来，谁没有一颗心？心被功名利禄支配，人就成了禽兽。君子内心有诚信，能够时时想着恭恭敬敬地做人，内心一坦然，身体各个部分就会听任指使。"

【7—17】范文正公^①曰："士当先天下之忧而忧，后天下之乐而乐。"

[注] ①范文正公：北宋著名政治家、文学家范仲淹，谥号"文正"，在地方治政和文学上都有突出表现。

[译] 范仲淹说："各级官员应当在天下人忧虑之前先忧虑，在天下人都享乐后才享乐。"

【7—18】许鲁斋^①云："万般补养皆虚伪，惟有操心是要机。"

[注] ①许鲁斋：金末元初的许衡，号鲁斋，被誉为"百科书式的人物"。

[译] 许鲁斋说："所有的滋补营养都是虚假的，只有把持好内心才是关键。"

【7—19】《训纂》云："心不清无以见道，志不确无以立功。"

［译］《训纂》说："内心不清纯就无法看见道义，志向不明确就无法建立功勋。"

【7—20】言行拟诸古人则德进，功名付诸天命则心闲，报应念及子孙则事平，受享虑及疾病则用俭。

［译］言语行为效法古人，那么德业就会进步；功名利禄听天由命，那么心情就会清静；懂得善恶报应会延及子孙，那么做事就会公道；平时享受想到生病的开销，那么花费就会节俭。

【7—21】愿天常生好人，愿人常行好事。

［译］但愿上天常常降生好人，但愿人们常常争做好事。

【7—22】宁使人负我，莫使我负人。

［译］宁肯让别人对不住我，也不让我对不起别人。

【7—23】名为公器无多取，利是身灾合少求。

［译］名誉是天下共有的东西，不要拿多了；财利是使自身受害的灾祸，应该少追求。

【7—24】《省心编》云："行坦途者肆而忽，故疾行多蹶；行险途者慎而畏，故徐步常安。"

［译］《省心编》说："在平坦的道路上行走的人随意而疏忽，所以走得快而常常跌倒；在艰险的道路上行走的人谨慎而畏惧，所以走得慢而常常平安。"

【7—25】勉强为善，犹胜因循为恶。

［译］强迫自己做善事，还是要胜过任其自然去做恶事。

【7—26】以众资①己者，心逸而事济②；以己御众者，心劳而怨丛③。

［注］①资：帮助。②济：成功。③丛：繁多。

［译］让众人来帮助自己的人，内心安逸，而且做事容易成功；让自己去管控大家的人，内心劳累，而且招致众多怨恨。

【7—27】为善如负重登山，虽不弛①肩而力恐不及；为恶如乘骏走坂②，虽不加鞭而足不能制。

［注］①弛：放下。②坂（bǎn）：斜坡。

［译］做善事如同背着重东西登山，虽然不会从肩上放下来，但担心力气不够；做恶事如同骑着骏马走下坡路，虽然没有加鞭，但马脚不

能控制。

【7—28】以忠沽名者讦①，以信沽名者诈，以廉沽名者贪，以洁沽名者污。有一于此，乡原②之徒也。

［注］①讦（jié）：揭露他人的隐私和短处。②乡原：乡里言行不一、伪善欺世的人。

［译］用效忠来获取名誉的人却揭人隐私，用守信来获取名誉的人却欺诈，用廉洁来获取名誉的人却贪婪，用清白来获取名誉的人却污浊。具备其中一条，就属于伪君子之流。

【7—29】重名节者识有余而巧不足，保富贵者识不足而才有余。

［译］看重名声节操的人，见识有余而机智不足；拥有荣华富贵的人，见识不足而才干有余。

【7—30】将一时，比一时。

［译］要把这一时的情况，与同一时的情况相比。

【7—31】宁向直中取，不可曲中求。

［译］宁可从堂堂正正中获取，也不从歪门邪道中得到。

【7—32】人无害虎心，虎无伤人意。

［译］如果人没有伤害老虎的想法，那老虎也不会有伤害人的意思。

【7—33】省言终祸少，俭用免求人。

［译］寡言少语终归祸少，省吃俭用免得求人。

【7—34】起心动念，天地皆知。

［译］人一动念头，天地都知道。

【7—35】雀啄复四顾，燕寝无二心。量大福亦大，机深祸亦深。

［译］鸟雀啄食时，总是四下张望，所以寿命很短；燕子睡眠时，总是不存戒心，所以寿命很长。肚量大福气也大，城府深灾祸也深。

【7—36】人生不满百，常怀千岁忧。

［译］人的寿命不会超过一百岁，却常常为了千年的事情而忧虑。

【7—37】灵台①皎洁似冰壶，只许元神②里面居，若向③此中留一物，平生便是不清虚。

［注］①灵台：人心。②元神：道家称人的灵魂。③向：在。

［译］内心纯净如同盛冰的玉壶，只允许灵魂在里面居住，若在其中还有别的东西，人生就算不上清净无欲。

戒性篇第八

【8－1】《书》曰："必有忍，其乃有济。有容，德乃大。"

［译］《尚书》说："一定要能忍耐，这样才会成功。要能包容，德行才高。"

【8－2】曾子曰："戒之戒之，出乎尔者，反乎尔者也。"

［译］曾子说："警惕呀警惕呀！你怎样对待别人，别人就怎样对待你。"

【8－3】孟子曰："持其志，毋暴其气。"

［译］孟子说："要坚定自己的志向，不要扰乱自己的定力。"

【8－4】《春秋传》曰："川泽纳污，山薮①藏疾②，瑾瑜③匿瑕，国君含垢。"

［注］①山薮（sǒu）：深密的山林。②疾：毒蛇猛兽等害人的东西。③瑾瑜：两种美玉名。泛指美玉。

［译］《左传》说："江河沼泽能够容纳各种污物，山林草丛能够隐藏毒蛇恶兽，光洁美玉也会藏匿微小斑点，国君也要能容忍一时的屈辱。"

【8－5】天下柔弱莫过水，而坚强者莫之能胜。柔能胜刚，弱能胜强。舌柔能存，齿刚则折。

［译］世上没有比水更柔弱的东西了，但刚硬的东西都不能战胜它。柔软能够胜过刚硬，弱小能够胜过强大。舌头柔软却能够长存，牙齿坚硬就容易折断。

【8－6】庄子曰："尅核①大甚，则必有不肖之心应之。"

［注］①尅（kè）核：也作"刻核"，逼迫，要求过严。

［译］庄子说："要求太苛刻，那就必然会产生不良的想法来应付。"

【8—7】匡衡①曰："聪明疏通②者，戒于大察；寡闻少见者，戒于壅蔽③；勇猛刚强者，戒于大暴；仁爱温良者，戒于无断；沉静安舒者，戒于后时；广心浩大者，戒于遗忘。"

［注］①匡衡：西汉经学家，勤奋好学，其"凿壁偷光"的故事传颂至今。②疏通：通情达理。③壅蔽：阻塞。

［译］匡衡说："聪明通达的人不要过于明察，孤陋寡闻的人不要自我封闭，勇猛刚强的人不要大发脾气，仁慈温顺的人不要优柔寡断，沉稳舒缓的人不要错过时机，心怀远大的人不要容易忘事。"

【8—8】卫玠①曰："人有不及，可以情恕；非意②相干③，可以理遣。"

［注］①卫玠（jiè）：西晋玄学家，中国古代四大美男之一。②非意：无故，恶意。③干（gān）：侵犯。

［译］卫玠说："别人有做得不好的地方，要从情感上原谅他；如果无故寻衅冒犯，可以用道理来疏导他。"

【8—9】林英①，年七十而有少容。或问何术致此，曰："但平生不会烦恼，明日无饭吃，亦不会忧。事至则遣之，释然②不留胸中。"

［注］①林英：北宋官员，为官刚正有气节。②释然：消除顾虑，心中平静。原作"适然"，据北宋孙升《孙公谈圃》卷中等改。

［译］林英，七十岁的年纪却有年轻人的容貌。有人问他用什么方法导致这样，他说："只是一辈子不会烦恼，明天没有饭吃，也不会忧愁。遇到事情就处理掉，坦然地不会放在心上。"

【8—10】《定性书》云："夫人之心，易发而难制者，惟怒为甚。第能于怒时遽忘其怒，而徐观其理之是非，益可见外诱之不足恶，而于道也思过半矣。"

［译］《定性书》说："人的心中，易于暴发而难于控制的，只有怒气最是这样。但是能够在发怒时很快忘掉愤怒，然后慢慢考虑事理的是非，这更可以看出外在诱因不必厌恶，而对于道理也思考过半了。"

【8—11】程子①云："克己须从性偏难克处克将去。"

［注］①程子：据朱熹《论语集注》卷六等记载，引文是程颐弟子谢良佐所说。

［译］谢良佐说："克制自己，要从性情偏执很难克制的地方开始

下手。"

【8—12】晁文元公①曰："夫人不能忍者，则有恶事发作，譬如暴风起涛，坐致覆没；能忍之者，必得恶事消灭，譬如沸汤沃雪，不暂停留。"

［注］①晁文元公：北宋大臣晁迥，谥号"文元"。

［译］晁迥说："人要是不能忍受，就会有坏事发生，就像狂风掀起浪涛，轻易导致船只覆没；能忍受的人，一定能使坏事消失，就像滚烫的开水泼在雪上，一刻不停就融化。"

【8—13】非理外至，当如逢虎，即时而避，勿恃格兽之勇。非理内起，当如探汤，即时而止，勿纵染指之伤。

［译］不合理的事从外面来，应当像遇到老虎一样，马上躲开，不要依仗有与兽类格斗的勇气；不合理的事从心里来，应当像手摸热水一样，马上停止，不要任随有手指被烫的伤害。

【8—14】董安于①性缓，佩弦以自急；西门豹②性急，佩韦③以自缓。

［注］①董安于：春秋末期晋国赵简子的家臣，擅长计谋、建筑。②西门豹：战国初期魏国人，魏文侯时任邺令，治水有方，除去了河伯娶妻等陋习。③韦：去毛加工后的柔韧皮革。

［译］董安于性子慢，就佩带绷紧的弓弦来提醒自己灵敏；西门豹性子急，就佩带柔韧的皮革来提醒自己稳重。

【8—15】《省心编》云："涉世应物，有以横逆①加我者，譬如行草莽②中，荆棘伤衣，徐行缓解而已。物何心哉？如是，则方寸不劳而怨可释。"

［注］①横逆：粗暴无理的行为。②草莽：草木丛生的荒野。

［译］《省心编》说："经历世事，待人接物，有拿无理的行为对待我的，就像在草木丛生的荒野中行走，草木的刺要划破衣服，慢慢行走慢慢拨开就行了。外物会有什么用心呢？这样去做，内心不会疲劳，而怨恨也可消除。"

【8—16】王岩叟①云："凡人语及所不平则气必动，色必变，辞必厉，惟韩魏公不然。说道小人忘恩负义欲倾己处，辞和气平，如说寻常事。"

［注］①王岩叟：北宋大臣、书法家。

［译］王岩叟说："人一谈到不平的事情就一定会火气发作，脸色改变，言辞严厉，只有韩魏公不是这样。他说到小人忘恩负义，想要排挤自己的时候，言辞舒缓，语气平和，像是在说很平常的事情。"

【8—17】杨时①曰："沟渠之量，不可容江河；江河之量，不可容湖海。若君子，则以天地为量，何所不容？"

［注］①杨时：北宋学者，程门（程颢、程颐）四大弟子之一。

［译］杨时说："沟渠的容量，不能装下江河；江河的容量，不能装下湖海。如果是君子，就要具有天地的容量，那还有什么装不下的呢？"

【8—18】语云："明察秋毫，物骇而逃。"

［译］俗话说："把事物看得太清楚，所有的东西都会惊慌害怕而逃跑。"

【8—19】心澹而虚则阳和袭，意躁而扰则阴浊入。

［译］心境淡泊而谦虚，阳气和气就会袭来；心意躁动而烦扰，阴气浊气就会侵入。

【8—20】七情①之发，惟怒难制。百行之本，以忍为先。

［注］①七情：指人的喜、怒、哀、惧、爱、恶、欲七种感情或情绪。

［译］人的七情发作，只有怒气最难控制。各种品行的根本，是把忍让放在首位。

【8—21】苦海无边，回头是岸。

［译］尘世如同苦海，无边无际，只有回到岸边，才能获得解救。

【8—22】摄生之道，大忌嗔怒。

［译］养生之道，最忌讳发怒。

【8—23】谦①之一卦，六爻②皆吉；恕之一字，终身可行。

［注］①谦：《周易》六十四卦之一，象征谦卑的意思。②六爻（yáo）：《周易》中组成卦的符号叫爻，分为阳爻（—）和阴爻（——），六十四卦中的每一卦由六爻构成。谦卦是六十四卦中唯一的六个爻都是吉的卦。

［译］谦这一卦，六爻都吉利；恕这个字，终身都可行。

【8—24】不怕念起，只怕觉迟。此心若同太虚①，烦恼何处安脚？

［注］①太虚：宇宙。

［译］不怕有想法，只怕察觉晚。这颗心如果像宇宙一样无穷，烦恼又在什么地方立足呢？

【8－25】不作风波于世上，自无冰炭到胸中。

［译］不在世间惹是生非，自然心中不会忽冷忽热。

【8－26】海阔从鱼跃，天空任鸟飞。

［译］大海广阔，任随鱼儿跳跃；天上空旷，任随鸟儿飞翔。

【8－27】烦恼是场病，快活是贴药。

［译］烦恼像一场病，快活像一帖药。

【8－28】饶人不是痴，过后得便宜。

［译］原谅别人不是呆傻，过后就会得到好处。

【8－29】恼一恼，老一老；笑一笑，少一少。

［译］一烦恼，就变老；一欢笑，就变少。

【8－30】虽有褊心，不怒虚舟；虽有忮①心，不怨飘瓦。

［注］①忮（zhì）：强悍，凶狠。

［译］即使气度狭小，也不要责备无人驾驶的船只；即使性情强悍，也不要怨恨飘落下来的瓦片。

【8－31】诗云："怒气如炎火，焚和徒自伤。触来不与竞，事过心清凉。"

［译］古诗说："怒气如同烈火，烧毁了和气只能白白地自我伤感。有人来冒犯不去和他争，事情过后心中不受烦扰。"

【8－32】著身静处观人事，放意闲中炼物情。去尽水波存止水，世间何事不能平？

［译］置身在清静的地方观察世事，随意在闲适的环境熟悉人情。除尽水波只剩下静止的水，世间还有什么事不能平息？

勤学篇第九

【9—1】《易》曰:"君子进德修业,欲及时也。"

[译]《周易》说:"君子增进道德,钻研学问,一定要及时。"

【9—2】《书》曰:"学于古训①,乃有获。"

[注] ①古训:古代流传下来的典籍或古人推崇的话。

[译]《尚书》说:"向古训学习,就会有收获。"

【9—3】功崇惟志,业广惟勤。

[译] 要取得伟大的功业,在于志向;要取得广博的学问,在于勤奋。

【9—4】《诗》曰:"如切如磋,如琢如磨。"

[译]《诗经》说:"学习要像加工兽骨、象牙、玉器、宝石一样反复探究。"

【9—5】日就月将①,学有缉熙②于光明。

[注] ①将:行进。②缉熙:光明。指美德。

[译] 每天有成就,每月有进步,向有光明之德的贤人学习美德。

【9—6】虽有佳谷,不食不知其美也;虽有至道,弗学不知其善也。

[译] 即使有精细的粮食,不去品尝,就不知道味道有多美;即使有精妙的道理,不去学习,就不知道究竟有多好。

【9—7】孔子曰:"学如不及,犹恐失之。"

[译] 孔子说:"学习好像追赶什么总赶不上,赶上了又怕被甩掉。"

【9—8】敏而好学,不耻下问。

[译] 聪敏而且好学,不认为向不及自己的人求教可耻。

【9—9】董仲舒曰:"勉强学问,则闻见博而知益明;勉强行道,则德日起而大有功。"

[译] 董仲舒说："尽力学习请教，见闻就会广博，智力更加强大；努力付诸实践，品行就会提高，功业大有成效。"

【9—10】子夏告鲁君曰："尧学于君畴①，舜学于务成昭②，禹学于西王国，汤学于成子伯，文王学于时子思，武王学于郭叔③。"

[注] ①君畴（chóu）：又作"尹畴"，尧时人。②务成昭：和下文的西王国、成子伯、时子思一样生平不详。③郭叔：又作"虢叔"，周武王的叔父，西周时期虢国君主。

[译] 子夏告诉鲁国君主说："尧曾向君畴学习，舜曾向务成昭学习，禹曾向西王国学习，商汤王曾向成子伯学习，周文王曾向时子思学习，周武王曾向郭叔学习。"

【9—11】文子曰："居近识远，处今知古，惟学矣乎！"

[译] 文子说："住在近处要想了解远方，处在今世要想了解古代，只有通过学习了！"

【9—12】师旷①曰："少而好学，如日出之阳；壮而好学，如日中之光；老而好学，如炳②烛之明。"

[注] ①师旷：春秋时晋国大臣，著名的盲人音乐家，被称为"乐圣"。②炳：点燃。

[译] 师旷说："少年时喜欢学习，如同早晨的阳光；壮年时喜欢学习，如同中午的阳光；老年时喜欢学习，如同点燃的蜡烛光亮。"

【9—13】《淮南子》曰："人莫不知学之有益于己也，然而不能者，嬉戏害人也。人多以无用害有用，以弋猎②博弈之日诵诗读书，闻识必博矣。"

[注] ①《淮南子》：西汉时淮南王刘安主持编写的一部哲学著作，以继承先秦道家思想为主，兼采诸子百家学说。②弋（yì）猎：打猎。

[译] 《淮南子》说："没有谁不知道学习对自己有好处，然而却不能做到，都是因为贪玩好耍害人。人们常常拿无用的事来妨害有用的事，如果用打猎下棋的时间来诵读诗书，那见闻就一定很广博了。"

【9—14】《抱朴子》曰："周公上圣，日读百篇；仲尼天纵①，韦编②三绝。"

[注] ①天纵：天所放任，指上天赋予的超群才智。②韦编：古代用竹简书写文字后，再用皮绳串连起来，称为"韦编"。

[译]《抱朴子外篇》说："周公这样的大圣人，每天还要读百篇文章；孔子这样的大天才，读书读到皮绳好几次断掉。"

【9－15】韩昌黎曰："业精于勤，而荒于嬉；行成于思，而毁于随。"

[译]韩愈说："学业靠勤奋努力才能精湛，贪玩好耍就会荒废；做事靠深思熟虑才能成功，随随便便就会失败。"

【9－16】宋仁宗《劝学文》曰："朕观无学人，无物堪比伦。若比于草木，草有灵芝木有椿。若比于禽兽，禽有鸾凤兽有麟。若比于粪土，粪滋五谷土养民。世间无限物，无比无学人。"

[译]宋仁宗《劝学文》说："我观察不学无术的人，没有什么东西能比拟他们。如果把他们比作草木，草中还有灵芝，树中还有香椿；如果把他们比作禽兽，禽类还有鸾凤，兽类还有麒麟；如果把他们比作粪土，粪还能滋养庄稼，土还能养活百姓。世间万事万物，无法比拟不学无术的人。"

【9－17】《吕氏童蒙训》曰："今日记一事，明日记一事，久则自然贯穿；今日辨一理，明日辨一理，久则自然浃洽①。"

[注]①浃（jiā）洽：融洽、贯通。

[译]《吕氏童蒙训》说："今天记住一件事，明天记住一件事，时间长了，自然就能联系起来；今天辨明一个理，明天辨明一个理，时间长了，自然就能融会贯通。"

【9－18】程子曰："言学便以道为志，言人便以圣为志。"

[译]程颐说："谈到学习，就该把追求真理作为志向；谈到做人，就该把成为圣人作为目标。"

【9－19】临川吴氏①曰："敏不敏，天也；学不学，人也。孔子上圣也而好学，颜子大贤也而好学。古之人不恃其天资之敏如此。"

[注]①临川吴氏：元朝杰出的理学家、教育家吴澄，临川郡人。

[译]临川吴氏说："聪不聪明，取决于天；学不学习，取决于人。孔子是大圣人，还喜好学习；颜渊是大贤人，也喜好学习。古代人就是这样不依仗自己的天资聪敏。"

【9－20】陶侃①曰："大禹圣人，乃惜寸阴；至于众人，当惜分阴。岂可逸游荒醉，生无益于时，死无闻于后，是自弃也！"

［注］①陶侃：东晋名臣，为官勤勉，为后世称道。

［译］陶侃说："大禹是圣人，尚且十分珍惜分分秒秒；至于普通人，更应该珍惜每一时刻。怎么能够游玩醉酒，活着对当代没有助益，死了在后世没有名声，这是自暴自弃呀。"

【9—21】语云："学好千日不足，学少一日有余。"

［译］俗话说："要学得好，一千天也不够；要学得少，一整天都有多。"

【9—22】将相本无种，男儿当自强。

［译］王侯将相本来不会世代相传，男子汉应当自己奋发图强。

【9—23】不能则学，不知则问。

［译］不会的就学，不懂的就问。

【9—24】万般皆下品，惟有读书高。

［译］各种功业都属下等，只有读书最为高级。

【9—25】我劝人读书，读书件件好。读书道理明，读书忠义表。读书姓字①香，读书心胆小。读书见识高，读书古今晓。读书孝爹娘，读书敬哥嫂。读书邻里和，读书子孙绍②。贫者能读书，衣食得温饱。富者能读书，家私永堪保。人若不读书，何异兽与鸟？人若不识字，有眼如盲眇③。读书官不差，读书民不扰。读书不负人，人自不知道。一字值千金，读书无价宝。

［注］①姓字：姓氏和名字，相当于姓名。②绍：继承。③眇（miǎo）：失明。

［译］我劝大家读书，读书样样都好。读书能明白道理，读书能表白忠心。读书让人出名，读书让人小心。读书能大长见识，读书能通晓古今。读书会孝敬父母，读书会敬重哥嫂。读书让邻里和睦，读书让子孙延续。穷人能读书，生活就能吃饱穿暖；富人能读书，家产就能永久保住。人如果不读书，和鸟兽没有差别。人如果不识字，有眼也像盲人。读书人官府不差遣，读书人百姓不打扰。读书学习不会亏待人，人自己不懂其中道理。一个字就价值千金，读书真是无价之宝。

【9—26】百川东到海，何时复西归？少壮不努力，老大徒伤悲。

［译］所有的河川向东奔流到海，什么时候才能再向西流呢？人在少壮时期不努力有所作为，年老以后只有白白地悲伤。

训子篇第十

【10-1】《易》曰："蒙以养正，圣功也。"

［译］《周易》说："在儿童启蒙的时候就培养纯正无邪的品质，这是圣人的功德。"

【10-2】《书》曰："教胄子①，直而温，宽而栗②，刚而无虐，简而无傲。"

［注］①胄（zhòu）子：年轻人。②栗：庄重，严谨。

［译］《尚书》说："教导年轻人，使他们正直而温和，宽容而谨慎，刚毅而不残暴，简约而不傲慢。"

【10-3】《诗》曰："教诲尔子，式穀似之①。"

［注］①式穀（gǔ）似之：继承祖先行善的美德。式，句首语气词。穀，善。似，通"嗣"，继承。

［译］《诗经》说："让我教育你们的儿子，继承祖先行善的美德。"

【10-4】《礼》曰："知为人子者，然后可以为人父；知为人臣者，然后可以为人君；知事人者，然后能使人。"

［译］《礼记》说："懂得怎样做儿子的人，然后才可以做父亲；懂得怎样做臣子的人，然后才可以做君主；懂得怎样侍奉人的人，然后才能驱使人。"

【10-5】良弓之子必学为箕①，良冶之子必学为裘。

［注］①箕：畚箕，用来丢弃垃圾等的用具。

［译］好弓匠的儿子，一定能学会制作畚箕；好铁匠的儿子，一定能学会制作皮衣。

【10-6】《传》曰："子之能仕，父教之忠，古之制也。"

［译］《左传》说："儿子到了可以做官的时候，父亲就要教育他尽

忠，这是古代的礼制。"

【10—7】石碏^①曰："爱子，教之以义方^②，弗纳于邪，骄奢淫佚，所自邪也。"

［注］①石碏（què）：春秋时卫国大夫，有大义灭亲之举。②义方：应遵守的道理和法规。

［译］石碏说："如果爱孩子，就应该教育他们遵守道义和规范，不要让他们走上邪门歪道。骄横、奢侈、淫荡、放纵，就是走向邪路的原因。"

【10—8】孟子曰："中^①也养不中，才也养不才。故人乐有贤父兄也。"

［注］①中：指无过无不及的中庸之道，代指品德好的人。

［译］孟子说："品德好的人教育熏陶品德不好的人，有才能的人教育熏陶没有才能的人，所以人人都喜欢有好的父亲和兄长。"

【10—9】唐太宗谓侍臣曰："朕自立太子，遇物则诲之。见其饭，则曰：'汝知稼穑之艰难，则常有斯饭矣。'见其乘马，则曰：'汝要知其劳逸，不竭其力，则常得乘之矣。'见其乘舟，则曰：'君犹舟也，民犹水也。水以载舟，亦可覆舟。'见其息于木下，则曰：'木从绳则正，君从谏则圣。'"

［译］唐太宗对陪在身边的臣子说："我从确立太子以来，碰到什么就用什么来教育他。看见他吃饭，就说：'你要懂得耕种田地的艰辛，才常常有这样的饭吃。'看见他骑马，就说：'你要懂得让它劳逸结合，不耗尽它的精力，才可以经常骑它。'看见他乘船，就说：'君主如同船，百姓犹如水。水可以用来承载船，也可以把船掀翻。'看见他在树下休息，就教诲说：'木材依照墨线进行加工就能成为端正的材料，君主听从臣子正确的建议就能变得英明。'"

【10—10】疏广^①曰："贤而多财则损其志，愚而多财则益其过。"

［注］①疏广：西汉人，博通经史，为官功成身退。

［译］疏广说："贤明的人钱财多了，就会丧失他们的志向；愚蠢的人钱财多了，就会增添他们的过失。"

【10—11】《颜氏家训》曰："父母威严而有慈，则子女畏慎而生孝矣。吾见世间无教有爱，饮食云为^①恣其所欲，宜诫翻^②奖，应呵反笑，

及有识知，谓理当然。骄慢已习，方乃制之，捶挞无威，忿怒增怨。溺于非慈，养成大恶矣。孔子曰：'少成若天性，习惯成自然。'谚曰：'教妇初来，教儿婴孩。'诚③哉斯言！"

　　[注] ①云为：言语行为。②翻：反而。③诚：真实。

　　[译]《颜氏家训》说："父母既威严又有慈爱，那子女就会因敬畏谨慎而产生孝心。但我看到世上的人，对子女教育不严而溺爱有加，饮食言行都任其为所欲为，该教训时反而夸奖，该呵斥时反而嬉笑，等到孩子长大懂事后，还以为理该这样。骄横怠慢的习惯已经养成，这时候才来管教约束，棍棒捶打也没有威慑作用，对他发怒反让他增加怨恨。孩子深陷在没有慈爱的环境中，最终养成大的恶行。孔子说：'小时候形成的习惯就像是天性一样，习惯了就成为很自然的事了。'俗话说：'管教媳妇要在她刚来的时候，教育孩子要在他幼小的时候。'这些话说得太正确了。"

【10-12】门高则骄心易生，族盛则为人所嫉。懿行①实才，人未信之；少有疵累②，众皆指之。

　　[注] ①懿（yì）行：善行。②疵（cī）累：缺点，过失。

　　[译] 门第高就容易产生骄横之心，家族大就容易被人嫉妒。要是真有善行才干，人们未必相信；要是稍有缺点过失，大家都会指责。

【10-13】杨文公①家训曰："童稚之学，当以先入之言为主。日记故事，不拘今古，必先以孝弟忠信、礼义廉耻等事，如黄香扇枕②、陆绩怀橘③、叔敖阴德④、子路负米⑤之类。只如俗说，便晓此道理，久久成熟，德性若自然矣。"

　　[注] ①杨文公：即北宋文学家杨亿，谥号为"文"，人称杨文公。②黄香扇枕：东汉人黄香，九岁时母亲去世，他对父亲格外孝敬，夏天把床枕扇凉，冬天用身体把被褥暖热，然后才让父亲安睡。③陆绩怀橘：三国时吴国人陆绩，六岁时去见袁术，私自取三个橘子放在怀中，离开时行礼告辞，橘子落地，袁术问原因，陆绩跪着说想拿回去给母亲吃。④叔敖阴德：春秋时楚国名相孙叔敖少年时曾遇两头蛇，时俗认为看见此蛇的人必死，他想：要死只我一人，不要再让旁人看见。于是杀蛇并埋入山丘。回家后他担心会死去，母亲说："不用担心。有阴德的人上天会以福运回报。"⑤子路负米：孔子的弟子子路家穷，自己时常

采集野菜来吃，但为了赡养双亲，常常到百里之外背回米来尽孝。

[译] 杨亿家训说："儿童的学习，应当以容易接受的内容为主。每天记诵故事，不局限于现代古代，一定要先采用孝悌、忠信、礼义、廉耻等方面的事情，如黄香扇枕席、陆绩揣橘子、孙叔敖杀蛇、子路背米之类的故事。就像这样的民间传说，让小孩明白其中的道理，久而久之习以为常，道德品性就像是自然形成的了。"

【10-14】陈忠肃公①曰："幼学之士，先要分别人品之高下，何者是圣贤所为之事，何者是下愚所为之事。向善背恶，去彼取此，幼学所当先也。言不忠信，下等人也；行不笃敬②，下等人也；过而不知悔，下等人也；悔而不知改，下等人也。闻下等人之言，为下等人之事，譬如坐于房屋之中，而四面皆墙壁也，虽欲开明③，不可得矣。"

[注] ①陈忠肃公：北宋名臣陈瓘（guàn），谥号为"忠肃"。②笃敬：笃厚恭敬。③开明：明亮。

[译] 陈瓘说："刚入学的读书人，首先要区分人品的高低，哪些是圣贤所做的事情，哪些是最愚蠢的人所做的事情。争做善事，不做恶事，去恶扬善，这是初学者应当首先做到的。言语不忠诚老实，是下等人；行为不忠厚恭敬，是下等人；犯了错误却不知道后悔，是下等人；知道后悔却不知道改正，是下等人。听的是下等人的话，做的是下等人的事，好比坐在房屋之中，四面都是墙壁，即使想要敞亮，也不可能了。"

【10-15】《教家要略》云："子弟之贤不肖系诸人，而世人不以为忧；子弟之贫贱富贵系诸天，而世人乃以为虑。且多行不义之事，欲求富贵之得，讵非倒见耶？"

[译]《教家要略》说："子弟有才能还是不成材是由人决定的，但一般人不去担心；子弟贫贱还是富贵是由天决定的，一般人却操心不已。何况做多了不合道义的事情，却想要获取富贵，这难道不是颠倒是非的虚妄想法吗？"

【10-16】《训纂》云："凡人不能教其子女者，亦非欲其陷于罪恶，但不忍诃怒伤其颜色②耳，不忍楚挞惨③其肌肤耳。当以疾病为喻，安得不用汤药针艾④以救之哉？"

[注] ①诃（hē）怒：怒斥。②颜色：面子。③惨：疼痛。④针

艾：中医指用针刺和用艾叶熏烤穴位。

[译]《训纂》说："凡是那些不能好好教育自己子女的人，也不是存心要让子女陷入罪恶之中，只是不忍心怒斥子女而伤了他们的脸面，不忍心捶打子女而苦了他们的皮肉。该拿人生病来打个比方，人有了病，怎么能不煎服中药和用针刺、用艾叶熏烤穴位来医治他呢？"

【10—17】《教子斋》①云："一曰学礼，凡为人要识礼数②。在家庭奉父母，入书院③奉先生，恭敬顺从，遵依教诲。与之言则应，教之事则行，毋得怠慢，自任己意。二曰学坐，须要定身端坐，齐脚敛手，毋得摇膝靠背，偃仰倾侧。三曰学行，须要笼袖④整衣，从容缓步，毋得掉⑤臂奔趋，摇摆跳足。四曰学立，须要拱手正身，毋得跛倚回顾。五曰学言，须要诚实轻缓，毋得妄诞⑥叫唤。六曰学揖，须要低头屈腰⑦，毋得轻率慢易，旁视他人。七曰学读，须要字句分明，毋得眼看东西，手弄他物。八曰学书，须要整齐端楷，毋得潦草糊涂⑧，点画歪斜。"

[注] ①《教子斋》：即《教子斋规》，南宋著名理学家真德秀订立，仅有引文中的八条。②礼数：礼节。③书院：私人或官府设立的供人读书、讲学的地方。④笼袖：袖子罩住两手不使外露过多。⑤掉：摆动。⑥妄诞：放肆。⑦腰：原作"膝"，据元程端礼《读书分年日程》卷一等改。⑧糊涂：模糊不清。

[译]《教子斋规》说："第一是学礼节，凡是做人要懂得礼节。在家中要尊奉父母，到书院要尊奉先生，恭敬顺从，遵循教导。别人和自己说话要应答，让自己做事要行动，不能轻慢冷淡，自行其是。第二是学坐姿，必须身体稳稳坐直，脚并齐，手收好，不能膝盖抖动，背靠椅子，前俯后仰，左右倾斜。第三是学行走，必须两手放入袖子，衣服整齐，不紧不慢，缓步行走，不能甩动胳膊奔跑，身体摇摆，两脚跳动。第四是学站姿，必须两手相合，身子站直，不能歪斜不正，倚靠别的东西，回头观望。第五是学说话，必须言语真实，语气轻微舒缓，不能狂呼乱叫。第六是学行礼，必须低下头，弯下腰，不能草率轻慢，眼看旁人。第七是学诵读，必须字句清楚，不能东张西望，手玩别的物品。第八是学书法，必须整齐端正，不能潦草模糊，笔画歪歪斜斜。"

【10—18】语云："至乐无如读书，至要无如教子。"

[译] 俗话说："没有什么比看书学习更快乐，没有什么比教育子女

更重要。"

【10－19】家欲成看后生，子孙贤族将大。

［译］家业兴盛要看子孙后代，儿孙贤明家族才能繁衍。

【10－20】子孙强如我，要钱做甚么！子孙不如我，要钱做甚么！

［译］子孙比我强，留钱做什么！子孙不如我，留钱做什么！

《御制重辑明心宝鉴》下卷

省心篇第十一

【11-1】《易》曰:"君子以恐惧修省。"

[译]《周易》说:"君子以恐惧之心修身反省。"

【11-2】《书》曰:"罔游于逸,罔淫于乐。"

[译]《尚书》说:"不要放纵于舒适,不要沉迷于安乐。"

【11-3】敢有恒舞于宫,酣歌于室,时①谓巫风②。敢有徇③于货色,恒于游畋④,时谓淫风。敢有侮圣言,逆忠直,远耆德⑤,比⑥顽童⑦,时谓乱风。惟兹三风十愆⑧,卿士⑨有一于身,家必丧;邦君有一于身,国必亡。

[注] ①时:是,这。②巫风:巫师的习气。指男女巫师装神弄鬼、伴随歌舞替人祈祷。③徇(xùn):谋求。④畋(tián):打猎。⑤耆(qí)德:年龄大、有德行、威望高的人。⑥比:亲近。⑦顽童:愚钝无知的人。⑧十愆:指上文的舞、酣歌、货、色、游、畋、侮、逆、远、比。⑨卿士:指卿、大夫。后泛指官吏。

[译] 胆敢经常在宫中跳舞,在房中沉迷于喝酒唱歌的,这叫作巫风;胆敢贪求财物女色、经常游乐打猎的,这叫作淫风;胆敢轻视圣人教训,排斥忠诚正直的人,疏远年老有德行的人,结交愚昧无知的人,这叫作乱风。这三种恶劣风气包括的十种过错,卿大夫身上有一种,家

一定会丧失；国君身上有一种，国一定会灭亡。

【11—4】玩人丧德，玩物丧志。

［译］戏弄人会丧失道德，玩弄物会丢掉志向。

【11—5】《诗》曰："相①在尔室，尚不愧于屋漏②。"

［注］①相：省察。②屋漏：古代房屋一般是面南背北，室内的西北角最黑暗，往往需要开天窗采光，称为"屋漏"。后泛指房屋的深暗处。

［译］《诗经》说："一个人在自己家里反省，在没人看得见的隐秘之处也应该问心无愧。"

【11—6】战战兢兢，如临深渊，如履薄冰。

［译］小心翼翼，就像站在深渊旁边，就像踩在薄冰上面。

【11—7】居下而无忧者，则思不远；处身而常逸者，则志不广。

［译］身为下属没有忧虑的人，考虑的事不会长远；常常身处安逸状态的人，志向不会广远。

【11—8】明镜所以察形，往古所以知今。

［译］镜子用来照见外表，历史用来了解今天。

【11—9】曾子曰："吾日三省吾身。"

［译］曾子说："我每天都多次反省我自己。"

【11—10】孟子曰："养心莫善于寡欲。其为人也寡欲，虽有不存焉者，寡矣；其为人也多欲，虽有存焉，寡矣。"

［译］孟子说："修身养性最好的办法是减少欲望。做人要是欲望很少，善良的本性即使有些丧失，也很少；做人要是欲望很多，善良的本性即使有点保留，也很少。"

【11—11】老子曰："五色①令人目盲，五音②令人耳聋，五味③令人口爽④，驰骋田猎⑤令人心发狂。"

［注］①五色：青、赤、白、黑、黄五种颜色。泛指各种颜色。②五音：中国古代音乐中的宫、商、角、徵（zhǐ）、羽五个音级。泛指各种音乐。③五味：酸、甜、苦、辣、咸五种味道。泛指各种味道。④爽：败坏。⑤田猎：打猎。

［译］老子说："各种色彩让人眼花缭乱；各种音乐让人听觉失灵；各种滋味让人口味败坏；驰马纵情打猎，使人内心发狂。"

【11—12】不见可欲，使心不乱。

［译］不显露出引起人们非分欲望的东西，使人们的心思不被扰乱。

【11—13】枚乘曰："皓齿蛾眉①，命曰伐性之斧，甘脆肥酞②，命曰腐肠之药。"

［注］①皓齿蛾眉：牙齿洁白，眉毛细长弯曲。代指美女。②甘脆肥酞（nóng）：甜食、脆物、肥肉、烈酒。代指各种美味。

［译］枚乘说："各种美女可称为摧残性命的利斧；各种美味可称为腐烂肠子的毒药。"

【11—14】张蕴古①《大宝箴》曰："乐不可极，乐极成哀；欲不可纵，纵欲成灾。"

［注］①张蕴古：唐代大臣，曾上《大宝箴》讽谏唐太宗，得到称赞。

［译］张蕴古《大宝箴》说："快乐不能达到极点，快乐达到极点就会成为悲哀；欲望不能过于放纵，过于放纵欲望就会成为灾祸。"

【11—15】徐惠妃①曰："珍玩技巧，乃丧国之斧斤②；珠玉锦绣，实迷心之酖毒③。"

［注］①徐惠妃：唐太宗的妃子徐惠。②斤：斧头。③酖（dān）毒：毒酒。酖，通"鸩"。

［译］徐惠妃说："珍奇的玩物、精巧的技艺，都是让国家灭亡的斧头；华美的珠宝、艳丽的丝绸，就是让人心迷乱的毒酒。"

【11—16】道经云："酒虽可以陶性情，通血脉，若饮之无节，则败德乱性，伤肾腐肠。为害最大，为戒宜深。"

［译］道教经书中说："酒虽然可以陶冶性情，疏通血脉，但是如果饮酒没有节制，就会败坏德行，迷乱心性，损伤肾脏，腐烂肠胃。酒的危害性最大，应该痛下决心戒掉。"

【11—17】人之寿命，主乎精气，犹灯之有油，鱼之有水。油枯灯灭，水涸鱼亡。奈何愚人以苦为乐，恋色亡身？岂知精竭命亦难保！

［译］人的寿命由精气主宰，这就好比灯亮需要有油，鱼活需要有水。油耗尽灯就会灭掉，水干涸鱼就会死亡。为什么那些愚蠢的人要把丧身的痛苦作为快乐，因为贪恋女色而丢掉性命？可否知道，人的精气耗尽，性命也就难以保住了！

【11—18】太乙真人曰："一者少言语养气，二者戒色欲养精，三者薄滋味养胃，四者莫嗔怒养肝，五者寡思虑养心。凡在万物之中，所保者莫先于元气。"

［译］太乙真人说："第一要寡言少语来养内气，第二要戒除色欲来养精气，第三要饮食清淡来养胃气，第四要压抑怒火来养肝气，第五要减少思虑来养心气。在万事万物中，首先要保住的莫过于元气。"

【11—19】《训纂》云："以精神徇智巧，以忧畏徇得失，以劳苦徇礼节，以身世徇货财。四徇不置，心为之病矣。"

［译］《训纂》说："用损耗精神来求取智谋，用担心害怕来纠缠得失，用劳累辛苦来满足礼节，用一生一世来追逐钱财。这四种追求不放弃的话，心就会因此受害。"

【11—20】《景行录》云："既取非常乐，须防不测忧。"

［译］《景行录》说："已经获得非同寻常的快乐以后，就要预防意料之外的忧患。"

【11—21】喜是非者检人，畏忧患者检身。

［译］喜欢说长道短的人常常挑别别人，害怕忧虑祸患的人往往检点自己。

【11—22】禁酒后语，忌食时嗔。

［译］严禁喝酒后说话，切忌吃饭时发怒。

【11—23】药补不如食补，身闲不如心闲。

［译］用药物补养不如用食物补养，身体悠闲比不上心里清闲。

【11—24】卧重冰而厚裀褥①，耽②大欲而储药石，知所患而不知所畏，此宴安③之戒也。

［注］①裀（yīn）褥：褥子，床垫。②耽（dān）：沉湎。③宴安：安逸享受。

［译］躺卧在冰天雪地中却垫着厚重的褥子，沉湎于各种欲望中却准备好药物，明明了解害处却不知道畏惧，这是追求舒适安逸时应该戒除的。

【11—25】心有所爱，不可深爱；心有所憎，不可深憎。

［译］心中有爱，不能爱得太深；心中有恨，不能恨得太深。

【11—26】喜怒在心，言语在口，不可不慎。

[译] 喜怒虽在心中，却常常通过言语表现出来，不能不慎重。

【11—27】长思贫难危困，自然不骄；每想患病熬煎，可免愁闷。

[译] 常常想想贫穷艰难的时候，自然就不会骄横；常常想想生病受折磨的时候，就能除去忧愁。

【11—28】《省心篇》云："锻者夏不畏烈火，渔者冬不畏寒冰。好名者不顾安危，耽欲者不顾生死。"

[译]《省心篇》说："打铁匠在夏天不害怕大火，打鱼人在冬天不害怕寒冷。喜好名誉的人不管安危，沉迷欲望的人不顾生死。"

【11—29】语云："神太劳则竭，形太劳则敝。"

[译] 俗话说："心神太累就会萎靡不振，身体太累就会疲惫不堪。"

【11—30】一失脚为千古恨，再回头是百年人。

[译] 一旦犯下错误，就会造成终身的遗憾，再想回头重新做起，却已到了晚年。

【11—31】富贵多忧，贫贱肆志。

[译] 富贵的人往往忧虑太多，贫贱的人常常纵情快意。

【11—32】驷马高盖，其忧甚大。

[译] 乘四匹马拉的车，撑起高高的车盖，这样显达富贵的人忧患很大。

【11—33】黄金有疵，白璧有瑕。

[译] 黄金也有杂质，白玉也有斑点。

【11—34】马奔崖畔收缰晚，船到江心补漏迟。

[译] 马跑到悬崖边再来收缰绳已经太晚，船划到江中央再来补缺口已经太迟。

【11—35】平为福，有余为祸。

[译] 刚好就是福，多余就是祸。

【11—36】上士异床，中士异被。

[译] 最会养生的人不与妻子同床睡觉，一般养生的人不与妻子同一条被子睡觉。

【11—37】翠娥红粉婵娟①剑，杀尽世人人不知。

[注] ①翠娥红粉婵娟：代指美女。翠娥，青黑的细眉，"娥"同"蛾"，像蚕蛾触须一样细长而弯曲的眉毛。红粉，妇女化妆用的胭脂和

铅粉。婵娟，女性姿态美好的样子。

　　[译]青黑的细眉、浅红的脂粉、婀娜的身姿，这样的美女像利剑一样，把世间男人杀完人们也不知道。

　　【11—38】莫将容易得，便作等闲看。

　　[译]不要把轻易获得的东西，都当作平常的东西看待。

　　【11—39】知者减半，省者全无。

　　[译]懂点道理的人只有一半，完全明白事理的人几乎没有。

　　【11—40】病后始知身是苦，健时多为别人忙。

　　[译]生病后才知道受苦的是自身，健康时多数时候在为别人忙碌。

　　【11—41】休贪不义之财，莫饮过度之酒。远绝非礼之色，深戒暴戾之怒。

　　[译]不要贪图来路不正的钱财，不要饮用超过限度的美酒。远远避开不合礼义的女色，完全戒掉粗暴凶恶的怒气。

　　【11—42】服药千朝，不如独卧一宵。

　　[译]吃一千天的补药，还不如独自睡一晚上的觉。

　　【11—43】溺爱者不明，贪得者无厌。

　　[译]过分宠爱孩子的人不明智，一心贪求财利的人不满足。

　　【11—44】性命犹如风烛，常思身后之身。形躯暂寄尘寰①，休造业中之业②。

　　[注]①尘寰（huán）：人世间。②业：佛教用语。前一个"业"是指个人的行为、语言、念头等造成的善恶结果；后一个"业"指罪孽。

　　[译]生命就像风中残烛一样微弱，要经常想想身后的善恶报应。人体只是暂时寄居在尘世中，不要去做将来要遭报应的坏事。

　　【11—45】一杯乱性汤，节饮终是好，过多生出事，明朝还自懊。长见醉者狂，翻为醒者笑，不如少饮杯，省事省烦恼。

　　[译]那一杯乱人心性的酒，少饮最终有好处，喝多了惹出是非，第二天自己还会懊悔。常常看见喝醉的人发狂，反而被清醒的人笑话，不如少好酒贪杯，减少事端省去烦恼。

立教篇第十二

【12-1】《书》曰："敬敷五教^①，在宽^②。"

[注] ①五教：指父义、母慈、兄友、弟恭、子孝五种伦理道德的教育。②宽：缓，慢慢地进行。

[译]《尚书》说："慎重地实施五种伦理道德教育，要慢慢地进行。"

【12-2】《礼》曰："古之教者，家有塾^①，党有庠^②，术^③有序，国有学。"

[注] ①塾：家中教学的地方。②庠（xiáng）：庠和序都是古代的学校。③术：通"遂（suì）"。古代行政区划。周礼，五百家为一党，一万二千五百家为一遂。

[译]《礼记》说："古代的教育，家中有私塾，一乡中有庠，一遂中有序，国都有大学。"

【12-3】春秋教以《礼》《乐》，冬夏教以《诗》《书》。

[译] 春秋季节教《礼记》和《乐记》，冬夏季节教《诗经》和《尚书》。

【12-4】立爱自亲始，教民睦也；立敬自长始，教民顺也。

[译] 培养仁爱之心从孝顺父母开始，这是教导百姓和睦；培养恭敬之心从尊敬长者开始，这是教导百姓恭顺。

【12-5】善则称君，过则归己，则民作忠；善则称亲，过则归己，则民作孝。

[译] 做得好就归功于君主，有过失就归罪于自己，那百姓就会尽忠；做得好就归功于父母，有过失就归罪于自己，那百姓就会尽孝。

【12-6】君子之教，外则教之以尊其君，内则教之以孝其亲。

　　[译] 君子实施的教育，对外就教尊奉自己的君主，对内就教孝顺自己的父母。

　　【12—7】《家语》云："上敬老，则下益孝；上尊齿①，则下益悌；上乐施，则下益宽；上亲贤，则下择友；上好德，则下不隐；上恶贪，则下耻争；上廉让，则下耻节。此之谓七教。七教者，治民之本也。七者修，则四海无刑民矣。"

　　[注] ①齿：年龄，这里指年龄比自己大的人。

　　[译]《孔子家语》说："地位高的人敬重老人，那下面的人就更加孝顺；地位高的人尊敬比自己年长的人，那下面的人就更加恭顺；地位高的人乐于施舍，那下面的人就更加宽厚；地位高的人亲近贤人，那下面的人就会慎重选择朋友；地位高的人崇尚德行，那下面的人就不会隐瞒欺骗；地位高的人厌恶贪心，那下面的人就耻于争抢；地位高的人廉正谦让，那下面的人就耻于节操不保。这叫作七种教化。这七种教化，是治理百姓的根本。这七个方面做好了，那么天下就没有该受刑罚的百姓了。"

　　【12—8】孔子曰："言思可道，行思可乐。德义可尊，作事可法，容止可观，进退可度。以临其民，是以其民畏而爱之，则而象之。故能成其德教，而行其政令。"

　　[译] 孔子说："说话要考虑能被人称道，做事要想到能给人快乐。这样一来，道德信义被人尊崇，管理政事被人效法，神态举止都合规矩，动静进退成为楷模。凭借上面这些来统治老百姓，所以老百姓会敬畏和爱戴他，学习和仿效他。所以君子能够使道德教育实施成功，从而顺利地推行法令法规。"

　　【12—9】《大学》曰："君子不出家，而成教①于国。"

　　[注] ①成教：成功实施教育感化。

　　[译]《大学》说："君子不出家门，就能成功实施治理国家的教育。"

　　【12—10】孟子曰："人之有道也，饱食暖衣逸居而无教，则近于禽兽。"

　　[译] 孟子说："做人的道理是，吃得饱、穿得暖、住得舒适却没有接受教育，那就和禽兽差不多。"

【12—11】《孝经》曰:"先王见教之可以化民也,是故先之以博爱,而民莫遗其亲;陈之以德义,而民兴行;先之以敬让,而民不争;导之以礼乐,而民和睦;示之以好恶,而民知禁。"

[译]《孝经》说:"前代君王发现教育可以感化百姓,所以率先实行博爱之道,结果百姓没有人再遗弃父母;向他们讲述道德信义,结果百姓被激发都行动起来;主动对他们礼敬谦让,结果百姓不再争斗;用礼节和音乐来引导他们,结果百姓相处和睦;为他们展现什么是好坏,结果百姓不犯禁令。"

【12—12】圣人之教,不肃而成;其政,不严而治。

[译]圣人教化百姓,不需要严厉的手段就能成功;他统治百姓,不需要严酷的法令就能治理得很好。

【12—13】《管子》①曰:"礼义廉耻,国之四维②。四维不张,国乃灭亡。"

[注]①《管子》:旧题春秋时齐国国相管仲著,汇集了先秦时期各个学派的言论。②四维:系在网四个角的绳索,提起四维才能展开网。

[译]《管子》说:"礼、义、廉、耻,是治理国家的四个关键。这四种德行不能发扬,国家就会灭亡。"

【12—14】董子曰:"万民之从利也,如水之走下,不以教化堤防之,不止也。是故教化立而奸邪皆止者,其堤防完也;教化废而奸邪并出者,其堤防坏也。"

[译]董仲舒说:"老百姓追逐利益,犹如水奔向地势低的地方,不用教育感化来约束他们,是阻止不了的。所以教育感化的制度设立,奸诈邪恶都消失,是因为约束的措施完备;教育感化的制度荒废,奸诈邪恶都出现,是因为约束的措施毁坏。"

【12—15】王者南面①而治天下,莫不以教化为大务。立大学以教于国,设庠序以化于邑,渐②民以仁,摩③民以义,节民以礼,故其刑罚轻而禁不犯者,教化行而风俗美也。

[注]①南面:面朝南。古代君王见大臣都是坐北朝南处于尊位,后用"南面"指居帝王之位。②渐:感染,熏陶。③摩:鼓励。

[译]君王处在高位治理天下,没有谁不把教育感化作为最重要的事。在国都设立大学进行教育,在城邑设立学校进行感化,用仁爱来感

染百姓，用道义来激励百姓，用礼节来约束百姓，所以他的刑罚很轻却没有人触犯禁令，这是因为教化风行而民俗纯正的缘故。

【12－16】马廖①曰："夫改政移风，必有其本。长安语曰：'城中好高结②，四方高一尺；城中好广眉，四方且半额；城中好大袖，四方全匹帛。'"

［注］①马廖：东汉名将马援的长子。②结：同"髻（jì）"，发髻。

［译］马廖说："改变政风和民风，一定要找到根本。长安城里有谚语说：'城中喜爱高发髻，四面八方的人发髻就都有一尺高；城中喜爱宽眉毛，四面八方的人眉毛就都画上将近半个前额；城中喜爱大衣袖，四面八方的人衣袖就都用整匹丝帛做。'"

【12－17】圣人教人，大概只是说孝弟忠信日用常行的话。人能就上面做将去，则心之放者自收，性之昏者自著。

［译］圣人教育人，大概都是说些关于孝敬父母、尊敬兄长、忠诚守信等日常行为的话。一个人要是能按照上面几点去做，那么内心放纵的人自会有所收敛，性情昏昧的人自会变得明智。

【12－18】朝廷有教化，则士人有廉耻；士人有廉耻，则天下有风俗。

［译］朝廷实施教育感化，那人民就会有廉耻之心；百姓有了廉耻之心，那天下就会有淳美风俗。

【12－19】上行下效，捷于影响。

［译］上面的人怎么做，下面的人就学着做，比影子跟随形体、回音跟随声音还要迅捷。

【12－20】语云："表①正则影正，盂②圆而水圆。"

［注］①表：直立在地面，用来测量日影长度的标杆。②盂（yú）：一种圆口容器。

［译］俗话说："标杆正影子就正，盂器圆装的水就圆。"

【12－21】以身教者从，以言教者讼。

［译］用自身行动来教育，别人就会遵从；用言辞来进行说教，就会引发争端。

【12－22】作法于凉①，其弊犹奢；作法于奢，弊将何已②？示民以义，犹恐或私；示民以私，后将安救？

［注］①凉：薄，少。②已：停止。

［译］制定法规时要求节俭，结果还出现了浪费的弊病；制定法规时就允许奢侈，那弊病将如何了得？把公正展现给百姓看，还担心会出现私心；把私心展现给百姓看，那后果将怎么补救？

【12—23】诗云："利害生乎情，好尚存乎见。欲人为善人，必须自为善。"

［译］古诗说："人考虑利害关系是源于本性，喜好也从所见所闻中产生。想要别人成为善人，自己必须先做善事。"

治政篇第十三

【13-1】何以守位？曰仁。何以聚人？曰财。

［译］靠什么来保住地位？是靠仁义。靠什么来聚集人气？是靠钱财。

【13-2】节以制度，不伤财，不害民。

［译］用规章制度来加以规范，不浪费钱财，不伤害百姓。

【13-3】《书》曰："临下以简，御众以宽。"

［译］《尚书》说："对下属的管理要简便，对民众的治理要宽厚。"

【13-4】德①惟②善政，政在养民。

［注］①德：仁政，善行。②惟：语气词，表判断。

［译］君主的仁德在于清明的政治，政治的追求在于使人民生活好。

【13-5】民惟邦本，本固邦宁。

［译］人民是国家的根本，根本牢固了，国家才安宁。

【13-6】不作无益害有益，功乃成；不贵异物贱用物，民乃足。

［译］不做无益的事来妨害有益的事，事业才会成功；不看重珍奇物品而轻视日常用品，百姓的衣食才会丰足。

【13-7】《传》曰："惟圣人能内外无患。自非圣人，外宁必有内忧。"

［译］《左传》说："只有圣人能做到内外没有忧患。如果不是圣人，外部安宁了就必然有内部的忧患。"

【13-8】爵人于朝，与众共之；刑人于市，与众弃之。

［译］授人官爵应该在朝堂上，表示和众人一起享受它；处死犯人应该在集市上，表示和众人一起抛弃他。

【13-9】赏僭①则惧及淫人②，刑滥则惧及善人。若不幸而过，宁

僭勿滥。

[注] ①僭（jiàn）：过分。②淫人：邪恶的人。

[译] 奖赏过分，就有奖赏给坏人的危险；刑罚滥用，就有惩罚到好人的危险。如果不幸发生错误，宁愿奖赏过分，也不滥施刑罚。

【13-10】进思尽忠，退思补过。

[译] 升官了，就想想怎样竭尽忠诚；被贬职，就想想怎样弥补过失。

【13-11】用人之知去其诈，用人之勇去其怒，用人之仁去其贪。

[译] 利用人的智慧，要避免他的狡诈；利用人的勇敢，要避免他的冲动；利用人的仁慈，要避免他的偏心。

【13-12】为政者，不赏私劳，不罚私怨。

[译] 处理政事时，不奖赏为私人建立的功劳，不惩罚私人结下的仇怨。

【13-13】《家语》云："御四马者执六辔①，御天下者正六官②。"

[注] ①六辔（pèi）：辔，缰绳。古代四匹马拉的车，外面的马各有两辔，里面的马各有一辔，御者手上只有"六辔"。②六官：周代分掌国政的六种职官，即天官冢宰、地官司徒、春官宗伯、夏官司马、秋官司寇、冬官司空。

[译] 《孔子家语》说："驾驭四匹马拉的车首先要控制好六根缰绳，统治天下首先要理顺掌管国家政务的六官。"

【13-14】政宽则民慢，慢则纠之以猛；政猛则民残，残则济之以宽。

[译] 政令宽柔百姓就轻慢，百姓轻慢就要用严厉的政令来纠正；政令严酷百姓就残暴，百姓残暴就要用宽柔的政令来调和。

【13-15】苛政猛于虎。

[译] 苛严的政治比老虎还凶猛。

【13-16】善为吏者树德，不善为吏者树怨。

[译] 善于做官吏的人树立美德，不善于做官吏的人结下怨恨。

【13-17】知为吏者，奉法以利民；不知为吏者，枉法以侵民。

[译] 懂得如何做官吏的人，奉行法令来有利于民；不懂得如何做官吏的人，破坏法令来侵害百姓。

【13—18】平易近民，民必归之。

［译］谦逊温和，使人容易亲近，老百姓必定会归附他。

【13—19】舜不穷其民力，造父①不穷其马力，是以舜无佚民，造父无佚马。

［注］①造父：西周时人，以善于驾车著名。

［译］舜不让百姓的力气用尽，造父不让马的力气用尽，所以舜没有逃逸的百姓，造父没有逃逸的马匹。

【13—20】汉宣帝①曰："民之所以安其田里，而无叹息愁恨之声者，政平讼理也。与我共此者，其惟良二千石②乎！"

［注］①汉宣帝：西汉第十位皇帝刘询，中国历史上有名的贤君之一。②二千石（dàn）：汉代郡守的俸禄为二千石（即月俸一百二十斛），因称郡守为"二千石"。

［译］汉宣帝说："老百姓之所以安于种田，没有发出叹息、愁苦、不满等声音，是因为政治清明，断案公正。能够和我有共识的，大概只有好的郡守吧！"

【13—21】汉平帝①戒任延②曰："善事上官，无失名誉。"延对曰："臣闻忠臣不私，私臣不忠。履正奉公，臣子之节，上下雷同，非陛下之福。"

［注］①汉平帝：西汉第十四位皇帝刘衎（kàn）。据《后汉书·循吏列传》，告诫任延的是汉光武帝刘秀。②任延：东汉光武帝时的官员。

［译］汉光武帝告诫任延说："好好地侍奉上级官员，不要丢掉好的名誉。"任延回答说："我听说忠臣不会怀有私心，怀有私心的就不是忠臣。履行正道一心奉公，这是臣子应有的节操，上下官员随声附和，并非陛下的福分。"

【13—22】董仲舒曰："人君正心以正朝廷，正朝廷以正百官，正百官以正万民。"

［译］董仲舒说："君主要端正内心来整顿朝廷，端正朝廷来整顿官吏，端正官吏来整顿人民。"

【13—23】琴瑟不调甚者，必解而更张之，乃可鼓也；为政而不行甚者，必变而化之，方可理也。

［译］琴瑟很不协调的，必须解开重新上弦，然后才可以继续弹奏；

政令很难执行的，必须改革通融，然后才可以实施下去。

【13—24】《管子》曰："堂上远于百里，有事十日而君不闻；堂下远于千里，有事一月而君不闻；门庭远于万里，有事期年而君不闻。"

[译]《管子》说："殿堂上可以比百里之外还远，发生的事过了十天君主还不知道；殿堂下可以比千里之外还远，发生的事过了一月君主还不知道；宫殿内可以比万里之外还远，发生的事过了一年君主还不知道。"

【13—25】政之所行，在顺民心；政之所废，在逆民心。

[译] 政令得以推行，在于顺应民心；政令最终废除，在于违背民心。

【13—26】公孙弘①曰："人主和德于上，百姓和合于下。故心和则气和，气和则形和，形和则天地之和应矣。"

[注]①公孙弘：西汉武帝时丞相，在任期间对儒学的推广贡献很大。

[译] 公孙弘说："君主在上实行德政，百姓在下就会协力同心。所以协力同心就能志向统一，志向统一就能行动一致，行动一致就同天地的和谐相应了。"

【13—27】陈平①曰："宰相者，上佐天子，理阴阳，顺四时，下遂万物之宜，外镇抚四夷，内亲附百姓，使卿大夫各得其职。"

[注]①陈平：汉高祖刘邦的重要谋士，西汉开国功臣，位至丞相。

[译] 陈平说："宰相一职，对上辅佐天子，调理阴阳对立，顺应四季变化，对下遵循万物的事理，对外安抚周边外族，对内爱护团结百姓，使公卿大夫各自得到恰当的职位。"

【13—28】《刘子》①曰："善为理者，必以仁爱为本，不以苛刻为先。"

[注]①《刘子》：一名《刘子新论》，旧题作者为北齐文学家刘昼，主要提出了一些治国安民的政治主张。

[译]《刘子》说："善于管理的人，必定把宽厚慈爱作为根本，而不把严厉刻薄放在首位。"

【13—29】《子华子》①曰："天下之所以平者，政平也；政之所以平者，人平也；人之所以平者，心平也。夫平犹权衡②然，加铢③两则

移矣。"

[注] ①《子华子》：春秋时期晋国哲学家子华子著，主要在养生方面有独到之见。②权衡：称东西轻重的秤。权是秤锤，衡是秤杆。③铢：古代重量单位，二十四铢为一两。

[译]《子华子》说："天下之所以太平，是因为政治公平；政治之所以公平，是因为人平正；人之所以平正，是因为内心平和。'平'就像平衡的秤一样，加一点点重量就会偏移。"

【13—30】子思①曰："圣人官②人，如匠之用木，取其所长，弃其所短。"

[注] ①子思：孔子的嫡孙孔伋（jí），字子思，春秋时期著名思想家。②官：授予官职。

[译] 子思说："圣人任命官员，就像木匠挑选木料，取用它的长处，舍弃它的短处。"

【13—31】鲁申公①曰："为治不在多言，顾力行何如尔。"

[注] ①鲁申公：西汉时鲁人申培，著名的经学大师，为《诗经》作传，称为"鲁诗"。

[译] 鲁申公说："管理政事不在于说得多，只看身体力行做得怎么样。"

【13—32】老子曰："其政闷闷①，其民醇醇②；其政察察③，其民缺缺④。"

[注] ①闷闷：昏昧不精明，这里含有"宽厚"的意思。②醇醇：淳厚质朴。③察察：明察严厉。④缺缺：缺少淳朴。

[译] 老子说："施行宽厚仁爱的政治，老百姓就淳朴；施行严厉烦琐的政治，老百姓就狡诈。"

【13—33】以智治国，国之贼；不以智治国，国之福。

[译] 用诡诈来治理国家，是国家的灾害；不用诡诈来治理国家，是国家的福气。

【13—34】崔寔①曰："刑罚者，治乱之药石也；德教者，兴平之粱肉也。以德教除残，是以粱肉治疾也；以刑罚治平，是以药石供养也。"

[注] ①崔寔（shí）：东汉官员、农学家。

[译] 崔寔说："刑罚是医治动乱的良药；仁德教化是滋养社会太平

的美食。用仁德教化来除去凶残，是拿美食来治病；用刑罚来治理太平社会，是拿良药来当饭。"

【13—35】汉史云："奉法循理之吏，不伐功矜能，百姓无称，亦无过行。"

[译]《史记》说："奉公守法的官吏，不吹嘘自己的功劳和才能，所以百姓没有赞誉的，自己也没有错误行为。"

【13—36】安静之吏，悃愊①无华，日计②不足，月计有余。

[注] ①悃愊（kǔnbì）：诚实。②计：考核官吏。

[译]沉稳的官吏，朴实无华，每天考核政绩都有不足，但每月考核政绩就会有余。

【13—37】司马子微①曰："与其巧持于末，孰若拙戒于初。此当官处事之大法。"

[注] ①司马子微：唐代道士司马承祯，字子微。

[译]司马承祯说："与其到最后才巧妙把握住，不如一开始就笨拙地加以防备。这是做官处事的基本法则。"

【13—38】赵方①云："催科②不扰，是催科中抚字③；刑罚不苛，是刑罚中教化。"

[注] ①赵方：南宋名臣、学者。②科：赋税。③抚字：对百姓安抚体恤。

[译]赵方说："催收赋税而不扰民，这是催收赋税中的安抚体恤；执行刑律而不严酷，这是执行刑律时的教育感化。"

【13—39】晁错①曰："民情莫不欲寿，三王②生之而不伤；人情莫不欲富，三王厚之而不困；民情莫不欲安，三王扶之而不危；人情莫不欲逸，三王节其力而不尽。"

[注] ①晁错：西汉政治家、文学家。因其足智多谋、能言善辩而被称为"智囊"。②三王：夏、商、周三代的君主。

[译]晁错说："老百姓心里都想长寿，上古三王让他们生存而不使受害；老百姓心里都想富裕，上古三王让他们丰足而不使穷困；老百姓心里都想安定，上古三王扶助他们而不使危险；老百姓心里都想舒适，上古三王节省他们的力量而不使耗尽。"

【13—40】《说苑》曰："人臣治官事，则不营私家；在公门，则不

言货利；当公法，则不阿亲戚；举贤能，则不避仇雠。"

［译］《说苑》说："臣子治理公事，就不能经营自己的家事；身在官府，就不能谈钱财利益；执行国法，就不能偏袒亲属；推荐贤才，就不能避开仇人。"

【13—41】文中子曰："古之为政者，先德而后刑，故其人悦以恕；今之为政者，任刑而弃德，故其人怨以诈。"

［译］文中子说："古代处理政事的人，先进行道德教化，然后再使用刑罚，所以人们愉悦而且宽容；今天处理政事的人，随意使用刑罚，舍弃道德教化，所以人们怨恨而且奸诈。"

【13—42】郑子产政尚仁明，民不能欺；宓子贱①政尚清静，民不忍欺；西门豹政尚威严，民不敢欺。

［注］①宓（fú）子贱：春秋时鲁国人，孔子的得意弟子。

［译］郑国的子产治理政事注重仁爱明察，老百姓不能欺骗他；宓子贱治理政事注重简要无为，老百姓不忍心欺骗他；西门豹治理政事注重威慑严厉，老百姓不敢欺骗他。

【13—43】胡宏①曰："养民惟恐不足，此世之所以治安也；取民惟恐不足，此世之所以败亡也。"

［注］①胡宏：南宋时人，湖湘学派的奠基者之一。

［译］胡宏说："养育百姓唯恐做得不够，这就是社会太平安定的原因；搜刮百姓唯恐做得不够，这就是社会衰败灭亡的原因。"

【13—44】苏子①曰："君子如嘉禾②，封植③之甚难，而去之甚易。小人如恶草，不种而生，去之复蕃④。世未有小人不去而治者也。"

［注］①苏子：北宋文学家苏轼。引文见其所作《续欧阳子朋党论》一文。②嘉禾：生长苗壮的稻谷。③封植：培植。封，给植物的根部培土。④蕃（fán）：大量生长。

［译］苏轼说："君子犹如苗壮的禾稻，培植它很艰难，除掉它却很容易；小人犹如杂草，不栽种就生长，铲除后又繁衍。世间没有小人不清除却能治理好的情况。"

【13—45】吕荣公曰："前辈作事多周详，后辈作事多阙略。"

［译］吕荣公说："前人做事往往周到细致，后人做事往往遗漏粗略。"

【13—46】 张南轩^①曰："为政须是先平其心。不平其心，虽好事亦错。如抑强扶弱，岂非好事？往往只这里便错。须是如明镜然，妍^②者自妍，丑者自丑，何预^③我事？若先以其人为丑，则见此人无往而非丑矣。"

［注］①张南轩：南宋著名理学家张栻，号南轩。②妍（yán）：美丽。③预：关涉，牵连。

［译］张南轩说："治理政事应该先使自己心情平和。心情不平和，即使是好事也会做错。如像压制富强者扶持贫弱者，难道不是好事情？但往往在这里就搞错了。必须是像明镜一样，美的人自然美，丑的人自然丑，与我有什么相关？如果先就认为那个人丑，那么看见这个人时，就会觉得没有一处长得不丑了。"

【13—47】 岳武穆^①云："文官不爱钱，武官不怕死，天下太平矣。"

［注］①岳武穆：南宋著名抗金将领岳飞，谥号为"武穆"。

［译］岳飞说："朝中的文臣不聚敛钱财，带兵的武将不害怕牺牲，天下就太平了。"

【13—48】 立朝以正直忠厚为本。

［译］在朝中做官，要把正直忠厚作为根本。

【13—49】 彭执中^①云："住世一日，则做一日好人；居官一日，则行一日好事。"

［注］①彭执中：宋代学者。

［译］彭执中说："在世一天，就做一天好人；做官一天，就做一天好事。"

【13—50】 当官处事，但务着实。如涂擦文字，追改日月，重易押字，万一败露，得罪反重，亦非所以养诚心事君不欺之道。

［译］做官处理政事，只求符合实际。像涂改文书上的文字，过后更改日期，重新变换签字，万一被人发觉，获得的罪罚反而更重，这也不是培养诚心、为君主做事不隐瞒欺骗的所作所为。

【13—51】 刘挚^①论人才曰："性忠实而有才识，上也；才虽不高而忠实有守，次也；有才而难保，可借以集事，又其次也；怀邪观望，随势改变，此小人，终不可用也。"

［注］①刘挚：北宋大臣，有《忠肃集》传世。

[译] 刘挚论人才说："性情忠诚老实而又有才能识见，这是上等人才；才能虽然不高却能忠实守节，这在其次；有才能却难以保全，但可以利用他来成就大事，这又在其次；心怀叵测，暗中观望，见风使舵，这就是小人，终究不能使用。"

【13－52】吕舜从①守官会稽。人或讥其不求知者。舜从对曰："勤于职事，其他不敢不慎，是乃所以求知也。"

[注] ①吕舜从：北宋教育家吕希哲之子吕切问，字舜从。

[译] 吕舜从做会稽太守。有人责备他不求出名。吕舜从回答说："努力做好职责范围的事，别的事不敢不谨慎，这就是我追求出名的方法。"

【13－53】刘卞功①云："常人以嗜欲杀身，以货财杀子孙，以政事杀人民，以学术杀天下后世。"

[注] ①刘卞功：北宋后期有名的修道人。

[译] 刘卞功说："世上的人用嗜好欲望来杀害自己，用钱财来杀害子孙，用行政管理来杀害人民，用学说主张来杀害天下人和后代。"

【13－54】周敦颐曰："杀人以媚人，吾不为也。"

[译] 周敦颐说："通过杀人来取悦人，我不做这样的事。"

【13－55】《省心诠要》云："天下有正道，邪不可干，以邪干正者国不治；天下有公议，私不可夺，以私夺公者人不服。"

[译]《省心诠要》说："天下存在正道，邪气不能侵犯，用邪气侵犯正道的话，国家不能安定；天下自有公论，私意不能改变，用私意改变公论的话，人民不会服气。"

【13－56】《自警编》①云："前辈莅官②之法，事来莫放，事去莫追，事多莫怕。"

[注] ①《自警编》：宋赵善璙（liáo）著，主要辑录可以借鉴效仿的宋代名臣大儒的言语和行为。②莅（lì）官：担任官职。

[译]《自警编》说："前人做官的方法是，事情来了不要放过，事情已过不要回想，事情多了不要畏惧。"

【13－57】古之仕者为人，今之仕者为己。

[译] 古代做官的人一心为他人，现代做官的人一心为自己。

【13－58】处事者不以聪明为先，而以尽心为要；不以集事为急，

而以方便为上。

[译] 办理政事的人不把聪明放在首位，而是把尽心尽力作为首要任务；不急于把事情做完，而是首先考虑提供方便。

【13—59】以简傲①为高，以谄谀为礼，以刻薄②为聪明，以阘茸③为宽大，胥④失之矣。

[注] ①简傲：高傲。②刻薄：克扣。③阘茸（tàróng）：庸碌低劣。④胥：皆，都。

[译] 把傲慢当作清高，把奉承当作有礼，把克扣当作聪明，把庸碌当作宽大，这些全都是错的。

【13—60】邪正者，治乱之本；赏罚者，治乱之具。举正错邪，赏善罚恶，未有不治者。邪正相杂，赏罚不当，求治难矣。

[译] 正和邪，是太平或动乱的根源；赏和罚，是太平或动乱的表现。提倡正道，压制邪道，奖赏善行，惩罚恶行，就没有治理不好的。如果邪道正道混杂，奖赏惩罚不当，想要得到太平，那就太难了！

【13—61】耶律楚材①曰："兴一利，不如除一害；生一事，不如减一事。"

[注] ①耶律楚材：契丹族人，作为重臣制定的各种措施为蒙古帝国的发展和元朝的建立奠定了良好的基础。

[译] 耶律楚材说："兴办一件有利的事，不如除掉一种弊端；生发一件事，不如省去一件事。"

【13—62】语云："爱国如爱家，爱民如爱子。"

[译] 俗话说："爱国家要像爱家庭，爱百姓要像爱儿女。"

【13—63】偏听生奸，独任成乱。

[译] 听信一面之词就会出现奸诈，独自信用一人就会酿成祸乱。

【13—64】不能治心焉能治身？不能治身焉能治人？

[译] 不能管好内心又怎么能管好自己？不能管好自己又怎么能管好别人？

【13—65】忍之一字，众妙之门，当官处事，尤是先务。

[译] "忍"这一个字，是一切奥妙的关键所在，做官处事，尤其先要做到"忍"。

【13—66】公尔忘私，国尔忘家。

［译］为公家你要忘了自己，为国家你要忘了家庭。

【13-67】杀人可恕，情理难容。

［译］杀人或许可以宽恕，但是于情于理却说不过去。

【13-68】无功受禄，寝食不安。

［译］没有功劳而享受优厚的待遇，睡觉吃饭都不会安心。

【13-69】诗云："二月卖新丝，五月粜①新谷。医得眼前疮，剜②却心头肉。我愿君王心，化作光明烛。不照绮罗③筵，偏照逃亡屋。"

［注］①粜（tiào）：卖出。②剜（wān）：挖。③绮（qǐ）罗：华贵的丝织品，这里指华美。

［译］古诗说："二月时蚕还没完全长大就开始卖新丝，五月间庄稼还没完全成熟就开始卖新谷。医好了看得见的外伤，却挖掉了性命相关的心头肉。我希望君王的心思，能化作明亮的烛光。不要照在华美丰盛的宴席上，只照在无法生存而逃亡在外的人的陋室里。"

【13-70】锄禾日当午，汗滴禾下土。谁知盘中餐，粒粒皆辛苦！

［译］太阳当头的中午为庄稼除草，汗水不停地滴到庄稼下面的土里。谁能知晓碗中的饭食，每一粒都是辛辛苦苦换来的！

【13-71】昨日出城郭，归来泪满巾。遍身绮罗者，不是养蚕人。

［译］昨天进入城里，回来泪湿衣衫。绸缎满身的人，从来不会养蚕。

【13-72】舜举十六相①，身尊道何高。秦时用商鞅②，法令如牛毛。

［注］①十六相：古代传说中高阳氏的八个才子和高辛氏的八个才子。②商鞅：又称"商君"，战国时期卫国人，著名政治家、思想家。辅佐秦孝公实行"商鞅变法"，其思想和言行见于法家学派的代表作《商君书》（又称《商子》）。

［译］舜任用十六位贤臣，他们身份高贵，道德也很高尚。秦朝任用商鞅做相，法令却多如牛毛。

治家篇第十四

【14—1】《易》曰："女正位乎内，男正位乎外，男女正，天地之大义也。父父，子子，兄兄，弟弟，夫夫，妇妇，而家道正。正家而天下定矣。"

［译］《周易》说："女子主持家内，男子主持家外，男女都处在正当的位置，这是天地阴阳的大道理。父亲做好父亲，儿子做好儿子，哥哥做好哥哥，弟弟做好弟弟，丈夫做好丈夫，妻子做好妻子，这样，维持家庭的规矩就端正了。端正了家庭，天下也能安定了。"

【14—2】《书》曰："立爱惟亲，立敬惟长，始于家邦，终于四海。"

［译］《尚书》说："建立对亲人的爱意，建立对长者的敬意，从家和国开始，最终推广到天下。"

【14—3】《礼》曰："闺门之内，恩掩义也；闺门之外，义断恩也。"

［译］《礼记》说："在家庭内部要重亲情而掩盖礼义；在家庭之外要重礼义而断绝亲情。"

【14—4】《大学》曰："欲齐其家者先修其身。"

［译］《大学》说："想要治理好家庭的人必须先提高自身的品德修养。"

【14—5】一家仁，一国兴仁；一家让，一国兴让。

［译］一家仁爱，全国都会兴起仁爱的风气；一家礼让，全国都会兴起礼让的风气。

【14—6】孟子曰："天下之本在国，国之本在家，家之本在身。"

［译］孟子说："天下的根本在国，国的根本在家，家的根本在个人。"

【14—7】身不行道，不行于妻子；使人不以道，不能行于妻子。

[译] 自己不遵循道来做事，道在他妻子儿女那里也行不通；不遵循道去使唤别人，那就连妻子儿女也使唤不了。

【14—8】匡衡《正家疏》曰："福之兴莫不本乎室家，道之衰莫不始乎梱①内。故圣王必慎妃后之际，别适②长之位。卑不逾尊，新不先故，所以统人情而理阴气③也。"

[注] ①梱（kǔn）：门槛。②适（dí）：通"嫡"。正妻，相对于妾而言。③阴气：过去指女人之气。

[译] 匡衡《正家疏》说："福运的兴起，没有不是源于家庭的；道德的衰落也没有不是源于家庭的。所以圣明的君主必定慎重处理妃嫔与皇后之间的关系，确立生嫡长子的正妻的地位。地位低的不能逾越地位高的，后来的不能超过先来的，以此来管理人心，理顺妇女之间的关系。"

【14—9】如当亲者疏，当尊者卑，则佞巧之奸因时而动，以乱国家。故圣人慎防其端，禁于未然，不以私恩害公义。

[译] 如果应当亲近的人反而疏远，应当尊重的人反而轻视，那么奸邪狡诈之徒就会乘机而动，使国家混乱。所以圣人谨慎防备祸乱的起因，在没有发生时加以禁止，不因为个人的恩情而伤害公正的原则。

【14—10】杨颙①曰："今有人使奴执耕，婢典爨②，鸡司晨③，犬吠盗，牛负重，马涉远。私业无旷，所求皆足。忽一旦尽欲以身亲其役，不复付任，形疲神困，终无一成。岂其智之不如奴婢鸡犬哉？失为家主之法也。"

[注] ①杨颙（yóng）：三国时期蜀国官员。②典爨（cuàn）：典，负责。爨，烧火做饭。③司晨：雄鸡报晓。司，主管。

[译] 杨颙说："现在有人让奴仆负责耕田，婢女负责烧饭，雄鸡报晓，狗咬盗贼，用牛拉重物，骑马走远路。家中事务没有一样耽误，所有要求都得到满足。忽然有一天，所有的事情都得亲自去做，不再用奴婢、鸡狗、牛马，结果弄得身体疲惫，精神萎靡，最终却一事无成。难道他的才能比不上奴婢和鸡狗吗？不，是因为他不懂得做一家之主的管理艺术。"

【14—11】刘表①问庞公②曰："先生苦居畎亩③而不肯官禄，后世何以遗子孙乎？"庞公曰："世人皆遗之以危，今独遗之以安。虽所遗不

同，未为无所遗也。"

[注] ①刘表：东汉末年军阀，长期主政荆州，称雄荆江地区。②庞公：东汉末年隐士庞德公，以善于鉴察人著称。③畎（quǎn）亩：田野。

[译] 刘表问庞德公说："先生艰苦地居住在乡村田野之中，却不肯出来做官，以后拿什么来留给子孙呢？"庞德公回答说："一般人都把可能带来危险的钱财留给子孙，我独自留给他们平安。虽然留下的东西不同，但不能算是没有留下啊！"

【14—12】文中子曰："御家以四教：勤、俭、恭、恕；正家以四礼：冠、婚、丧、祭。"

[译] 王通说："管理家庭有四条准则：勤劳、节俭、恭敬、宽恕；理顺家庭通过四方面的礼节：成年戴冠、婚姻嫁娶、办理丧事、祭祀先人。"

【14—13】早婚少聘①，教人以偷②；妾媵③无数，教人以乱。

[注] ①少（shào）聘：年少时订婚或聘娶。②偷：不厚道。③媵（yìng）：古代随贵族妇女出嫁的女子。

[译] 年少早结婚，这是教人不醇厚；侍妾数量多，这是教人乱常道。

【14—14】人或交天下之士，皆有欢爱，而失敬于兄者，何其能多而不能少也？人或将数万之师，得其死力，而失恩于弟者，何其能疏而不能亲也？

[译] 有的人能够结交天下的人，相互之间快乐友爱，而对自己的哥哥却缺乏敬意，为什么对多数人可做到的，对少数人反而不行呢？有人统领几万军队，能使部下拼死作战，而对自己的弟弟却缺乏仁爱，为什么对关系疏远的人能做到的，对关系亲密的人反而不行呢？

【14—15】柳玭①戒其子弟曰："吾见名门右族②，莫不由祖先忠孝勤俭以成立之，莫不由子孙顽率奢傲以覆坠之。成立之难如升天，覆坠之易如燎③毛。"

[注] ①柳玭（pín）：唐代大臣，父、祖都以做官刚直严明闻名。②右族：豪门大族。③燎（liǎo）：被火焰烧焦。

[译] 柳玭告诫子弟说："我看见那些名门望族，无一不是由祖先通

过忠诚孝敬、勤劳节俭而创立的，无一不是由子孙顽劣任性、奢侈骄横而导致毁灭的。创建犹如登上天空一样艰难，毁掉犹如烈火烧毛一样容易。"

【14—16】祖宗富贵自诗书中来，子孙享富贵则贱诗书矣；祖宗家业自勤俭中来，子孙得家业则忘勤俭矣。此所以多衰门也。戒之！

［译］祖宗的富贵从诗书中得来，而子孙享受了富贵就轻视读书；祖宗的家业从勤俭中获得，而子孙继承了家业就忘记勤俭。这就是有很多衰落人家的原因。千万警惕！

【14—17】《景行录》云："衣冠①之族，以清白②传家为本，务要清心省事。凡异色人，皆不宜与之相接。"

［注］①衣冠：穿上衣服，戴上礼帽，这是士大夫才有的服装，因代指士大夫。②清白：品行纯正廉洁。

［译］《景行录》说："世代做官的家庭，要把留传清正廉洁的品行给后代作为根本，一定做到清心寡欲，减少麻烦。凡是另类的人，都不适宜和他们交往。"

【14—18】为家以正伦理，别内外为本，以尊祖睦族为先，以勉学修身为教，以树艺①畜牧为常。

［注］①树艺：种植。

［译］管理家庭要把端正人伦关系、夫妻内外有别作为根本，把尊奉祖先、家族和睦作为头等大事，把勤勉学习、修身养性作为教育内容，把栽种庄稼、喂养牲畜作为日常事务。

【14—19】溺爱者受制于妻子，患失者屈己于富贵。

［译］容易沉溺于感情的人会受到妻儿的制约，患得患失的人会屈从于富贵。

【14—20】程子曰："正伦理，笃恩义，家人之道也。"

［译］程颐说："端正人伦关系，笃守恩情道义，这是一家人应该遵守的原则。"

【14—21】《袁氏世范》曰："居官当如居家，必有顾藉；居家当如居官，必有纪纲。"

［译］《袁氏世范》说："做官应当像平时在家一样，一定要有所顾忌；在家应当像处在官位一样，一定要遵守法度。"

【14—22】范文正公告诸子曰："吾吴中①宗族甚众，于吾固有亲疏，然吾祖宗视之，均是子孙，无亲疏也。若独享富贵而不恤②宗族，异日何以见祖宗于地下？"

[注] ①吴中：今江苏苏州市吴中区。亦泛指吴地。②恤：救济。

[译] 范仲淹告诉儿子们说："我在吴地有很多同宗族的人，和我本来有亲疏远近的关系，但是我的祖宗看他们都是子孙，没有亲疏的差别。如果我独自享受富贵而不周济同宗族的人，以后怎么到地下去见祖宗呢？"

【14—23】《训要》云："凡尼姑、道姑、卦姑谓之'三姑'；牙婆、媒婆、师婆、虔婆、药婆、稳婆谓之'六婆'①。此等人与三刑六害②同。人家有一于此，而不致奸盗者几希。若能谨而远之，如避蛇蝎，庶乎净宅之法。"

[注] ①六婆：牙婆，贩卖人口的妇女；媒婆，专为人家介绍婚姻的妇女；师婆，女巫；虔婆，妓院里的鸨母；药婆，给人治病的女游医；稳婆：接生婆。②三刑六害：星相术语，是命局干支不和顺的表现。

[译]《训要》说："尼姑、女道士、占卜算命的卦姑称为'三姑'；贩卖人口的牙婆、媒婆、女巫、鸨母、女游医、接生婆叫作'六婆'。这些人与三刑六害等灾异表现相同。一般人家有其中一种，而不出现为非作歹的极少。如果能够谨慎地远离她们，如像躲避毒蛇和蝎子一样，大致算是让家庭清静的方法了。"

【14—24】饱肥甘，衣轻暖，不知节者损福；广积聚，骄富贵，不知止者杀身。

[译] 吃着肥美的东西，穿着柔暖的衣服，却不知道节制的人，会损害福运；大肆积聚钱财，以富贵傲视别人，却不知道停步的人，会丢掉性命。

【14—25】《训纂》云："子孙有过，父祖多不自知，贵官尤甚。盖富家之子孙不肖，不过耽酒色、近赌博破家之事而已。贵家之子孙不止于此，强索人之钱，强贷人之财，强借人之物而不还，强买人之物而不偿。亲近群小则假势以凌人，侵害良善则饰词而妄讼。伪作简书，干恳①州县，妄有求觅，殆非一端。凡为人父祖者，常严为关防②，更宜

询访，或庶几免焉。"

[注] ①干恳：恳求。②关防：防备。

[译]《训纂》说："子孙有了过错，父亲、祖父常常自己并不知晓，显贵的官僚之家尤其这样。大概富家子弟没出息，不过是沉迷于酒色、染上赌博而毁了家业之类的事。贵家子弟就不止这些了，强行索要别人的钱，强行拿走别人的物，强行借走别人的东西而不归还，强行购买别人的东西而不付钱。结交小人就让他们仗势欺人，侵害好人就编造言语乱打官司。伪造父亲或祖父的书信，请托州官县官，非法求取，大概不只这些。凡是做父亲、祖父的，要经常严加防范，更要询问查访，或许可以免除后患。"

【14—26】孔子谓："奢则不逊，俭则固①。"又谓："使骄且吝，其余不足观也已。"盖俭者，省约为礼之谓也；吝者，穷急不恤之谓也。今有奢则施②，俭则吝，如能施而不奢，俭而不吝，可矣。

[注] ①固：鄙陋。②奢则施：据下文当作"施则奢"。

[译] 孔子说："奢侈就会显得自大，节俭就会显得寒酸。"又说："既骄傲自大，又吝啬小气，那其他方面也就不值得称道了。"所谓俭，说的是合乎礼义的节省；所谓吝，说的是对困难危急也不救济。现在一有施舍就变得奢侈，一说节俭就走向吝啬，如果能够做到施舍而不奢侈，节俭而不吝啬，那就太好了。

【14—27】《谕俗编》①云："一朝之忿，可以亡身及亲；锥刀之争，可以破家荡业。"

[注] ①《谕俗编》：指南宋临海令彭仲刚仿照当时人所著《谕俗编》而写成的《续谕俗》。谕俗：教导世人。

[译]《谕俗编》说："一时的气愤，可以断送自己的性命，并且连累家人；争夺锥尖刀尖那么一点点的利益，可以导致倾家荡产。"

【14—28】内睦者家道昌，外睦者人事济。

[译] 能与家人和睦相处，家道就会兴盛；能与外人和睦相处，办事容易成功。

【14—29】周濂溪曰："家难而天下易，家亲而天下疏也。"

[译] 周敦颐说："管理家庭艰难而治理天下容易，因为家人亲近而天下人疏远。"

【14—30】语云："不痴不聋，不作家翁①。"

［注］①家翁：家指婆婆，翁指公公。

［译］俗话说："不能装糊涂，不能装聋作哑，就当不好婆婆公公。"

【14—31】一年之计在春，一日之计在寅①。一家之计在和，一生之计在勤。

［注］①寅：古代以地支称呼一天的十二个时辰，寅时相当于现在的凌晨三点到五点。

［译］一年的关键在于春天，一天的关键在于凌晨。一家的关键在于和睦，一生的关键在于勤奋。

【14—32】观朝夕起卧之早晏，可以卜人家之兴替。

［译］看起床睡觉的早晚，可以推测一户人家的兴衰。

【14—33】富莫盖屋，穷莫卖田。

［译］富裕不要盖房子，贫穷不要卖田地。

【14—34】由俭入奢易，由奢入俭难。

［译］从节俭转到奢侈容易，从奢侈转入节俭困难。

【14—35】忠孝安家国，诗书教子孙。广行方便路，功德满乾坤。

［译］忠诚孝顺可以使家国安定，诗书可以教育子孙后代。广开方便之路，功德遍布天下。

安义篇第十五

【15－1】见义不为，无勇也。

[译] 看到正义的事却不去做，这是缺乏勇气。

【15－2】君子有勇而无义为乱，小人有勇而无义为盗。

[译] 君子只有勇气而不讲道义就会作乱，小人只有勇气而不讲道义就会偷盗。

【15－3】义然后取，人不厌其取。

[译] 合乎道义然后再去获取，人们就不会厌恶他的获取。

【15－4】孟子曰："非其义也，非其道也，禄之以天下弗顾也，系马千驷①弗视也。非其义也，非其道也，一介②不以与人，一介不以取诸人。"

[注] ①千驷：四千匹马。古代四匹马拉一车，所以称驾一车的四匹马为驷。②介：通"芥"，小草。

[译] 孟子说："要是不符合礼义，不合乎道德，就是拿整个天下给他做俸禄，他也会不屑一顾；拿四千匹马送给他，他也会不看一眼。要是不符合礼义，不合乎道德，就是一株小草也不给别人，一株小草也不会拿别人的。"

【15－5】生，亦我所欲也；义，亦我所欲也。二者不可得兼，舍生而取义者也。

[译] 生命，也是我想要的；道义，也是我想要的。如果两者不能够同时得到，那只好舍弃生命来保住道义。

【15－6】文子曰："世治则以义卫身，世乱则以身卫义。"

[译] 文子说："社会太平就用道义来护卫自身，社会动乱就用自身来捍卫道义。"

【15—7】荀子曰："凡奸人之所以起者，以上之不贵义、不敬义也。夫义者，所以限禁人之为恶与奸者也。上不贵义、不敬义，则下之人皆有弃义之志，有趋奸之心矣。此奸之所以起也。"

［译］荀子说："奸邪的人之所以会产生，是因为君主不推崇道义、不尊重道义。道义是用来限制人们为非作歹和施行奸诈的。君主不推崇道义、不尊重道义，那下面的人就都会有放弃道义的意愿，有趋附奸邪的想法了。这就是奸邪产生的原因。"

【15—8】庄子曰："臣之事君，义也。无适而非君也，无所逃于天地之间。"

［译］庄子说："臣子侍奉国君，这是道义。天下无处不受国君统治，在天地之间没有地方可以逃避。"

【15—9】韩信①曰："衣人之衣者怀人之忧，食人之食者死人之事。"

［注］①韩信：西汉开国功臣，中国历史上杰出的军事家。

［译］韩信说："穿别人的衣服就要为别人的烦恼担忧，吃别人的饭食就要为别人的事情卖命。"

【15—10】董子曰："正其谊不谋其利，明其道不计其功。"

［译］董仲舒说："端正言行而不谋取私利，阐明道义而不计较自己的功劳。"

【15—11】曹令女①曰："仁者不以盛衰改节，义者不以存亡易心。"

［注］①曹令女：三国时魏国人，本名夏侯令女，因嫁曹文叔为妻，故称"曹令女"。

［译］曹令女说："有仁德的人不因为盛衰而改变自己的节操，讲义气的人不因为存亡而改变自己的志向。"

【15—12】《公羊传》①曰："杀人以自生，亡人以自存，君子不为也。"

［注］①《公羊传》：又名《春秋公羊传》，战国时齐国人公羊高著，专门阐释《春秋》的"微言大义"，是儒家经典之一。

［译］《公羊传》说："杀害别人来让自己活命，消灭别人来让自己生存，君子不会做这样的事。"

【15—13】《说苑》曰："义死者不避铁钺①之威，义穷者不受轩冕

之赐。无义而生，不如有义而死。"

［注］①铁钺（fūyuè）：铡刀和斧头，古代也用作刑具。

［译］《说苑》说："为道义而献身的人不会害怕杀戮的威胁，为道义而受穷的人不会接受官禄的赏赐。抛弃道义而活，不如拥有道义而死。"

【15-14】邵康节曰："天下将治，则人必尚义也；天下将乱，则人必尚利也。尚义，则谦让之风行焉；尚利，则攘夺之风行焉。"

［译］邵雍说："天下即将太平，那人们一定会崇尚道义；天下将要动乱，那人们一定会推崇利益。崇尚道义，那么谦逊礼让的风气就会盛行；推崇利益，那么巧取豪夺的风气就会盛行。"

【15-15】程伊川曰："不独财利之利，凡有利心便不可。如作一事，须寻自家稳便处，皆利心也。圣人以义为利，义安处便为利。"

［译］程颐说："不仅仅是钱财功利的利益，凡是有利欲之心就不可以。如像做一件事，要去寻找自己稳妥方便的地方，这都是利欲之心。圣人把道义当作功利，安于道义就是功利。"

【15-16】张横渠曰："学者舍礼义则饱食终日，无所猷为①，与下民一致，所事不逾衣食之间、燕游②之乐耳。"

［注］①猷（yóu）为：指建功立业。②燕游：闲游，游乐。

［译］张载说："读书人抛弃礼义，就会饱食终日，没有什么作为，与普通百姓一样，所做的不过就是吃饭穿衣、闲游玩乐而已。"

【15-17】张南轩曰："学莫先于义利之辨。无所为而为者，义也；有所为而为者，利也。"

［译］张栻说："没有什么学习比辨清道义和利益更迫切的了。没有私心去做，这是为道义；有所企求去做，这是为利益。"

【15-18】罗豫章曰："士之立身，要以名节忠义为本。有名节则不枉道以求进，有忠义则不固宠以要名。"

［译］罗从彦说："士人立身处事，要把名誉节操和忠诚义气作为根本。有了名誉节操，就不会违背正道来追求升官，有了忠诚义气，就不会一心获宠来求取名声。"

【15-19】《近思录》曰："天下事大患只是畏人非笑。食粗衣恶，居贫贱，皆恐人非笑。不知当生则生，当死则死。今日万钟，明日弃

之；今日富贵，明日饥饿。亦不必恤①，惟义所在。"

[注] ①恤：顾及。

[译]《近思录》说："天下的事最厌恶的就是一味怕别人讥笑。吃得不好，穿得不好，身处穷困低贱，都怕别人讥笑。不懂得该活就活，该死就死。今天享受优厚俸禄，明天就被主子遗弃；今天享受荣华富贵，明天就会忍饥挨饿。也不必多想，只要守住道义就行。"

【15—20】《景行录》云："大丈夫见善明，故重名节于泰山；立心刚，故轻死生于鸿毛。"

[译]《景行录》说："大丈夫明察善行，所以把名誉节操看得比泰山还重；立志坚定，所以把生死存亡看得比鸿毛还轻。"

【15—21】《唐书》①云："恶木垂荫，义士不息；盗泉飞溢，廉夫不饮。"

[注] ①《唐书》：指记录唐代历史的纪传体正史，一般有《旧唐书》《新唐书》两种。引文见《新唐书·后妃传上》。

[译]《唐书》说："低劣的树树枝成荫，守义之士不会在下面休息；名叫盗泉的泉水喷涌，廉洁的人不会到那里饮用。"

【15—22】韩琦云："保初节易，保晚节难。"

[译]韩琦说："保住最初的节操容易，保住晚年的节操很难。"

【15—23】齐元景皓①曰："丈夫宁可玉碎，何能瓦全？"

[注] ①元景皓：北魏宗室成员，北齐建立后因不愿改姓而被杀。"皓"字原无，据《北齐书·元景安传》《北史·元景安传》补。

[译] 北齐元景皓说："大丈夫宁可做玉器被打碎，怎么能做陶器而保全自己呢？"

【15—24】语云："知恩报恩，忘恩负义。"

[译] 俗话说："知道受了人家的恩惠就设法报答，忘记别人对自己的恩情就是背弃道义。"

【15—25】义路闭，利路开。

[译] 道义的路子一闭塞，功利的门路就开通。

【15—26】一言知己重，片义杀身轻。

[译] 得到一句知己的话确实很珍贵，为了一点点道义而失去生命也微不足道。

【15—27】重义之人，一饭必报。

[译] 看重义气的人，一顿饭的恩惠也必定报答。

【15—28】义死天亦许，利生天亦嗔。

[译] 为道义而死，上天也会赞许；为利欲而活，上天也会发怒。

【15—29】安义命者轻死生，远①是非者忘臧否②。

[注] ①远：原作"达"，据宋代林逋《省心录》、明徐榜《宦游日记·劝勉》改。②臧否（zāngpǐ）：善和恶，得和失。

[译] 安于道义和天命的人轻视生死，远离是非的人忘记善恶得失。

【15—30】慷慨杀身易，从容就义难。

[译] 情绪激昂地丢掉性命容易，沉着镇静地为正义献身很难。

【15—31】人生自古谁无死，留取丹心照汗青①。

[注] ①汗青：古代在竹简上写字，先用火烤青竹使水分如汗渗出，再刮去竹青部分以便书写和防蛀，称为汗青。也借指史册。

[译] 自古以来，哪一个人不会死去？但是要把一片赤诚忠心留在史书上光照千秋。

【15—32】君子虽贫，礼义常在。

[译] 君子虽然贫穷，礼义常在心中。

【15—33】诗云："人之为善事，善事义当为。金石犹能动，鬼神其可欺？事须①安义命②，言必道肝脾③。莫问身之外，人知与不知。"

[注] ①事须：理应如此。②义命：天命，本分。③肝脾：内心。

[译] 古诗说："人要做善事，善事按道理就该做。金属石头尚且能被打动，鬼神难道就可以欺骗？理所应该安于本分，言语必须发自肺腑。不要去管自身以外，别人知道还是不知。"

【15—34】小人固无知，惟以利为视。君子固不欺，见得还思义。

[译] 小人原本就没有智慧，眼里只看到各种利益。君子原本就不会欺瞒，看见利益还要顾及道义。

遵礼篇第十六

【16—1】《书》曰:"世禄之家,鲜克由礼,以荡凌德,实悖天道。"

[译]《尚书》说:"世代享受俸禄的家庭,少有能够遵循礼节,用放任来凌驾于道德之上,实在是违背天道。"

【16—2】《礼》曰:"人有礼则安,无礼则危。"

[译]《礼记》说:"人讲礼节就平安,不讲礼节就危险。"

【16—3】足容重,手容恭,目容端,口容止,声容静,头容直,气容肃,立容德,色容庄。

[译]两脚要稳重,双手要恭顺,眼光要直视,嘴不要乱说,声音要柔和,头部要端正,神气要严肃,站姿要直立,面色要庄重。

【16—4】礼者,所以定亲疏、决嫌疑、别同异、明是非也。

[译]礼节,是用来确定亲疏、判定疑惑、区别异同、明辨是非的。

【16—5】礼之教化也微,其止邪也于未形,使人日迁善远罪而不自知也,是以先王隆之也。

[译]用礼节来教化人民是从细微处开始,在邪恶还没有形成之前就加以防止,使人们一天天向善和远离邪恶而自己没有察觉,所以前代君王都很重视礼节。

【16—6】坏国、丧家、亡人,必先去礼。礼之于人,犹酒之有糵①也,君子以厚,小人以薄。

[注]①糵(niè):酿酒的曲。

[译]国家破败,家庭衰落,人身败名裂,必定是因为先舍弃了礼节。礼节对于人,就像酿酒必须要有酒曲,君子因为讲礼节而更加醇厚,小人因为不讲礼节而更加低劣。

【16—7】孔子曰:"非礼勿视,非礼勿听,非礼勿言,非礼勿动。"

　　［译］孔子说："不合礼节的不要看，不合礼节的不要听，不合礼节的不要说，不合礼节的不要做。"

【16—8】能以礼让为国乎？何有？不能以礼让为国，如礼何？

　　［译］能通过守礼谦让来治理国家吗？那有什么困难呢？不能通过守礼谦让来治理国家，那怎么对待礼义呢？

【16—9】君使臣以礼，臣事君以忠。

　　［译］君王支使臣子有礼有节，臣子侍奉君王就忠心耿耿。

【16—10】生，事之以礼；死，葬之以礼，祭之以礼。

　　［译］父母活着时，要按照礼节来侍奉他们；父母去世后，要按照礼节来埋葬他们，按照礼节来祭奠他们。

【16—11】礼之所以兴，众之所以治也；礼之所以废，众之所以乱也。

　　［译］礼节兴盛的时候，就是大众安定的时候；礼节荒废的时候，就是大众动乱的时候。

【16—12】夫礼禁乱之所由生，犹坊①止水之所自来也。故以旧坊为无用而坏之者，必有水败②；以旧礼为无用而去之者，必有乱患。

　　［注］①坊：同"防"，堤防。②水败：水害。

　　［译］礼节是用来禁绝祸乱产生的根源，就如同堤防是用来阻止洪水的泛滥。所以，如果认为原有的堤防没有用处而毁坏它，那一定会遭受水灾；如果认为古老的礼节没有用处而废弃它，那一定会遭受动乱。

【16—13】《传》曰："见有礼于其君者事之，如孝子之事父母也；见无礼于其君者诛②之，如鹰鹯①之逐鸟雀也。"

　　［注］①鹯（zhān）：一种凶猛的禽。②诛：指责。

　　［译］《左传》说："看到对君主有礼节的人就去侍奉他，如同孝子侍奉父母一样；看到对君主没有礼节的人就去声讨他，如同老鹰和鹯驱赶鸟雀一样。"

【16—14】礼，国之干也；敬，礼之舆也。

　　［译］礼节，是国家的主体；恭敬，是载礼的车厢。

【16—15】子夏曰："君子敬而无失，与人恭而有礼。"

　　［译］子夏说："君子做事慎重而不出差错，对人谦恭而讲究礼节。"

【16—16】孟子曰："动容①周旋中礼者，盛德之至也。"

[注] ①动容：举止仪容。

[译] 孟子说："动作、容貌、言辞、行为都能做到合乎礼节，这是美德中最高的了。"

【16－17】晏子曰："君令臣共①，父慈子孝，兄爱弟敬，夫和妻柔，姑慈妇听，礼也。君令而不移，臣共而不贰，父慈而教，子孝而箴②，兄爱而友，弟敬而顺，夫和而义，妻柔而正，姑慈而从，妇听而婉③，礼之善物也。"

[注] ①共：通"恭"。②箴（zhēn）：规劝，告诫。③婉：温顺。

[译] 晏子说："君主发令，臣下恭顺，父亲慈爱，儿子孝顺，哥哥仁爱，弟弟恭敬，丈夫和蔼，妻子温柔，婆婆慈爱，媳妇听话，这是合乎礼的。君主发令而不善变，臣下恭顺而无二心，父亲慈爱又重视教育，儿子孝顺能规劝父亲，哥哥仁爱并且友善，弟弟恭敬并且顺从，丈夫和气而重情义，妻子温柔而行正道，婆婆慈爱而听取意见，媳妇听话而温和柔顺，这是礼法中最好的事。"

【16－18】《刘子》曰："蘧瑗①不以昏行变节，颜回不以夜浴改容。句践②拘于石室，而君臣之礼不废；冀缺③耕于坰④野，而夫妇之敬不亏。"

[注] ①蘧瑗（qúyuàn）：春秋时卫国大夫，道家"无为而治"的开创者。②句践：即勾践。春秋时越国君主，"春秋五霸"之一。《吴越春秋》记载，吴王夫差把勾践夫妇和大夫范蠡（lí）囚禁在石室中时，勾践和范蠡还和原来一样施行君臣之礼。③冀缺：春秋时晋国大夫郄（xì）缺的别名。《左传》记载，冀缺在田间干活，其妻给他送饭，两人相敬如宾。④坰（jiōng）：郊外。

[译]《刘子》说："蘧瑗不因为在晚上行走而改变礼节，颜回不因为在晚上洗澡而改变仪容。勾践被拘禁在石屋，而君臣之间的礼节没有抛弃；冀缺在野外耕田，而夫妇之间的敬意没有减弱。"

【16－19】君子勤礼，小人尽力。勤礼莫如致敬，尽力莫如敦笃。

[译] 君子一心讲礼，小人竭尽全力。一心讲礼莫过于表示恭敬，竭尽全力莫过于宽厚诚实。

【16－20】《汉书》曰："治身者，斯须忘礼，则暴慢入之也；为国者，一朝失礼，则荒乱及之矣。"

[译]《汉书》说："修身养性的人，如果有一刻忘记了礼节，那么凶暴傲慢就会侵入他；治理国家的人，如果有一天违反了礼节，那么荒淫昏乱就会跟上他。"

【16—21】礼者，禁于未然之先；法者，禁于已然之后。是故礼之为用易见，而礼之所为难知。

[译]礼节是防患于没有产生之前，法律是禁止在已经出现以后。因此礼节的推行容易见到，礼节的效果却难于知晓。

【16—22】文中子曰："既冠读冠礼，将婚读婚礼；居丧读丧礼，既葬读祭礼；朝廷读宾礼，军旅读军礼。故君子终身不违礼。"

[译]文中子说："已到弱冠之年就学习冠礼，快到结婚的年龄就学习婚礼；为父母守孝时就学习丧礼，父母已经埋葬就学习祭礼；在朝廷中就学习宾礼，在军队里就学习军礼。所以君子终身都不会违背礼节。"

【16—23】冠礼废，天下无成人矣；婚礼废，天下无家道矣；丧礼废，天下遗其亲矣；祭礼废，天下忘其祖矣。

[译]戴冠的礼节废除，天下就没有成年人；结婚的礼节废除，天下就没有立家的规则；守丧的礼节废除，天下人就遗弃了自己的双亲；祭祀的礼节废除，天下人就忘记了自己的祖先。

【16—24】陆贽①曰："朝廷好礼则俗尚敬恭，朝廷尊让则时耻贪竞。"

[注]①陆贽（zhì）：唐代著名政治家、文学家。

[译]陆贽说："朝廷喜好礼节，那民间就会崇尚恭敬；朝廷尊崇礼让，那时俗就会耻于争夺。"

【16—25】程子曰："礼之本，出于民之情，圣人因而导之耳；礼之器，出于民之俗，圣人因而节文①之耳。"

[注]①节文：制定礼仪并根据情况加以节制。

[译]程颐说："礼节的源头，来自人民的情感，圣人趁机进行了引导；礼节的运用，来自人民的习俗，圣人趁机进行了规范。"

【16—26】司马光曰："礼之用大矣。用之于身，则动静有法，而百行备焉；用之于家，则尊卑①有别，而九族睦焉；用之于乡，则长幼有伦而俗化美焉；用之于国，则君臣有叙而政治成焉；用之于天下，则诸侯宾服，而纪纲正焉。"

［注］①尊卑：儒家伦理学说指老少之间、贵贱之间应有的尊卑次序。

［译］司马光说："礼节的作用太大了！把它用到个人身上，言行举止就有了规范，各种品行就会完备无缺；把它用到家事上，上下尊卑就井然有别，家族内部就会和睦融洽；把它用到乡里，长幼之间就有了等次，风俗教化就会美好；把它用到一国，君主和臣子就有了秩序，政事的治理就会成功；把它用到天下，诸侯就归顺服从，法制纪律就会严正。"

【16—27】《省心编》云："礼义廉耻，可以律己，不可绳人。律己则寡过，绳人则寡合。"

［译］《省心编》说："礼义廉耻这些道德，可以用来规范自己，却不可以用来衡量别人。用来规范自己就会少犯错误，用来衡量别人就会与人合不来。"

【16—28】欲修己，慎守礼。

［译］想要完善自己，千万遵守礼节。

【16—29】礼下于人，必有所求。

［译］谦卑地向人施行礼节，必定是有求于人。

【16—30】儒者通六艺①，立志不可干。违礼不为动，非法不肯言。

［注］①六艺：指儒家的"六经"《诗》《书》《礼》《易》《乐》《春秋》。

［译］儒士精通六艺，立下的志向不会轻易改变。违背礼节的事不会为之动心，不合礼法的话也不愿去说。

存信篇第十七

【17－1】《易》曰："天之所助者顺也，人之所助者信也。"

［译］《周易》说："上天帮助顺从天道的人，大家帮助诚实守信的人。"

【17－2】忠信所以进德也，修辞立其诚，所以居业也。

［译］忠诚信实是用来加强品德修养的，修饰言辞出于诚实，就可以保有功业了。

【17－3】不言而信，存乎德行。

［译］不说话就能被信任，是因为诚信存在于道德品行中了。

【17－4】《诗》曰："弗躬弗亲，庶民弗信。"

［译］《诗经》说："君主如果不能亲自行正道，那么百姓就不会信赖他。"

【17－5】《左传》曰："苟有明信，涧、溪、沼沚①之毛②，苹、蘩③、蕴藻④之菜，筐、筥⑤、锜、釜⑥之器，潢污⑦、行潦⑧之水，可荐⑨於鬼神，可羞⑩于王公。"

［注］①沼沚（zhǐ）：池塘。②毛：地面上长的植物。这里指草。③苹、蘩（fán）：两种可以食用的水草。④蕴（wēn）藻：聚集的藻草。⑤筐、筥（jǔ）：竹编的盛物器具，方的叫筐，圆的叫筥。⑥锜（qí）、釜：古代的炊具，有足的叫锜，无足的叫釜。⑦潢（huáng）污：不流动的死水。⑧行潦：沟中的流水。⑨荐：进献。⑩羞：进献。

［译］《左传》说："假如确实有诚意，山沟、小溪、池塘中的野草，苹、蘩、蕴藻这样的水草类野菜，竹筐、铁锅这样的器物，低洼处的死水和水沟中的活水，都可以供奉给鬼神，都可以进献给王公。"

【17－6】同言而信，信在言前。

［译］一起交谈能够相互信任，那是因为诚信已建立在说话之前。

【17－7】上好信，则民莫敢用乎情。

［译］君主喜好诚信，那么百姓就不敢耍心眼。

【17－8】自古皆有死，民无信不立。

［译］自古以来人按常理总会死去，但对于老百姓，如果统治者不守信用，国家就立不住脚了。

【17－9】忠信之人，可与学礼。

［译］忠诚守信的人，可以向他学习礼义。

【17－10】子夏曰："与朋友交，言而有信。"

［译］子夏说："与朋友交往，说话要讲信用。"

【17－11】君子信而后劳其民，未信则以为厉己也。信而后谏，未信则以为谤己也。

［译］君子要先取得老百姓的信任，然后再让他们辛劳；没有取得信任，老百姓就以为你是坑害他们。要先获得君主的信任，然后才去进谏；没有取得信任，君主就以为你是诽谤他。

【17－12】有子曰："信近于义，言可复也。"

［译］有子说："所讲的信用要符合道义，许下的诺言才可以实践。"

【17－13】晋文公①曰："信，国之宝也，民之所庇也。"

［注］①晋文公：姬姓，晋氏，名重耳，是春秋时期晋国的第二十二任君主，春秋五霸之一。

［译］晋文公说："诚信，是国家的珍宝，是人民的依靠。"

【17－14】《国语》①曰："信于君②，则美恶不逾③；信于名④，则上下不干；信于令，则时无废功；信于事，则民从事有业⑤。"

［注］①《国语》：我国第一部国别体史书，相传作者是春秋时期鲁国人左丘明。因为该书按诸侯国分类，重在记录言语，故名"国语"。②信于君：在国君的心里讲信用。指国君不因自己的爱憎随意评价善恶。③逾：越过界限。原作"渝"，据《国语·晋语四》改。④名：官员的尊卑名分。⑤业：次序。

［译］《国语》说："在国君的心里讲信用，善与恶就不会混淆；在官员的尊卑名分上讲信用，那上下就不会互相干预；在实施政令时讲信用，那就不会耽误农时农事；在安排民事上讲信用，百姓做事就会井然

有序。"

【17-15】《史断》曰："齐桓公不背曹沫之盟①，晋文公不贪伐原之利②，魏文侯不失虞人之期③，秦孝公不废徙木之赏④。"

［注］①齐桓公不背曹沫之盟：春秋五霸之一的齐桓公与鲁庄公会盟，鲁国将军曹沫用匕首劫持齐桓公，要求归还鲁国被侵占的土地。齐桓公答应后又想反悔，最终在齐相管仲的劝说下履行了约定。②晋文公不贪伐原之利：春秋五霸之一的晋文公率军包围原国，命令携带三天的粮食。三天后原国没投降，就下令离开。间谍从城里出来告知原国准备投降了，晋文公坚守信用，没有等待原国投降。③魏文侯不失虞人之期：战国时魏国开国君主魏文侯有一次与群臣喝酒喝得很高兴，天下起了大雨，他却下令备车到野外去。侍臣问原因，他说和掌管山泽苑囿的官约好了去打猎，虽然这里很快乐，但不能不遵守约定。于是亲自去告诉停止打猎。④秦孝公不废徙木之赏：战国时秦国国君秦孝公重用商鞅推行变法，担心百姓不信任，颁布法令前，在都城市场南门立一根三丈长的木杆，招募人搬到北门就赏十金。后来加到五十金，有个人去搬了，就赏给他五十金，以表明令出必行，决不欺骗。

［译］《史断》说："齐桓公不违背曹沫以胁迫手段订立的盟约，晋文公不贪图攻打原国的利益而坚守信用，魏文侯不遗漏与属下小官一起打猎的约定，秦孝公不收回对移动木杆之人的重赏。"

【17-16】老子曰："信者吾信之，不信者吾亦信之，得信矣。"

［译］老子说："诚实的人，我信任他；不诚实的人，我也信任他。这样就得到信任了。"

【17-17】轻诺必寡信，多易必多难。

［译］轻易许诺必定缺少诚信，把事情看得太容易就会遇到很多困难。

【17-18】《吕氏春秋》①曰："天行不信②，不能成岁；地行不信，草木不大。春之德③风，风不信，其华④不盛；夏之德暑，暑不信，其土不肥；秋之德雨，雨不信，其谷不坚；冬之德寒，寒不信，其地不刚。天地之大，四时之化，而犹不能以不信成物，况于人乎？"

［注］①《吕氏春秋》：又名《吕览》，是战国末期秦国丞相吕不韦组织门客编写的一部杂家著作。②信：诚实。这里指遵循规律。③德：

特征。④华：花。

[译]《吕氏春秋》说："天的运行不遵循规律，就不能形成一年四季；地的运行不遵循规律，草木就不能长大。春天的特征是风，风不能按时到来，花就不能盛开；夏天的特征是暑热，暑热不能按时到来，土地就不肥沃；秋天的特征是雨，雨不能按时降下，谷粒就不坚实饱满；冬天的特征是寒冷，寒冷不能按时到来，土地冻得就不坚固。天地如此博大，四季如此变化，尚且不能以不遵循规律来生成万物，更何况人呢？"

【17-19】君臣不信，则百姓诽谤①，社稷不宁；处官不信，则少不畏长，贵贱相轻；赏罚不信，则民易犯法，不可使令；交友不信，则离散郁怨，不能相亲；百工不信，则器械苦伪②，丹漆③染色不贞。夫可与为始，可与为终，其唯信乎！

[注]①诽谤：心怀不满。②苦伪：苦，通"盬（gǔ）"，粗劣。伪，作假。③丹漆：两种颜料。红色为丹，黑色为漆。

[译]君臣不诚信，百姓就会心怀不满，国家就不得安宁；做官不诚信，年少的就不敬畏年长的，地位高的和地位低的就相互轻视；赏罚不诚信，百姓就容易犯法，不可以役使；结交朋友不诚信，朋友间就会背离结怨，不能相互亲近；各种工匠不诚信，制造器械就会粗劣作假，丹、漆等颜料上色就不纯正。可以和它一同开始，可以和它一起结束的，大概只有诚信吧！

【17-20】荀子曰："君子能为可信，不能使人必信己。"

[译]荀子说："君子能够做到忠诚老实而可以被人信任，但不能让别人一定相信自己。"

【17-22】荀息①曰："使死者复生，生者不愧乎其言，则可谓信矣。"

[注]①荀息：春秋时晋国大夫。

[译]荀息说："如果让死去的人复活，在世的人不会对自己说过的话感到羞愧，那就可以算是诚信了。"

【17-22】刘子政①曰："执狐疑②之心者，来谗邪之口；持不断之虑者，开群枉之门。"

[注]①刘子政：西汉著名经学家、目录学家刘向，字子政。②狐

疑：遇事犹豫不决。

[译] 刘向说："疑心太重的人，会招来奸邪陷害人的话；疑虑太多的人，会为各种邪恶打开门。"

【17—23】刘昼曰："信者行之基，行者人之本。人非行无以成，行非信无以立。故行之于人，譬济之须舟也；信之于行，犹舟之待楫也。"

[译] 刘昼说："诚信是德行的基础，德行是做人的根本。人没有德行就无法生存，德行缺少诚信就无法立身。因此，德行对于人来说，犹如过河必须有船；诚信对于德行来说，犹如过河的船必须要桨。"

【17—24】宋杜衍①曰："凡士君子作事行己，当履中道，不宜矫饰。矫饰过实，则近于伪。"

[注] ①杜衍：北宋著名大臣，以善于审理案件闻名。

[译] 北宋人杜衍说："凡是读书人立身行事，应当坚持走中庸之道，不应该造作夸张。造作夸张脱离实际，那就接近了虚伪。"

【17—25】司马温公曰："夫信者，人君之大宝也。国保于民，民保于信；非信无以使民，非民无以守国。故王者不欺四海，霸者不欺四邻，善为国者不欺其民，善为家者不欺其亲。"

[译] 司马光说："诚信，是君主最大的法宝。国家靠人民来保卫，人民靠诚信来保护；不讲诚信无法指挥人民，没有人民就无法维持国家。所以建立王业的人不欺骗天下，成就霸业的人不欺骗邻国，善于治国的人不欺骗人民，善于治家的人不欺骗亲人。"

【17—26】刘忠定公①见温公，问尽心行己之要。公曰："其诚乎。"刘公问行之何先，公曰："自不妄语始。"

[注] ①刘忠定公：北宋官吏刘安世，谥号为"忠定"。

[译] 刘安世去见司马光，请教竭尽心力立身行事的关键。司马光说："应该就是诚信吧。"刘安世又请教修养品行把什么放在首位，司马光说："从不说假话开始。"

【17—27】苏子瞻曰："木必先腐也，而后虫生之；人必先疑也，而后谗入之。"

[译] 苏轼说："树木一定是先已腐蚀，然后蠹虫才长在里面；人一定是先起疑心，然后谗言才进入耳中。"

【17—28】朱子曰："人不诚处多在言语上。"

　　［译］朱熹说："人不诚实的地方常表现在言语上。"

【17—29】言语丁一确二^①，一字是一字，一句是一句，便是立诚。若还脱空^②乱语，诚何由立？

　　［注］①丁一确二：明明白白，确确实实。②脱空：言语虚妄不实。

　　［译］言语是确实明白的，一字是一字，一句是一句，这就是建立诚信。如果还要凭空乱说，诚信从哪里建立呢？

【17—30】《省心诠要》云："小人诈而巧，似是而非，故人悦之者众；君子诚而拙，似迂而直，故人知之者寡。"

　　［译］《省心诠要》说："小人狡诈而虚伪，看起来正确，实际上虚假，因此喜欢他的人多；君子真诚而笨拙，看起来迂腐，实际上直爽，因此了解他的人少。"

【17—31】高不可欺者，天也；尊不可欺者，君也。内不可欺者，亲也；外不可欺者，人也。四者既不欺，心其可欺乎？心不欺，人其欺我乎？

　　［译］高处不可欺骗的是上天，高贵不可欺骗的是君王。家中不可欺骗的是父母，在外不可欺骗的是他人。这四者既然都不能欺骗，内心难道就可以欺骗吗？自己内心都不欺骗，别人难道还会欺骗我吗？

【17—32】羌貊^①不可以力胜，而可以信服；鬼神不可以欺诈，而可以诚达。况夫涉世与人为徒者，诚信其可舍邪？

　　［注］①羌貊（mò）：代指强悍勇猛的西北方民族。

　　［译］悍勇的西北民族不能用强力来战胜，却可以用诚信来收服；鬼神不能用欺瞒来诈骗，却可以用诚心来感动。何况是那些进入社会与人交往的人，诚信难道是可以舍弃的吗？

【17—33】玉无改行^①，金不如^②诺。

　　［注］①玉无改行：古代的贵族不同等级佩戴的玉不同，在举行各种仪式时走路的间距、快慢也有不同的规定。因为要严守各自的要求，所以佩玉的不同不能改变步行的规定。②如：原作"加"，据《全唐文》李商隐卷七八一《为裴懿无私祭薛郎中衮文》改。

　　［译］佩玉的不同不能改变行步规定，得到许多黄金不如得到一句诺言。

【17—34】许人一物，千金不移。

［译］答应了给人一样东西，再多的钱来换也不能改变。

【17－35】坚如金石，信如四时。

［译］要像金属、石头一样坚定，要像四季到来一样守信。

【17－36】平生仗忠信，今日任风波。

［译］平素依靠忠诚守信，如今任凭风吹浪打。

【17－37】诗云："始则求人信，有知有不知。既而求自信，人或多知之。今我不求信，何人更起疑？无可无不可①，安往不熙熙②？"

［注］①无可无不可：对人事不拘成见。②熙熙：舒适快乐。

［译］古诗说："开始是追求别人的信任，有了解的也有不了解的。不久就追求自信，人们或许多数会了解我。如今我不再特意追求别人信任，哪一个人还会起疑心呢？别人对我不再有成见，到哪里会不快乐自在？"

【17－38】待物莫如诚，诚真天下行。物情无远近，天道自分明。义理须宜顾，才能不用矜。世间闲①缘饰②，到了是虚名。

［注］①闲：通"娴"，熟练，熟悉。②缘饰：装饰，粉饰。

［译］待人接物莫过于诚实，只有靠真诚才能走遍天下。事物的常情是没有亲疏之别，天道自然分得清清楚楚。做事的准则一定要遵守，自己的才能不要去夸耀。世上的人都去熟悉粉饰技巧，到头来还不是只得到一场虚名。

【17－39】诈者尽疑人，天下尽行诈。不信天下人，其间无真话。

［译］奸诈的人都在怀疑别人，以为天下人都在行骗。不相信天下人，他们之间也不会有真话。

言语篇第十八

【18-1】《易》曰："同心之言，其臭①如兰。"

[注]①臭：香味。

[译]《周易》说："同心同德的言语，就像兰草一样芳香。"

【18-2】乱之所生也，则言语以为阶①。君不密则失臣，臣不密则失身，几事②不密则害成。

[注]①阶：路径，缘由。②几事：同"机事"，机密的事。

[译]动乱之所以产生，是由言语引起的。君主做事不周密就会失去臣子，臣子做事不周密就会丧失生命，机密的事不周密就会成为祸害。

【18-3】吉人之辞寡，躁人之辞多。

[译]贤明的人言辞少，急躁的人话语多。

【18-4】《书》曰："有言逆于汝心，必求诸道；有言逊于汝志，必求诸非道。"

[译]《尚书》说："有人说了违背你心意的话，一定要估量它是否符合道义；有人说了顺从你心意的话，一定要估量它是否违背道义。"

【18-5】《诗》曰："白圭①之玷②，尚可磨也；斯言之玷，不可为也。"

[注]①白圭（guī）：白玉做的祭祀用的器物。②玷：玉的斑点。

[译]《诗经》说："白玉上的斑点还可以磨掉，言语上的缺陷就无法弥补了。"

【18-6】巧言如簧①，颜之厚矣。

[注]①簧：乐器中用竹或铜制成的有弹性的薄片，因振动而发出乐音。

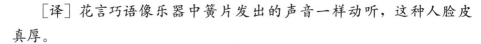

［译］花言巧语像乐器中簧片发出的声音一样动听，这种人脸皮真厚。

【18－7】君子无易由言，耳属于垣①。

［注］①垣（yuán）：墙。

［译］君子不要轻易出言语，当心有耳朵贴在墙上。

【18－8】《礼》曰："天下有道，则行有枝叶；天下无道，则言有枝叶。"

［译］《礼记》说："天下秩序正常，那人们的行为就细致周到；天下秩序混乱，那人们的言辞就华而不实。"

【18－9】事君大言入，则望大利；小言入，则望小利。故君子不以小言受大禄，不以大言受小禄。

［译］侍奉君主，进献大的谋略，就希望得到大的利益；进献小的计划，就希望得到小的利益。所以君子不因为小的计划而接受大的俸禄，不因为大的谋略而接受小的俸禄。

【18－10】在官言官，在府言府，在库言库，在朝言朝。①

［注］①"在官言官"四句：官是存放板图、文书的地方，府是存放宝藏货物的地方，库是存放军用物资的地方，朝是君臣议政的地方。

［译］在收藏图书的地方就谈图书，在收藏货物的地方就谈货物，在收藏军备的地方就谈军备，在君臣议事的地方就谈政事。

【18－11】鹦鹉能言，不离飞鸟；猩猩能言，不离禽兽。

［译］鹦鹉能够说话，但毕竟只是飞鸟；猩猩能够说话，但终究只是禽兽。

【18－12】人平不语，水平不流。

［译］人心平静就会不言不语，水面平静就像没有流动。

【18－13】言未及之而言谓之躁，言及之而不言谓之隐，未见颜色而言谓之瞽。

［译］还没有问到你你就说话，这叫急躁；已经问到你你却不说，这叫隐瞒；不看对方的脸色而轻率说话，这叫瞎子。

【18－14】法语之言，能无从乎？改之为贵；巽与之言①，能无悦乎？绎②之为贵。

［注］①巽（xùn）与之言：顺从自己意思的话。巽，恭顺。与，

称许。"与"原作"语"，据《论语·子罕》改。②绎：理出头绪，解析。

［译］合乎礼法的话，听了能不接受吗？但要实际改正才可贵；顺从自己的话，听了能不高兴吗？但要善于分析才可贵。

【18－15】《大学》曰："一言偾①事，一人定国。"

［注］①偾（fèn）：败坏，破坏。

［译］《大学》说："一句话可以搞坏大事，一个人可以安定国家。"

【18－16】老子曰："美言不信，信言不美。善者不辩，辩者不善。"

［译］老子说："中听的话往往不真实，真实的话往往不中听。淳朴的人不诡辩，诡辩的人不淳朴。"

【18－17】多言数①穷，不如守中。

［注］①数：命数，命运。

［译］话说得多注定要陷入困境，不如保持适中为妙。

【18－18】乐正子春①曰："恶言不出于口，忿言不反于身。"

［注］①乐正子春：春秋时鲁国人，曾参的学生，以孝闻名。

［译］乐正子春说："刺耳伤人的话不从你口中说出来，愤怒无礼的话就不会回到你身上。"

【18－19】商君曰："貌言，华也；至言，实也；苦言，药也；甘言，疾也。"

［译］商鞅说："虚浮的言语好比花朵，真心的言语好比果实，逆耳之言好比药物，甜言蜜语好比疾病。"

【18－20】口能言之，身能行之，国宝也；口不能言，身能行之，国器也；口能言之，身不能行，国用也；口言善，身行恶，国妖也。

［译］嘴上很会说，又能身体力行，这是国家的珍宝；嘴上不会讲，但有实际行动，这是国家的重器；嘴上讲得好，行动上做不到，还能为国家出力；嘴上说得漂亮，自己却为非作歹，这种人就是国家的妖孽。

【18－21】《申子》①曰："一言正，天下定；一言倚，天下靡。"

［注］①《申子》：战国时期申不害所著的一部法家著作。

［译］《申子》说："一句话正确，能使天下安定；一句话偏颇，能使天下散乱。"

【18－22】徐干①《中论》曰："君子无戏谑之言，故虽妻妾不得而

黩也，虽朋友不得而狎也。"

［注］①徐干：汉魏之际的文学家、哲学家，《中论》是他写的一部政论性著作。

［译］徐干《中论》说："君子没有开玩笑的话语，因此即使妻妾也不能对他不敬，即使朋友也不能对他随便。"

【18—23】庄子曰："两喜必多溢美之言，两怒必多溢恶之言。"

［译］庄子说："双方高兴的时候，一定有很多赞美过分的话；双方生气的时候，一定有很多过于贬损的话。"

【18—24】文中子曰："多言，德之贼也；多事，生之仇也。"

［译］文中子说："多说话是德行的破坏者，多惹事是生活的死对头。"

【18—25】韩文公曰："仁义之人，其言蔼如也。"

［译］韩愈说："具有仁义道德的人，他的言语和蔼可亲。"

【18—26】《贾子》①曰："言有四术：言敬以庄，朝廷之言也；言文以序，祭祀之言也；屏气折声②，军旅之言也；言若不足，丧纪③之言也。"

［注］①《贾子》：又称《贾谊新书》，西汉著名政治家、文学家贾谊的政论文集。②折声：放低声音。③丧纪：丧事。

［译］贾谊说："说话有四种技法：言语恭敬庄重，这是朝廷上说话的方式；言语古雅规整，这是祭祀时说话的方式；言语屏声静气，这是军队里说话的方式；言语细弱舒缓，这是丧礼上说话的方式。"

【18—27】皮日休曰："毁人者，自毁之；誉人者，自誉之。夫毁人者，人亦毁之，不亦自毁乎？誉人者，人亦誉之，不亦自誉乎？"

［译］皮日休说："诋毁别人的人，也损害了自己；赞誉别人的人，也赞美了自己。那些诋毁别人的人，别人也会诋毁他，不也就是在损害自己吗？赞誉别人的人，别人也会赞誉他，不也就是在赞美自己吗？"

【18—28】程子曰："凡谏说于君，论辩于人，理胜则事明，气忿则招拂。"

［译］程颢说："凡是劝说君主，与别人辩论，事理占上风就能把事情分析清楚，意气用事就会说理不顺畅。"

【18—29】吴临川曰："言而无益，不若勿言。"

[译] 吴澄说："话说了却没有益处，还不如不说。"

【18—30】谗言巧，佞言甘，忠言直，信言寡。

[译] 毁谤别人的话很巧妙，取悦别人的话很甜美，忠实的话很直接，诚实的话很简短。

【18—31】杨诚斋①曰："言非尚②奇，尚于用也。说醴泉③甘露，不足以止渴；说熊蹯④豹胎，不足以疗饥。"

[注] ①杨诚斋：南宋著名诗人杨万里，号诚斋。②尚：推崇。③醴（lǐ）泉：甜美的泉水。④蹯（fán）：野兽的足掌。

[译] 杨万里说："言语不注重新奇，只注重实用。说到甜美的泉水、甘美的露水，却不能用来止渴；说到熊的脚掌、豹的胎盘，却不能用来充饥。"

【18—32】司马氏曰："凡不可与父兄师友道者，不可为也；凡不可与父兄师友为者，不可道也。"

[译] 司马光说："凡是不能与父亲、兄长、老师、朋友说的事，不能去做；凡是不能与父亲、兄长、老师、朋友一起做的事，不能去说。"

【18—33】王文正公旦①与人寡言笑，其语虽简而能以理屈人，默然终日，莫能窥其际。及奏事上前，群臣异同，公徐一言以定。

[注] ①王文正公旦：北宋名相王旦，谥号为"文正"。

[译] 王旦与人相处少有说笑，他的话虽然简略，但能够以理服人，整天沉默，没有人能够看出他的底细。等到在皇上面前奏请事情，大臣们意见不统一，王旦慢慢地说出一句话就能作出决断。

【18—34】闻君子议论，如啜①苦茗，森严②之后，甘芳溢颊；闻小人议论，如嚼糖冰，爽美之后，寒沍凝腹③。

[注] ①啜（chuò）：饮用。②森严：味道纯正浓烈。③寒沍（hù）凝腹：寒沍，寒冷。凝，凝结，积聚。"沍凝"两字原缺，据旧题宋许棐《樵谈》补。

[译] 听君子发表议论，就像品尝苦茶，浓烈的苦味以后，芬芳溢出口外；听小人发表议论，就像咀嚼糖做的冰块，畅快的美味以后，寒冷积在腹中。

【18—35】语云："事以密成，语以泄败。"

[译] 俗话说："事情由于保密而成功，言语因为泄漏而落空。"

【18-36】语不贵奇而贵于用，事不难料而难于处。

［译］言语不必新奇，而贵在实用；事情不难预料，而难在处理。

【18-37】千人之诺诺，不如一士之谔谔①。

［注］①谔谔（è）：直言批评。

［译］上千人恭维奉承，不如有一人直言不讳。

【18-38】防民之口，甚于防川。

［译］阻止人民说话造成的危害，比堵塞河流引起的水灾还要严重。

【18-39】一言不中，千言无用。

［译］一句话说得不适当，一千句话来弥补也没用。

【18-40】人微言轻者取慢，交浅言深者致疑。

［译］地位低下说话不管用的人常常招致怠慢，交往很浅却深入交谈的人常常招致怀疑。

【18-41】附耳之语，流闻千里。

［译］贴近耳朵说的话，也会流传到千里之外。

【18-42】不怕虎生三个口，只恐人前两面刀①。

［注］①两面刀：等于说"两面三刀"，指当面一套背后一套的欺骗言行。

［译］不怕遇到长三张嘴的老虎，只怕有人对你两面三刀。

【18-43】盛喜中勿许人物，盛怒中勿答人简。

［译］在大喜的时候不要答应给人东西，在大怒的时候不要回复别人书信。

【18-44】众口铄①金，积毁销骨②。

［注］①铄（shuò）：熔化。②销骨：灭绝骨肉之亲。

［译］众口一词可以熔化金属，毁谤累积能灭骨肉之亲。

【18-45】能言未见真男子，善处方为大丈夫。

［译］能说会道不见得是真正的男子汉，善于处事才算得上堂堂大丈夫。

【18-46】心定者，其言安以舒；不定者，其言轻以疾。

［译］心神安定的人，他的话平和而舒缓；心神不定的人，他的话轻浮而疾速。

【18-47】投杼疑于三至①，市虎信于三人②。

[注] ①投杼（zhù）疑于三至：《战国策》记载，有和曾子同名的人杀了人，有人来告诉曾子母亲，说曾子杀人了。曾母不相信，继续织布。后来又有两个人来告诉曾母，曾母害怕了，扔掉织布的梭子翻墙逃走。②市虎信于三人：《韩非子》记载，战国时期魏国大臣庞恭问魏王："现在有一人说市面上有虎，您相信吗？"魏王说不信。又问："两人呢？"魏王仍说不信。又问："三人呢？"魏王说："这下我信了。"

[译] 说儿子杀人的人来了三拨，曾参的母亲最终也起疑心而扔掉织布的梭子逃跑；三个人都谎称市面上有虎，听传言的人就会信以为真。

【18-48】羊羹虽美，众口难调。

[译] 羊肉羹虽然很鲜美，但众人的口味不同很难调和。

【18-49】君子居是邦，不非其大夫。

[译] 君子居住在这个国家，不要去非议那里的高官。

【18-50】莫听二面说，便是两难成。

[译] 不要去听两方面的说法，否则就会双方都难满意。

【18-51】诗云："戒尔勿多言，多言众所忌，苟不慎枢机①，灾厄从此始。是非毁誉间，适足为身累。"

[注] ①枢（shū）机：这里指言语。

[译] 古诗说："告诫你不要多说话，话说多了众人会憎恨，假如言语有不慎，灾祸从此就开始了。在是与非、毁和誉之间，多说话只会成为自身的拖累。"

【18-52】推人与扶人，都是一般手。陷人与赠人，都是一般口。莫使推人手，莫开陷人口。若能依此戒，前程必永久。

[译] 推倒别人和扶持别人，都是一样用手。陷害别人和送人好话，都是一样用口。不要使用推人的手，不要张开害人的口。如果能够遵循这一告诫，前程必定会长久。

交友篇第十九

【19-1】《易》曰："上交不谄，下交不渎①。"

［注］①渎：轻慢。

［译］《周易》说："跟地位高的人交往时不献媚讨好，和地位低的人交往时不骄横轻慢。"

【19-2】君子定其交而后求。

［译］君子在巩固了交情以后才向人求助。

【19-3】《诗》曰："相彼鸟矣，犹求友声。矧①伊人②矣，不求友生③？"

［注］①矧（shěn）：何况。②伊人：这个人。③友生：朋友。

［译］《诗经》说："看那小鸟都在寻找自己的同伴，何况是一个人，为什么不去寻觅朋友呢？"

【19-4】君子不尽人之欢，不竭人之忠，以全交也。

［译］君子不要求别人全心全意喜欢自己，也不要求别人对自己竭尽全力，以此来保全交情。

【19-5】孔子曰："益者三友，损者三友：友直，友谅①，友多闻，益矣；友便辟②，友善柔③，友便佞④，损矣。"

［注］①谅：诚信。②便辟：谄媚迎合。③善柔：假装和善，当面一套，背后一套。④便佞：巧言善辩。

［译］孔子说："有益的朋友有三种，有害的朋友有三种：结交正直的朋友，结交诚实的朋友，结交知识广博的朋友，是有益的；结交谄媚奉承的人，结交假装和颜悦色的人，结交善于花言巧语的人，是有害的。"

【19-6】不知其子视其父，不知其人视其友，不知其君视其所使，

不知其地视其草木。

[译] 如果不了解做儿子的，就看看他的父亲；不了解这个人，就看看他结交的朋友；不了解做君主的，就看看他驱使的臣下；不了解一块土地，就看看上面生长的草木。

【19—7】蓬生麻中，不扶而直；白沙在泥，不染而黑。

[译] 蓬草生长在麻地里，不用扶持也能直长；白沙混进了泥土中，不用染色也会变黑。

【19—8】《孟子》曰："一乡之善士，斯友一乡之善士；一国之善士，斯友一国之善士；天下之善士，斯友天下之善士。"

[译]《孟子》说："一个乡村的优秀人物，就和同是乡村优秀人物的人交朋友；一个国家的优秀人物，就和同是一个国家优秀人物的人交朋友；天下的优秀人物，就和同属于天下优秀人物的人交朋友。"

【19—9】蔡邕曰："君子慎人所以交己，审己所以交人，富贵则无暴集之客，贫贱则无弃旧之宾矣。"

[译] 蔡邕说："君子谨慎对待别人结交自己的意图，仔细审察自己结交别人的目的，这样就会在富贵时没有突然聚集的宾客，在贫贱时没有遗弃旧好的朋友。"

【19—10】杨子曰："朋而不心，面朋也；友而不心，面友也。"

[译] 扬雄说："与人做同学，却不付出真心，那只是表面上的同学；与人做朋友，却不付出真心，那只是表面上的朋友。"

【19—11】文中子曰："君子先择而后交，故寡尤；小人先交而后择，故多怨。"

[译] 文中子说："君子先选择朋友然后再交往，所以少有怨恨；小人先与人交往然后再选择，所以抱怨很多。"

【19—12】翟廷尉①曰："一死一生，乃知交情；一贫一富，乃知交态；一贵一贱，交情乃见。"

[注] ①翟廷尉：史称"翟公"，不知其名，西汉时为廷尉。

[译] 翟廷尉说："一个人死了，一个人活着，才能了解两个人的交情；一个人贫穷，一个人富裕，才能看出两个人的为人态度；一个人高贵，一个人低贱，才能看出两个人的真正情谊。"

【19—13】尹氏曰："自天子至于庶人，未有不须友以成者。"

［译］尹氏说："从天子到普通百姓，没有不需要朋友就能成功的。"

【19－14】欧阳修①曰："君子所守者道义，所惜者名节。以之修身，则同道而相益；以之事国，则同心而共济。"

［注］①欧阳修：北宋政治家、文学家、史学家，"唐宋八大家"之一。

［译］欧阳修说："君子所坚守的是道义，所珍惜的是名誉和气节。用这些来修身养性，就会志同道合相互得益；用这些来为国服务，就会同心同德共同前进。"

【19－15】君子以同道为朋，小人以同利为朋。

［译］君子把志同道合的人作为朋友，小人把有共同利益的人作为朋友。

【19－16】程子曰："朋友之际，其合不正，未有久而不离者。故贤者顺理而安行，智者知几而固守。"

［译］程颐说："朋友之间，如果交往不纯正，没有时间长了不分手的。因此贤明的人遵循义理而不去强求，聪明的人预知未来而坚守原则。"

【19－17】华阳范氏①曰："与贤于己者处，则自以为不足；与不如己者处，则自以为有余。自以为不足则日益，自以为有余则日损。"

［注］①华阳范氏：北宋著名史学家范祖禹，成都华阳人。

［译］范祖禹说："与比自己贤能的人相处，会自认为有差距；与不如自己的人相处，会自认为很满足。自认为有差距会天天向上，自认为很满足会天天退步。"

【19－18】《省心编》云："趋捷径者不问大路，喜佞言者不亲正人。"

［译］《省心编》说："喜欢走捷径的人不会去问宽敞的大道，喜欢奉承话的人不会亲近正派的人。"

【19－19】《厚生训纂》曰："与人交游，若常见其短而不见其长，则时日不可同处；若念其长而不责其短，虽终身与友可也。"

［译］《厚生训纂》说："和别人交往，如果常常只看到对方的短处而看不到长处，那么不会较长时间相处；如果想到他的长处而不苛求他的短处，那么即使终身做朋友也可以。"

【19—20】语云："白头如新，倾盖①如故。"

［注］①倾盖：两辆车错车时车盖倾斜挨在一起。这里指路上偶然认识的朋友。

［译］俗话说："有的朋友相处到老还很陌生，有的朋友偶然结识却像老友。"

【19—21】君子绝交，不出恶声。

［译］君子之间断绝交情，不会发出恶言恶语。

【19—22】掘井须到流，结交须到头。

［译］挖井要挖到有水的地方，结交要交到死去的时候。

【19—23】人心不同，有如其面。

［译］人心各不相同，就像每个人的面容各不相同一样。

【19—24】相识满天下，知心能几人？

［译］认识的人天下都有，知心的人能有几个？

【19—25】诗云："栽树栽松柏，莫栽桃李枝；结交结君子，莫结轻薄儿。"

［译］古诗说："种树要种长青的松柏，不要去种花易凋谢的桃李；交友要交诚信的君子，不要结交轻浮的人。"

【19—26】种树须择地，恶土变木根。结交若失人，中道生谤言。君子芳桂①性，春浓寒更繁。小人槿花心②，朝在夕不从。莫蹑冬冰坚，中有潜浪翻。惟当金石交，可与贤达论。

［注］①芳桂：桂树的美称。②槿花心：木槿花朝开夕谢，因此用"槿花心"比喻易变的心。

［译］栽种树木必须选择地方，恶劣的土地会让树根变坏；结交朋友如果看错了人，中途会冒出毁谤的话语。君子具有香桂的性情，春天浓密冬天更繁茂。小人内心如槿花，早上还盛开傍晚就凋谢。不要在冬天的坚冰上踩踏，冰下暗藏着翻滚的波浪。只有像金石一样坚定不移的交情，才能和贤明通达的人相提并论。

【19—27】番①手作云覆手雨，纷纷轻薄何须数。君不见管鲍①贫时交？此道今人弃如土。

［注］①番：同"翻"。②管鲍：春秋时齐国的相管仲和大夫鲍叔牙。两人早年交好，情谊笃厚，后世称为"管鲍之交"。

　　［译］翻手是云覆手是雨，轻浮的人多得数也数不清。你没有看到管仲、鲍叔贫贱时相交相知？这样的友谊现代人已经弃之如土。

　　【19—28】世人结交须黄金，黄金不多交不深。纵令然诺暂相许，终是悠悠行路心。

　　［译］世人交往时看重金钱，金钱不多交情就不深。即使有许诺也是暂时答应你，最终还是像陌路人一样两心相隔遥远。

妇行篇第二十

【20—1】《易》曰："妇人贞吉①，从一而终也。"

[注] ①贞吉：坚守正道而带来吉利。

[译]《周易》说："妇女坚守正道而不自乱，自始至终跟随一个丈夫。"

【20—2】《书》曰："牝①鸡之晨，惟家之索②。"

[注] ①牝（pìn）：雌性。②惟家之索：即"惟索家"。索：尽，毁坏。

[译]《尚书》说："母鸡报晓，只能毁坏家庭。"

【20—3】《诗》曰："窈窕①淑女，君子好逑②。"

[注] ①窈窕（yǎotiǎo）：文静美丽。②逑（qiú）：配偶。

[译]《诗经》说："美丽贤淑的姑娘，是男子的好配偶。"

【20—4】之子于归，宜其家人。

[译] 这个女子出嫁，会使家人和睦相处。

【20—5】无非①无仪②，惟酒食是议。

[注] ①非：违背。②仪：通"议"，指议论是非。

[译] 不要违背抗拒，不要议论是非，只负责准备酒食等家事。

【20—6】妇有长舌①，惟厉之阶②。

[注] ①长舌：指闲话多。②惟厉之阶：即"惟阶厉"。厉，祸患。阶，导致。

[译] 妇女喜欢搬弄是非，只会酿成灾祸。

【20—7】《礼》曰："妇事舅姑，如事父母。下气怡声，问衣燠①寒。疾痛疴痒②，而敬抑搔之。出入，则或先或后而敬扶持之。"

[注] ①燠（yù）：暖，热。②疴（kē）：疾病。

［译］《礼记》说："媳妇侍候公公婆婆，要像侍候自己的父母一样，态度恭顺，声音柔细，问寒问暖。有疾病痛痒，要恭敬地为他们按摩抓搔。出门进门，要或在先或在后恭敬地扶着他们。"

【20－8】男不言内，女不言外。

［译］男子不谈家内的事，女子不谈家外的事。

【20－9】外言不入于梱，内言不出于梱。

［译］外面的话不进入内室，内室的话不传到外面。

【20－10】子妇无私货，无私畜，无私器，不敢私假，不敢私与。

［译］儿媳妇不能有私人财物，不能有个人积蓄，不能有私人用的器物，不敢私自借用东西，也不敢私自拿家里的东西送人。

【20－11】妇顺者，顺于舅姑，和于室人，而后当于夫。

［译］妇女的和顺，要顺从公婆，与家人和睦相处，这样才适合于丈夫。

【20－12】其夫属乎父道者，妻皆母道也；其夫属乎子道者，妻皆妇道也。

［译］丈夫属于父辈的，妻子都属于母亲的辈分；丈夫属于子辈的，妻子都属于媳妇的辈分。

【20－13】妇有七去：不顺父母去，无子去，淫去，妒去，有恶疾①去，多言去，窃盗去。有三不去：有所取无所归，不去；与更②三年丧，不去；前贫贱后富贵，不去。

［注］①恶疾：指口哑、耳聋、眼瞎、脚跛、背驼、不能过夫妻生活之类难以医治的疾病。②更：经历。

［译］妻子有七种情况必须休掉：一是不顺从公公婆婆，二是不能生育儿女，三是与丈夫以外的男性淫乱，四是嫉妒丈夫纳妾，五是得了难以医治的疾病，六是爱说闲话影响家庭和睦，七是偷窃东西。有三种情况不能休弃：娶亲时妻子有家庭，休掉后无家可归的，不能休；夫妻一起曾为父母服丧三年的，不能休；娶妻时贫贱，后来变得富贵的，不能休。

【20－14】孟子曰："女子之嫁也，母命之曰：'必敬必戒，无违夫子。'以顺为正者，妾妇①之道也。"

［注］①妾妇：泛指妇女。

[译] 孟子说："女子出嫁的时候，母亲训导她说：'到了丈夫家，一定要恭敬，一定要谨慎，不要违抗你的丈夫。'把顺从作为准则，这是妇女应遵守的规范。"

【20—15】夫有再娶之义，妇无二适①之文，故曰：夫者，天也。行违神祇②，天则罚之；礼义有愆，夫则薄之。

[注] ①适：出嫁。②神祇（zhī）：当作"神祇（qí）"，天神和地神。泛指神灵。

[译] 丈夫有再娶妻子的道理，妻子却没有出嫁两次的条文，所以说，丈夫就是妇女的天。行动违背神明，上天就会惩罚；礼义有了过失，丈夫就会鄙薄。

【20—16】《女宪》曰："得意一人，是谓永毕；失意一人，是谓永讫。"

[译]《女宪》说："得到丈夫的喜爱，妻子就终生有依靠；失去丈夫的欢爱，妻子就一辈子完了。"

【20—17】《传》曰："妇人送迎不出门，见兄弟不逾阈①。"

[注] ①阈（yù）：门槛。

[译]《左传》说："女子接送客人不能出家门，见自己的兄弟也不能走出门户。"

【20—18】宋伯姬①曰："妇人之义，傅母②不至，夜不下堂。越义而生，不如守义而死。"

[注] ①宋伯姬：春秋时鲁国的公主。②傅母：负责辅导、保育贵族子女的老年妇人。

[译] 宋伯姬说："妇人的礼义是，傅母没有到，夜晚不能走下厅堂。违背礼义而活着，不如坚守礼义而死去。"

【20—19】《颜氏家训》曰："妇主中馈①，惟事酒食衣服之礼。国不可使预政，家不可使干蛊②。如有聪明才智，识达古今者，正当辅佐君子，助其不足。毋牝鸡晨鸣③，以致祸也。"

[注] ①中馈：家中饮食、祭祀等内务。②干蛊：泛指主事。③牝鸡晨鸣：母鸡早晨鸣叫。比喻妇女篡权干预政事。

[译]《颜氏家训》说："妇女管理家中的内务，只要让酒食衣服做到符合礼节就行了。国家不能让她过问政事，家里不能让她大事做主。

如果真有聪明才智，能洞察古今的，也正该辅佐丈夫，对他做不到的事给予帮助。千万不要母鸡代替公鸡报晓，以致招来灾祸。"

【20-20】曹大家曰："出无冶容①，入无废饰，无聚会群辈，无看视门户，此则谓专心正色矣。入则乱发坏形，出则窈窕②作态③，说所不当道，观所不当视，此谓不能专心正色矣。"

［注］①冶容：女子修饰得很妖媚。②窈窕：美艳而不庄重。③作态：装出某种态度或表情。

［译］曹大家说："出门不要打扮妖媚，在家不要毫不修饰，不要成群结队，不要在门边窥视，这就算专心一致，神态庄重了。在家头发杂乱，衣着不整，出门打扮艳丽，故作姿态，说不该说的，看不该看的，这就不能算专心一致，神态庄重了。"

【20-21】欧阳子曰："以孝力事其舅姑，为贤妇；以柔和事其夫，为贤妻；以恭俭均一教其子，为贤母。"

［译］欧阳修说："用孝顺来尽力侍奉公公婆婆，是贤明的媳妇；用温柔恭顺来侍候丈夫，是贤惠的妻子；用恭谨谦逊、一视同仁来教育儿女，是慈善的母亲。"

【20-22】柳仲涂①曰："人家兄弟无不义者，尽因娶妇入门，异姓相聚，争长竞短，以至背戾，分门割户，患若贼仇。男子刚肠者几人？鲜不为妇所惑。吾见亦多矣。"

［注］①柳仲涂：北宋著名散文家柳开，字仲涂。

［译］柳仲涂说："家庭的兄弟之间没有不讲情义的，全都是因为娶了妻子进入家门，不同姓氏的人聚在一起，凡事要争个高低，以至于翻脸，于是分家各自生活，相互厌恶如同仇敌。心肠硬的男子有几个呢？少有不被妻子的话迷惑的。我见过的这种情况也太多了。"

【20-23】司马温公《家范》①曰："为人妻者，其德有六：一曰柔顺，二曰清洁，三曰不妒，四曰俭约，五曰恭谨，六曰勤劳。非徒备此六德而已，又当佐其君子，成其令名。是以《卷耳》②求贤，《殷雷》劝义，《汝坟》勉正，《鸡鸣》儆戒③，此皆内助之功也。"

［注］①《家范》：北宋司马光编著，书中广泛引用了儒家经典中可供后人借鉴的治家、修身格言和史事。②《卷耳》：和下文《殷雷》《汝坟》《鸡鸣》一样，都是《诗经》中的篇名。③儆（jǐng）戒：告诫人

改正缺点错误。

[译] 司马光《家范》说："做别人的妻子,要具备六种品德:一是柔顺,二是爱干净,三是不嫉妒,四是节俭,五是恭敬谨慎,六是勤劳。不只是具备这六种品德就可以了,还应当辅助丈夫,让他功成名就。所以《诗经》中《卷耳》篇追求贤德,《殷其雷》篇劝人仁义,《汝坟》篇勉励正直,《鸡鸣》篇告诫警示,这些都是贤内助的功劳。"

【20-24】妇人不妒,则益为君子所贤。欲专宠自私,则愈疏矣。

[译] 妇女不嫉妒,就会更加被丈夫器重。如果想要独占宠爱,就会更加被丈夫疏远。

【20-25】《女史箴》①云:"妇德尚柔,含章②贞吉,婉嫕③淑慎,正位居室。人咸知饰其容,而莫知饰其性。性之不饰,或愆④礼正。出其言善,千里应之;苟违斯义,同衾以疑。无矜⑤尔荣,天道恶盈;无恃尔贵,隆隆者坠。欢不可以渎,宠不可以专;专寔⑥生慢,爱极则迁。"

[注] ①《女史箴(zhēn)》:西晋惠帝时皇后专权,大臣张华收集了历史上各代先贤圣女的事迹,写成九段《女史箴》,作为劝诫和警示。女史,掌管王后礼仪的女官名。②章:美。③婉嫕(yì):柔顺和美。④愆(qiān):违背。⑤矜:自夸。⑥寔(shí):同"实"。

[译]《女史箴》说:"妇女的德行推崇柔顺,具有纯正的美德,守正道而不乱,温顺柔美,贤淑谨慎,在家中摆正地位。人们都知道装扮自己的外表,却不懂得修饰自己的品性。品性没有修饰,或许会违背礼义的正道。说出的话符合道义,千里之外的人都会认同;如果是违背了道义,同床共眠的人也会怀疑。不要显示你的荣耀,上天厌恶骄傲自满;不要依仗你的富贵,声名显赫的人容易跌落。欢爱不能够混乱,宠幸不能够独享;独享宠幸就会产生轻慢,爱到尽头就会见异思迁。"

【20-26】语云:"举止安详,敛容缓步。不出庭堂,不窥门户。语莫高声,笑莫露齿。耳无余听,目无余视。早起晏眠,夜行以烛。战战兢兢,常忧玷辱。"

[译] 俗话说:"举止从容稳重,表情严肃,脚步舒缓。不走出庭院堂前,不在门窗边偷窥。说话不要大声,笑时不要露齿。耳朵不听多余的话语,眼睛不看多余的东西。早起晚睡,夜晚行走要拿着灯烛。小心翼翼,常常担忧会有辱名声。"

【20—27】忠臣不事二君，烈女不更二夫。

［译］忠贞的臣子不侍奉两位君主，刚正的女子不会嫁两个丈夫。

【20—28】谗臣乱国，妒妇乱家。

［译］好毁谤的臣子扰乱国家，爱嫉妒的妻子扰乱家庭。

【20—29】诗云："姬后多贤圣，《思齐》[①]仰太任，周姜开草昧，太姒嗣徽音。《瓜瓞》绵绵咏，《螽斯》蛰蛰[②]吟。《葛覃》勤俭德，垂范到于今。"

［注］①《思齐》：和下文的《瓜瓞（dié）》《螽（zhōng）斯》《葛覃》都是《诗经》中的篇名。②蛰蛰（zhé）：众多的样子。

［译］古诗说："《诗经》中记载的周代贤明的王后很多，《思齐》篇写周文王仰赖母亲太任建立功绩，周姜氏启发了原始蒙昧的周人，周文王的妻子太姒继承了太任美好的声誉。《瓜瓞》篇绵绵不断地歌咏，《螽斯》篇连续不停地吟唱。《葛覃》篇写到姬后的勤俭美德，做出的榜样影响至今。"

【20—30】妇子嬉嬉终是吝，家人嗃嗃[①]未为偏。须知治国无难事，好向齐家仔细看。

［注］①嗃嗃（hè）：严厉的样子。

［译］妇女儿童嘻嘻哈哈最终会悔恨，家人之间严厉一点不算是疏远。要知道治理国家没有困难的事，只要从家庭管理中认真学学就可以了。

附录二

《明心宝鉴》三本
整理商榷

《明心宝鉴》三本整理商榷

　　笔者译注《明心宝鉴》时，参考了以下三种现代整理本：①华艺出版社出版的李朝全整理的《明心宝鉴》①（下文简称"华艺本"，引文后只标出页码）；②东方出版社出版的该社编辑部注译的《明心宝鉴》②（下文简称"东方本"，引文后只标出页码）；③北京联合出版公司出版的《宝典馆》编辑部注译的《明心宝鉴》③（下文简称"联合本"，引文后只标出页码）。在深受启发的同时，也发现书中的个别引文来源追溯和校勘、注释、译文尚有需补正商议之处，限于体例，注释中未加申说。现依本书次序，将部分有待进一步探讨的问题胪列于下，祈望方家不吝赐教。需要说明的是，同为范立本辑录的《明心宝鉴》（下文简称"范本"），联合本是一个民间流行的简编本，条目比华艺本、东方本少了一些；《御制重辑明心宝鉴》（以下简称"御本"）只有华艺本收录。

　　（1）范本《继善篇》【1—18】："为善最乐，道理最大。"

　　按：华艺本译"道理最大"为"道理也最大"（10页）；联合本译"道理最大"为"也最有道理"（5页）。两本认为"道理"与今天无别。东方本注释"道理"为"阐扬称说某种教义"，把"道理最大"翻译为"称说至道是最大的事情"（6页），显然是把"道理"看作动宾结构。而事实上，"道理"和"道理最大"在古代都曾被赋予许多不同的含义，邓小南曾作过较系统的梳理④，可以参看。这里的"道理"应该是二程

---

　　①　范立本辑，李朝全点校、译注. 明心宝鉴［M］. 北京：华艺出版社，2007.

　　②　范立本辑，东方出版社编辑部注译. 明心宝鉴［M］. 北京：东方出版社，2014.

　　③　范立本辑，《宝典馆》编辑部注译. 明心宝鉴［M］. 北京：北京联合出版公司，2014.

　　④　邓小南. 关于"道理最大"——兼谈宋人对于"祖宗"形象的塑造［J］. 暨南学报（哲学社会科学版），2003（2）：116—126.

理学体系中所说的"天理"，既是自然界的本原和主宰，也是社会伦理道德规范的总和。

（2）范本《继善篇》【1-20】："子曰：'君子见毫厘之善，不可掩之；有纤毫之恶，不可为之。'"

按：华艺本作"行有纤毫之恶"（7页），与上句"见毫厘之善"不相对。此处作"有纤毫之恶"，东方本也取之（6页），但上下两句都有"毫"，也不是佳对。哈佛本、新刻本、越南本都作"行有纤之恶"，可从。"有纤之恶"实际上就是"纤恶"的扩展，为的是与上句"毫厘之善"形成对文。"纤恶"指微小的罪恶，如西汉陆贾《新语·慎微》："是以君子居乱世，则合道德，采微善，绝纤恶，修父子之礼，以及君臣之序，乃天地之通道，圣人之所不失也。"《三国志·魏志·程晓传》："罪恶之著，行路皆知，纤恶之过，积年不闻。"宋吕祖谦《近思录》卷五《克己》："纤恶必除，善斯成性矣。"皆是其例。

（3）范本《继善篇》【1-42】："传有之曰：'吉人为善，惟日不足；凶人为不善，亦惟日不足。'汝等欲为吉人乎？欲为凶人乎？"

按：华艺本译"传"为"《左传》"（12页），大误。古代注释或阐述经义的文字可以称为"传"，《左传》即是；但"传"并非《左传》类著作的特称，有时也可以指其他典籍。这里引用的话不见于《左传》，而是出于《尚书·泰誓中》。相传汉武帝时，作为孔子后裔的孔安国得到藏在孔子旧宅壁中的四十六卷《尚书》，即所谓"古文《尚书》"，称为《孔安国尚书传》或《尚书孔氏传》，这是《尚书》得以称《传》之由。既已明确内容所出，可将"传"直接译为"《尚书》"。东方本虽指明引文出自《尚书》，但仍译为"《传》"，翻译不到位。

（4）范本《天理篇》【2-7】："玄帝垂训：'人间私语，天闻若雷。暗室亏心，神目如电。'"

按：华艺本译"神目如电"为"神的眼睛像闪电一样看得一清二楚"（15页）。这里的"目"与前面的"闻"相对，应该看作动词，是"看见"的意思。所以"神目"不是指神的眼睛，"如电"也不是用来喻指眼睛，"神目如电"意思是"神看得就像暗夜中的闪电一样清楚"。东方本译此句误与华艺本同（17页）；联合本译为"在神看来像闪电一样明显"（15页），得之。

（5）范本《天理篇》【2—15】："《益智书》云：'恶罐若满，天必戮之。'"

按：除重刊本此处作"恶罐若满"外，其余诸本都作"恶错若满"，但词语间的搭配很是生疏，让人起疑。今谓，重刊本早于诸本，诸本之"错"当是"罐"的草书形近误字。而"罐"本当作"贯"，因为"贯"与"满"搭配，加上字音相同，字形相近，遂被浅人误认为是表示容器义的"罐"的异体字"鑵"。也就是在辗转传抄中，"贯"先被误认作"鑵"，又写为异体"罐"，"罐"的草书又被误认为"错"。"恶贯满"的说法在古书中习见，例不赘举。明太宗朱棣《诸佛世尊如来菩萨尊者神僧名经·序》："罪积而天殃自至，罪成则地狱斯罚。罪贯若满，天必戮之。"其中"罪贯若满"的语意和语境都和此处"恶贯若满"相同，可以助证"贯"是最初的文字。华艺本（14页）、东方本（18页）、联合本（17页）皆失校。

（6）范本《顺命篇》【3—14】："逆取顺取，命中只有这些财；紧行慢行，前程只有许多路。"

按："前程只有许多路"一句，华艺本译为"前面都有许多路程"（17页）；东方本（24页）和联合本（22页）都译为"前面都有许多路要走"。三本都把"许多"等同于现代的双音词"许多"，表示数量多，这与原意不相符。"许多"是一个偏正短语，犹如"这么多"。和今天的"这么多"一样，"许多"习见的是表示数量多，如《水浒传》第十一回："甚么鸟刀，要卖许多钱！"但在具体的语境中，"许多"也可以强调数量少，如《朱子语类》卷三："人所以生，精气聚也。人只有许多气，须有个尽时。""人只有许多气"是说人只有那么多点气。明王守仁《传习录》卷下《黄直录》："人只有许多精神，若专在容貌上用功，则于中心照管不及者多矣。""人只有许多精神"就是说人只有那么多点精力。此处的"许多"也是言少，所以这句可以翻译为："不管你走得快还是走得慢，前面都只有这么多点路程可走。"

（7）范本《顺命篇》【3—16】："《列子》曰：'痴聋瘖痖家豪富，智慧聪明却受贫。年月日时该载定，算来由命不由人。'"

按：华艺本注："载，通'裁'。"（17页）译"年月日时该载定"为："年、月、日、时应该都是上天裁定的。"注译有误。今本《列子》

无此数句，王利器认为："'列子'二字当是误文，未详。"① "年月日时该载定"中的"该载定"，历来文字歧出。目前最早可见此句的是元杂剧《白兔记》，文作"该分定"，"该分定"即该是命中注定，句意通顺。但《水浒全传》第三十三回、万历本《金瓶梅词话》第十九回和第九十四回与此处相同，作"该载定"；万历本《金瓶梅词话》第六十一回作"该定载"；明崇祯刘兴我刊本《水浒忠义志传》第三十二回作"该注定"；清贪梦道人《彭公案》第六回作"该算定"；清代佚名小说《说呼全传》第二十六回作"已载定"。笔者以为当以"该载"为是。"该载"原本是"详细记载"之义，因宿命论认为人生之一切早已详尽载入命籍，故从元代起，"该载"又引申出名词义"注定的命运"或动词义"（命运）注定"。下面是元杂剧中的三例，可参。关汉卿《感天动地窦娥冤》第一折："莫不是八字儿该载着一世忧？谁似我无尽头！"郑廷玉《看钱奴买冤家债主》第二折："钱流转时辰有该载，天打算日头轮到来。"贾仲明《吕洞宾桃柳升仙梦》第一折："也是俺宿世缘，合该载，只落得个夜去明来。"明清时也有用例，如《六十种曲》明沈采《千金记》第二十出："祸到头来，皆是命中该载。"《喻世明言》卷三一"闹阴司司马貌断狱"："你算韩信七十二岁之寿，只有三十二岁，虽然阴骘折堕，也是命中该载的。"清清溪道人《禅真后史》第三十三回："这是你哥哥命运该载，与我何干？"《汉语大词典》"该载"下分列"备载；容纳一切""详尽载明"②两义，却无"注定的命运""（命运）注定"两义，当补。由于忽视"该载"为一词，更不明其含义，所以这句话早就出现了纷繁的异文。而此处误把"载"看作"裁"的通假字来解释也就不足为奇了。东方本（25页）、联合本（23页）都误注"载"通"裁"，联合本"该载定"作"皆载定"，"皆"为"该"的音同误字。

（8）范本《正己篇》【5－1】："性理书云：'见人之善而寻己之善，见人之恶而寻己之恶，如此方是有益。'"

按：华艺本（24页）、东方本（34页）、联合本（34页）原文和译文中的"性理书"都用了书名号。东方本还注释："《性理书》：即《性

---

① 王利器. 水浒全传校注［M］. 石家庄：河北教育出版社，2009：1512.

② 汉语大词典编辑委员会. 汉语大词典（缩印本）［M］. 上海：汉语大词典出版社，1997：6591.

理群书句解》，宋熊节编，熊刚大注，此书采撷有宋一代诸儒遗文，分类编次。"但此段文字并不见于《性理群书句解》，而见于《朱子语类》卷二十七。实则"性理书"不特指某一本书，而是泛指儒家人物，尤其是宋明理学家们有关人性和天理的著作。明程敏政《明文衡》卷六七薛瑄《蒲州庙学重修碑》："故凡五经、四书、小学、性理书，自周、张、程、朱之说，以达乎尧、舜、禹、汤……之道。"清遁庐《斯文变相》第六回："偏偏你家令尊的脾气古怪，着这些没用的经学书、史学书、性理书、地理书，夹七杂八的都是些滞货，卖到书坊里。"从以上两例前后并举各项看，"性理书"非一本书。清龚炜《巢林笔谈续编》卷下："性理书，历周、程、张、朱诸大儒，已透辟无遗蕴，后人读其书，守其说，尽得性分以内事，无欠缺足矣。""性理书"在此指诸大儒之书。本书中"性理书"凡六见，内容也非出自一书。故此，"性理书"不该用书名号，"性理书云"当译为"性理书中说"。

（9）范本《正己篇》【5—9】："鲁共王曰：'以德胜人则强，以财胜人则凶，以力胜人则亡。'"

按：鲁共王一般指西汉景帝刘启之子刘余。华艺本（24页）、东方本（35页）、联合本（35页）都作"鲁共公"，东方本和联合本在注释中认为"鲁共公"是战国时期鲁国的第三十任君主姬奋，但找不到所引的话与刘余和姬奋的关联。据《后汉书》卷二五《鲁恭传》载，其上疏谏击匈奴云："夫以德胜人者昌，以力胜人者亡。"这应该就是此处引文所本，只是少了"以财胜人则凶"一句。由此观之，所谓"鲁共王""鲁共公"应是"鲁恭"之误。从这一例也可窥见，《明心宝鉴》引文必有所本，但在流传中文字有所增加，错讹也常有之。

（10）范本《正己篇》【5—17】："诗云：'心无妄思，足无妄走。人无妄交，物无妄受。'"

按：华艺本"诗"用书名号（24页），译作《诗经》。但今本《诗经》并无这四句诗。东方本指出诗句出自邵雍《瓮牖吟》，并在注释中移录了全诗，做到了正本清源，但正文中的"诗"仍用书名号（38页），不妥。此"诗"并非邵雍诗歌的特指，而是泛称，故把"诗"译为"邵雍诗中说"较佳。联合本（37页）正文中不见"诗云"两字。

（11）范本《正己篇》【5—28】："太公曰：'多言不益其体，百艺不忘其身。'"

按：东方本注释："忘：通'亡'，丧失，失去。"译此句为："身怀百技就不会丧失自己的身体。"（40页）注和译都未当。《礼记》卷十《檀弓下》："我则随武子乎，利其君，不忘其身；谋其身，不遗其友。"孔颖达疏："凡人利君者，多性行偏特，不顾其身。今武子既能利君，又能不忘其身。'利其君'者，谓进思尽忠。'不忘其身'者，保全父母。'谋其身，不遗其友'者，凡人谋身，多独善于己，遗弃故旧。今武子既能谋身，又能不遗其朋友。"从中可知，"不忘其身"与"顾其身""谋其身"同义，也就是"为自身打算"。《管子·戒》："且朋之为人也，居其家不忘公门，居公门不忘其家，事君不二其心，亦不忘其身。"其中"不忘其身"的意思与《礼记》相同。后世偶尔用到"不忘其身"，含义皆不异于先秦时期。此处"百艺不忘其身"，"忘"仍是"遗忘"之义，句意指对于各种技艺要多为自己想到，也就是要把各种技艺尽量学到手。联合本无这一条；华艺本译作"身怀百技却不会对自己有害"（25页），虽无注释，但译文近于原意。

（12）范本《正己篇》【5—32】："胡文定公曰：'人须是一切世味淡薄方好，不要有富贵相。'"

按：华艺本（25页）、东方本（41页）、联合本（40页）都在"世味"后用逗号，并把"一切世味"译为"世间一切滋味"，失当。"世味"指人世间的各种滋味，引申指世俗的获取功名富贵等欲望。如宋叶适《孟达甫墓志铭》："既连黜两州，世味益薄。知南康，自列亲嫌不往。"世味益薄，指做官的欲望越来越微弱。又如明陆绍珩《小窗幽记》卷五："世味浓，不求忙而忙自至；世味淡，不偷闲而闲自来。"清王士禛《池北偶谈》卷五："予在仕途三十年，今得优游林下，于世味淡然相忘，似皆得简静力。"皆是其例。"人须是一切世味淡薄方好"的意思是：人应该是一切世俗的欲望淡薄一些才好。

（13）范本《正己篇》【5—33】："李端伯师说：'人于外物奉身者，事事要好。只有自家一个身与心，却不要好。苟得外物好时节，却不知道自家身与心，已自先不好了也。'"

按：华艺本译"李端伯师说"为"李端伯老师说"（25页），有误。北宋李吁，字端伯，是程颐、程颢的弟子。朱熹编《河南程氏遗书》卷一开篇有"端伯传师说",也就是此卷为李端伯记录二程话语而编成的,《师说》即指此,其中记录了这一段话。故"李端伯师说"当标点为"李端伯《师说》"。东方本直接将原文"李端伯师说"移到译文中(41页),也未达其旨。

(14)范本《正己篇》【5—36】:"孙真人《养生铭》:'怒甚偏伤气,思多大损神。神疲心易役,气弱病相萦。勿使悲欢极,当令饮食均。再三防夜醉,第一戒晨嗔。'"

按:华艺本译"怒甚偏伤气"为"怒火太偏激会伤元气"(25页),释"偏"为"偏激",未明词义。"偏"与下句"大"对文,都是程度副词,意思是"很"。《汉语大词典》"偏"下收录了"最;很;特别"义①,《汉语大字典》(第二版)"偏"下收录了"特别;最"义②,可以参考。东方本译此句作"大怒专伤元气"(43页),释"偏"为"专",也未明词义。

(15)范本《正己篇》【5—46】:"苏黄门曰:'衣冠佩玉可以化强暴,深居简出可以却猛兽,定心寡欲可以服鬼神。'"

按:华艺本(26页)、东方本(45页)译"衣冠佩玉"为"衣冠上佩戴玉饰"。两本所译误解了这句话的结构,以致合两事为一事。古代君子一定佩戴玉饰,一般系在衣带上,并以之比拟德行。所以作为文明礼仪的"佩玉"可以"化强暴",应该不难理解,例不赘举。而此处的"衣冠"指穿衣戴冠,古人借此以指文明礼教,所以常有"衣冠化强暴"之说,如宋佚名《翰苑新书》续集卷二一引王实斋《回连主簿》:"某闻衣冠化强暴,政在吾侪。"明魏浚《易义古象通》卷二引明焦竑《易筌》:"刚不能制刚,而柔能之,如衣冠可以化强暴之类是也。"清黄宗炎《周易象辞》卷四:"以悦承刚,衣冠可以化强暴。"故此,可以化强暴的,并非"衣冠上佩戴玉饰"一事,而是"衣冠"和"佩玉"两事。"衣冠佩玉可以化强暴"可译为:"衣冠整齐佩戴玉饰可以感化暴行。"

(16)范本《正己篇》【5—57】:"若务本业,勤谨俭用,随时知足,

---

① 汉语大词典编辑委员会. 汉语大词典(缩印本)[M]. 上海:汉语大词典出版社,1997:662.

② 汉语大字典编辑委员会. 汉语大字典(第二版)[M]. 成都:四川辞书出版社,武汉:崇文书局,2010:234.

孝养父母，诚于静闲，守分安身，远恶近善，知过必改，善调五脏，以避寒暑，不必问命，此真福也。"

按：华艺本（33 页）、东方本（48 页）译"诚于静闲"为"在闲逸安稳时真诚老实"，不确。"诚"在这里用作动词，犹如"诚心过……生活"。"静闲"，也作"闲静"，指安静悠闲，或是人体安适，或是环境宁静，或是二者兼而有之。作"静闲"者，如东晋瞿昙僧伽提婆译《增壹阿含经》卷八："向在静闲之处，便生此念：诸有众生，兴欲爱想，便生欲爱，长夜习之，无有厌足。"元代《朝野新声太平乐府》卷二卢挚《沉醉东风·七夕》："银烛冷秋光画屏，碧天晴夜静闲亭。"明张宁《方洲集》卷二二"潘清溪像赞"："迹异心同，彼此相好，日见不密，岁见不疏，静闲冲淡，白首如初。"《汉语大词典》"静闲"下只收录了"安静宽敞"[①] 一个义项，还应该补上"清静悠闲"之义。"诚于静闲"是说"真心过清静悠闲的生活"，在此含有淡泊少欲的意思。

（17）范本《正己篇》【5－62】："《夷坚志》云：'避色如避仇，避风如避箭。莫吃空心茶，少食中夜饭。'"

按：华艺本注《夷坚志》云："宋洪迈著，书中所述多为神怪故事。"（27 页）东方本对《夷坚志》也加了注释（49 页）。但检索今本洪迈《夷坚志》一书，并无这四句。与这四句完全相同的话最早见于南宋胡仔《苕溪渔隐丛话前集》卷五四《宋朝杂记》上，据文中所言，来自宋代初年有一名人所作的《座右铭》。韩国庆熙大学闵宽东教授认为《明心宝鉴·正气篇[②]》中已有引用《夷坚志》的记录，《明心宝鉴》为高丽时代忠烈王时的文臣秋适（1246—1311 年，官职为艺文官提学）所作，这可以证明《夷坚志》可能在高丽时代（918—1392）就已经传入韩国。[③] 这一说法可疑：其一，今本洪迈（1123—1202）《夷坚志》无此语，而见于稍早的胡仔（1110—1170）书中，南宋时曾慥（？—1155）曾引用胡仔书中的这几句。有理由怀疑，《明心宝鉴》此处的引文不是出自《夷坚志》一书。其二，在韩国盛行的由秋适编纂《明心宝

---

① 汉语大词典编辑委员会. 汉语大词典（缩印本）［M］. 上海：汉语大词典出版社，1997：6748.

② "正气篇"当作"正己篇"。

③ 闵宽东.《夷坚志》的韩国传入和影响之研究［M］. 九江学院学报，2011（3）：34－38.

鉴》的说法存在不少疑问，已有学者指出是秋适的后人秋世文几经辗转煞费苦心虚构的结果，该书很有可能是从中国传入朝鲜的。[①]

（18）范本《正己篇》【5－64】："太公曰：'贪心害己，利口伤身。'"

按："利口伤身"，华艺本（27页）、联合本（41页）译为"贪口福则伤身"；东方本译为"贪图口腹之欲会伤害自己的身体"（50页）。三本所译相近，但恐有乖原意。《汉语大词典》"利口"下有"爽口；可口"的义项，与"贪口福"义近，但书证是当代柳青《创业史》，笔者检索古代文献也未见用例。"利口"一词最早指能言善辩、能说会道，而且人们对利口者常持负面评价。如《汉书》卷五十《张释之传》："夫绛侯、东阳侯称为长者，此两人言事曾不能出口，岂效此啬夫喋喋利口捷给哉！"这是说利口之人不能被提拔。宋庞元英《谈薮》："君性轻脱，或以利口败吾事，能勿声则可偕往。"这是说利口之人会把事情搞坏。到了元明清时期，"利口"的词义除了"能说会道"，兼有"言语尖刻"的含义，所以常见"利口伤人"的说法，如元代无名氏《丸经》卷上："若喜怒见而利口伤人，君子不与也。"明王鏊《震泽纪闻》卷下"刘瑾"："少狡狯，颇识字书，略知古今，特利口伤人，称为利嘴。"清邵之棠《皇朝经世文统编》卷四八《外交部三·遣使》："不可讦人之过，亦不得以利口伤人，以免招人愤恨。"当然，说话尖刻伤人，反过来也伤害自己，就是《太公家教》所说的"伤人之语，还是自伤"。故此处的"利口"应是"说话快捷尖刻"之义，"伤身"与前句"害己"互文，指伤害自己。

（19）范本《正己篇》【5－68】："太甲曰：'天作孽，犹可违；自作孽，不可活。'此之谓也。"

按：华艺本（27页）、东方本（51页）标点为："太甲曰：'天作孽犹可违，自作孽不可活。此之谓也。'"标点有误。这段话最早见于《孟子·公孙丑上》，原文为："祸福无不自己求之者。《诗》云：'永言配命，自求多福。'《太甲》曰：'天作孽犹可违，自作孽不可活。'此之谓也。""此之谓也"明显不是商王太甲说的话，而是《孟子》中的话。故

---

① 周安邦.《明心宝鉴》非秋适编著说考述［J］. 逢甲人文社会学报，2010（20）：33－71.

此处应将"此之谓也"移到引用太甲所说话的引号外。

(20) 范本《正己篇》【5—117】："为不节而亡家，因不廉而失位。劝君自警于平生，可惧可惊而可畏。上临之以天神，下察之以地祇。"

按：华艺本（29页）、东方本（63页）标点中间两句为"劝君自警，于平生可惧可惊而可畏"，联合本以"劝君自警于平生"为一句（51页）。联合本的点断更合实际。其一，和前后都是偶句一样，"劝君自警于平生，可惧可惊而可畏"也应是一组偶句。其二，除了明代宗本《归元直指集》卷上、高濂《遵生八笺·清修妙论笺卷下》引用时文字与此处相同，万历本《金瓶梅词话》第八八回、《水浒全传》第三六回都作"劝君自警平生，可笑可惊可畏"，从前后语境看，都宜看作一组偶句。其三，"平生"有"一生"的意思，也有"平素"的意思，"劝君自警于平生"意即奉劝在平时要自我戒备；"可惧可惊而可畏"与下文关联，是叙写天神、地祇、鬼神、王法对邪恶的严惩让人惊叹和畏惧。

(21) 范本《训子篇》【10—9】："吕荣公曰：'内无贤父兄，外无严师友，而能有成者，鲜矣。'"

按：东方本注："吕荣公：即吕希哲（1036—1114），北宋教育家、官员，封荣国公。"（107页）华艺本（59页）、联合本（94页）无注。吕希哲封"荣国公"事，不见于《宋史》本传，笔者也未找到相关记载。古书中也多见"吕荣公"的写法，但颇疑"荣"乃"荥"之误字：一是从得名原因看，吕希哲创立荥阳学派，学者称其为荥阳先生、吕荥阳公。也有称"吕荥公"者，当是"吕荥阳公"的省称。二是从版本异文看，与范本内容差异大的御本在《训子篇》《治政篇》中两见"吕荥公"，皆不作"吕荣公"。三是从致误原因看，"荥"和"荣"两字形体极似，容易误认误写。

(22) 范本《省心篇》【11—57】："有若曰：'自生民以来，未有盛于孔子者也。'"

按："有若"，华艺本（65页）、东方本（123页）均作"子贡"，失考。《孟子·公孙丑上》："有若曰：'……圣人之于民，亦类也。出于其类，拔乎其萃，自生民以来，未有盛于孔子也。'"后世引用"自生民以来，未有盛于孔子也"，或用"有若曰"，或用"《孟子》曰"，或用"先贤曰"。曹玄重刊本此处作"有若曰"，准确无误；但今天所见以后诸本在引用此语时都作"子贡曰"，显然是张冠李戴。

（23）范本《省心篇》【11－71】："张无尽曰：'事不可做尽，势不可倚尽。言不可道尽，福不可享尽。'"

按："张无尽"，华艺本（65 页）、东方本（125 页）作"张无择"。东方本注："张无择：字君选，唐朝初年中明经科，官至中散大夫、和州刺史。以孝行著闻。"两本失校而误。新刻本作"张无择"，但重刻本、北大本、越南本、石印本均作"张无尽"。哈佛本作"张无盖"，"盖"是"尽"的形近误字。从版本上看，作"张无尽"远胜作"张无择"多。张无尽即北宋宰相张商英，号"无尽居士"，故称"张无尽"，他信奉佛教，撰有宗教哲学类著作《护法论》。而张无择仅以孝行著闻。显然张无尽说出所引四句话更合情理。清钱德苍《解人颐·嘉言集》："张无尽见雪窦，教以惜福之说，曰：'事不可做尽，势不可倚尽，言不可道尽，福不可享尽。'凡事不尽处，意味偏长。"可证这四句话确是张无尽所说。

（24）范本《省心篇》【11－215】："《家语》云：'慈父不爱不孝之子，明君不纳无益之臣。'"

按：华艺本"《家语》"下注："即《孔子家语》，原书 27 卷。今本10 卷，系三国魏王肃搜集和伪造。"（72 页）此注可商。这两句引文在今本《孔子家语》中未找到，其他书中也只有大致相同的话，故此处不能轻易断定《家语》就是《孔子家语》。华艺本、东方本（158 页）译文中仍译为"《家语》"，处理得当。范本《明心宝鉴》中五次引用《家语》，有四次都不见于今本《孔子家语》，或有另一同名书，也未可知。

（25）范本《立教篇》【12－11】："忠子曰：'治官莫若平，临财莫若廉。'"

按：忠子，华艺本作"文中子"，注释为："文中子：隋王通（584年—618 年）私谥，王勃祖父，著有《中说》。"（87 页）东方本也作"文中子"（171 页），注释与华艺本几乎全同。联合本作"庄子"（152页），无注。在参校诸本中，哈佛本、北大本作"忠子"，与重刻本同；越南本作"中子"；新刻本作"文中子"，即华艺本、东方本所本；石印本作"庄子"，即联合本所本。经查考，"治官莫若平，临财莫若廉"出自《孔子家语》卷三《辩政》，原文为："子贡为信阳宰，将行，辞于孔子……孔子曰：'……吾闻之，知为吏者，奉法以利民，不知为吏者，枉法以侵民，此怨之所由也。治官莫若平，临财莫如廉，廉平之守，不可改也。'"是知引文为孔子在子贡将去做信阳宰时告诫他的话，诸本的"忠子""中子""文中子""庄子"皆非，当以"孔子"为是。

（26）范本《交友篇》【19-5】："故于朋友之间主于敬者，日相亲与，德效最速。"

按："主于敬者"，华艺本（111页）、东方本（215页）作"至于敬者"。华艺本译为"以至于尊敬之人"。东方本虽在注释中引用了张载原文"主其敬者"，但未作说明，且翻译作"选择令人尊敬的人"。两本未得确解。"至于敬者"当据张载《经学理窟·气质》原文及曹玄重刊本作"主于敬者"。《礼记·少仪》："宾客主敬，祭祀主敬。"郑玄注："恭在貌也，而敬又在心。""敬"是指内心恭敬。"主"是保持、恪守之义，如《论语·学而》："主忠信，无友不如己者。"《文选》卷三三宋玉《招魂》："主此盛德兮，牵于俗而芜秽。""主敬"本指保持内心恭敬，到了宋代，"主敬"成为理学主张的道德修养方法，要求增强礼节的约束，在言行举止上严于律己。如朱熹《论语集注》卷一"学而"引范祖禹说："凡礼之体主于敬，而其用则以和为贵。"又《四书章句集注》卷十三《尽心上》："或问：'鸡鸣而起，若未接物，如何为善？'程子曰：'只主于敬，便是为善。'"故此，"主于敬者"可译为"恪守内心恭敬的人"。

（27）范本《妇行篇》【20-1】："是故女及日乎闺门之内，不百里而奔丧。"

按："及日"，三本皆作"及笄"。华艺本译"及笄乎闺门之内"为"在闺门内长大成人"（114页），东方本（222页）、联合本（200页）的翻译与华艺本大致相同。东方本还专门对"及笄"作了注释。三本均失校。"及笄"，重刊本、新刻本、北大本都作"及日"，此段文字的原出处《大戴礼记·本命》也作"及日"。当据以校改。方向东《大戴礼记汇校集解》汇集各家之说，其中孔广森、俞樾都认为"及日"就是"终日"的意思，俞樾还解释说"终"的古文隶变为"夂"，与"及"字相似，学者少有见"又"，于是臆改为"及"。① 其说甚是。

（28）曹玄《重刊〈明心宝鉴〉序》："但其中字多舛讹，遂播正拾遗，捐俸锓梓，以广其传。"

按：华艺本译"播正"为"改错订正"（6页），但古书中未见"播正"的说法。"播"有异体字"譒"，"审"有异体字"讅"，颇疑"播正"本该作"审正"，因"讅"讹作或被误认作"譒"，又被转写为"播"。"审正"有"审定"之义，如《魏书》卷六七《崔鸿传》："但诸史残缺，体例不全，编录纷谬，繁略失所。宜审正不同，定为一书。"唐杜佑《通典》卷五六："或当时传写谬误，郑玄不加审正，臆断为遁耳。"清瞿镛《铁琴铜剑楼藏书目录》卷十一"《元和郡县图志四十二卷》"："卷末有顾千里题记云：'新刻不如此钞本远甚，惜乏暇日审正之。'"以上"审正"都是指勘正整理书籍而言，与曹玄文中的用法相同。《汉语大词典》"审正"下有"审定"义项，但引近代章炳麟文为书证，时代太晚。

（29）御本《天理篇》【2－10】："杨子曰：'天理人欲，同行异情。循理而公于天下者，圣贤之所以尽其性也；纵欲而私于一己者，众人之所以灭其天也。'"

按：华艺本注"杨子"："即杨朱，战国初哲学家。"（131页）此注失之远矣。这段文字见于朱熹《四书章句集注·孟子集注·梁惠王下》，原文为："杨氏曰：'孟子与人君言，皆所以扩充其善心而格其非心，不止就事论事。若使为人臣者论事每如此，岂不能尧舜其君乎？'愚谓此篇自首章至此，大意皆同……然天理人欲，同行异情。循理而公于天下者，圣贤之所以尽其性也；纵欲而私于一己者，众人之所以灭其天也。二者之间，不能以发，而其是非得失之归，相去远矣。"其中"孟子与人君言"数句，见于北宋杨时《杨龟山集》卷二《语录·荆州所闻》，则"杨氏"为杨时无疑。而"天理人欲，同行异情"数句，是在"愚谓"之后，当是朱熹所言。是知此处引文为朱熹引用杨时的话后接着说的，非杨时所言，更非战国时的杨朱之语，编纂者误录。

（30）御本《治政篇》【13－21】："汉平帝戒任延曰：'善事上官，

---

① 　方向东. 大戴礼记汇校集解［M］. 北京：中华书局，2008：1302.

无失名誉。'延对曰：'臣闻忠臣不私，私臣不忠。履正奉公，臣子之节，上下雷同，非陛下之福。'"

按："汉平帝"当作"光武帝"，华艺本失校。据《后汉书·循吏列传·任延》，建武初年，光武帝诏征任延为九真太守，他善于教化，治政有方，所以传记中以插叙的方式将他和汉平帝时锡光治理交阯并列，文曰："初，平帝时，汉中锡光为交阯太守，教导民夷，渐以礼义，化声侔于延。"数年后，任延"拜武威太守，帝亲见"，才有了这次对话，此时仍是建武年间，"帝"当指汉光武帝。关于这次对话，宋代人都转述为是在光武帝和任延之间发生的，如《册府元龟》卷九○一《公直》、范祖禹《范太史集》卷二七《进故事》、沈枢《通鉴总类》卷十八上都如此。且汉平帝八岁为帝，十四岁命终，一个傀儡小皇帝，也很难对大臣说出"善事上官，无失名誉"的告诫。御制本编者未加细察，误把与任延对话的"帝"当作前文插叙中的汉平帝。

(31) 御本《治政篇》【13－38】："赵方云：'催科不扰，是催科中抚字；刑罚不苛，是刑罚中教化。'"

按：华艺本译"抚字"为"符合一个'抚'字"（202页），误甚。抚、字同义连用，《说文》："字，乳也。"段玉裁注："人及鸟生子曰乳，兽曰产。引申之为抚字，亦引申之为文字。""抚字"原指抚养，后引申指安抚体恤。如唐韩愈《顺宗实录》卷四："上考功第，城自署第曰：'抚字心劳，征科政拙，考下下。'"《明史·贾三近传》："同一宽也，在进士则为抚字，在举人则为姑息；同一严也，在进士则为精明，在举人则为苛戾。""是催科中抚字"是说：这是催收租税中的安抚体恤。

(32) 御本《治家篇》【14－13】："早婚少聘，教人以偷；妾媵无数，教人以乱。"

按："早婚少聘，教人以偷"一句，华艺本译为"早结婚少给聘礼，这是教人偷盗"（210页）。所译似未通达。"少聘"在古书中并不罕见，意义都指早年时订婚或聘娶，不宜释为"少给聘礼"。如唐栖复《法华经玄赞要集》卷五："昔末土罗国，有一商主，少聘妻室，生一男子。"元失名《氏族大全》卷十七："顾协……少聘舅息女，及母亡，免丧后不复娶。"明凌迪知《万姓统谱》卷四七："王汉英……少聘徐氏女，因鼻病腐，以貌自誓不嫁。"皆是其例。宋朱熹撰、明陈选注《御定小学集注》卷五对"早婚少聘"的"少"特别注释为"去声"，也即认为"少"不能理解为"缺少"的"少"，得之。这段引文原出隋王通《文中子中说》卷八，宋代阮逸注："偷，薄也。"故知"偷"非"偷盗"义，而是如明代吕坤在《闺范·嘉言》中解释这句话的"偷"那样，指"真性早凿，情欲早肆"，也即少年早婚或订婚带来的心理变化，使他们天性不再醇厚。郑春颖《文中子中说译注》译"少娉（聘）"为"缺少订婚仪式"，译"偷"为"得过且过"①；张沛《中说校注》解释"娉（聘）"时，引《礼记·昏义》孔颖达疏来证明为"聘财"义②；《五种遗规》译注小组译注《教女遗规译注》译"少聘"为"不经媒人聘娶"，译"偷"为"偷盗"。③ 由上所论，此三家之说值得商榷。

（33）御本《存信篇》【17—38】："义理须宜顾，才能不用矜。世间闲缘饰，到了是虚名。"

按：华艺本译"世间闲缘饰"为"世间轻闲缘于修饰掩藏"（228页）。译文对"闲"和"缘饰"的词义把握不准。"闲"，通"娴"，是"熟悉、熟练"之义。而"缘饰"是"修饰，粉饰"的意思。如唐李肇《唐国史补》卷上："宴见其门帘甚弊，乃令人潜度广狭，后以粗竹织成，不加缘饰，将以赠廙。"宋释觉范《禅林僧宝传》卷二五"大沩真如喆禅师"："喆爱人以德，事不合必面折之。说法少缘饰，贵贱一目。"宋邵雍《秋怀三十六首》之八："虚惠岂足尚，教人以姑息；虚名岂足高，教人以缘饰。"最后这首诗和《明心宝鉴》此处所引诗都是邵雍所作，表达的意思也相近。"世间闲缘饰，到了是虚名"是说世上的人都去熟悉粉饰技巧，到头来还不是只得到一场虚名。

---

① 郑春颖. 文中子中说译注 ［M］. 哈尔滨：黑龙江人民出版社，2002：15.

② 张沛. 中说校注 ［M］. 北京：中华书局，2013：213.

③ 《五种遗规》译注小组译注. 教女遗规译注 ［M］. 北京：中国华侨出版社，2013：61.

后　记

　　2008 年，我受一家出版公司委托，为《明心宝鉴》全书作简注和翻译，同时对书中涉及的古代文化作一些延伸性介绍，从此与《明心宝鉴》结缘。在随后的时间里争分夺秒，按要求完成了初稿。不久公司因故不复存在，书稿的出版自然就终止了。那一段时间因为赶书稿常常熬夜，导致 2009 年大年初一左耳出现神经性耳聋而住院，经过多方医治，至今未能痊愈，左耳仍然损失了七分之三的听力。2011 年换了工作单位后，虽时不时会读一读《明心宝鉴》并关注有关研究的进展，但对该书的出版已不抱任何希望。如果不是一次偶然的机会，这部书稿估计会一直躺在我的电脑里，不会与大家见面了。去年四月的一天，在学校办公区楼道偶遇学校社科处张学梅处长，她告知若有基本完成的书稿，可以申请成都大学人文社会科学出版资助基金，于是这本小书有了面世的机会。

　　小书虽以我的名义出版，但其中也凝结了很多人的关心与帮助。衷心感谢成都大学提供的出版资助基金；衷心感谢张学梅处长一直以来的各种指导和帮助；衷心感谢所在学院李敏院长、肖红书记、蒲永明副院长、黄云峰副院长为小书的申请出版提供各种便利；衷心感谢资助基金校外评审专家的肯定；衷心感谢社科处所有老师付出的辛劳；衷心感谢学院同事的各种支持和鼓励。衷心感谢同门李盛强编审、华学诚教授、周及徐教授以及新老同事李亮伟教授、李树民教授、刘晓红博士、周宗旭老师的鼎力相助；衷心感谢四川大学出版社徐凯老师的精心编辑，两次愉快的合作带给我美好的回忆；衷心感谢小书所有参考文献的作者，诸位先生富于启发的大作开阔了我的视野，促进了我的思考。最后，我要感谢我的父母、妻子、儿子和兄弟姐妹，一直以来，他们对我所从事的清苦的研究总是给予充分的理解和全力支持。尤其要感谢我的妻子，无论是十多年前撰写初稿时，还是如今修改完成定稿时，她都毫无条件地支持我，并承担了所有的家务，给予我无微不至的关心，她是我能出版这本小书最大的精神支撑。

当初刚一接触《明心宝鉴》时，立刻被书中精辟的语句和深刻的意蕴吸引，深为喜爱。当然，受时代所限，《明心宝鉴》中亦有部分封建糟粕，相信读者自有辨别。我深信，和我一样喜爱这本书的读者一定有很多，我所做的是一件很有意义的事情。《明心宝鉴》的译注初稿完成于十多年前，这次出版前作了大量的修改和增补，大多数条目实际上是重新撰写的。尽管现今的文献资料更加丰富，研究手段更加先进，但我学力有限，书中的错误和不足一定不少，恳请各位读者不吝批评指正。

范崇高

二○二三年四月二日